CHINESE ARCHITECTURE

中国建筑设计年鉴

下册

2020—2021

YEARBOOK

2020-2021

《中国建筑设计年鉴》编委会
——编

辽宁科学技术出版社
·沈阳·

图书在版编目（CIP）数据

中国建筑设计年鉴．2020—2021：上、下册／《中国建筑设计年鉴》编委会编．—沈阳：辽宁科学技术出版社，2022.3
ISBN 978-7-5591-1841-7

Ⅰ．①中… Ⅱ．①中… Ⅲ．①建筑设计—中国—2020—年鉴 Ⅳ．①TU206-54

中国版本图书馆 CIP 数据核字（2021）第 031222 号

出版发行：辽宁科学技术出版社
（地址：沈阳市和平区十一纬路 25 号 邮编：110003）
印 刷 者：广东省博罗县园洲勤达印务有限公司
经 销 者：各地新华书店
幅面尺寸：240mm×305mm
印 张：75
插 页：4
字 数：1000 千字
出版时间：2022 年 3 月第 1 版
印刷时间：2022 年 3 月第 1 次印刷
策 划 人：杜丙旭
责任编辑：杜丙旭 刘翰林
封面设计：周 洁
版式设计：周 洁
责任校对：韩欣桐

书 号：ISBN 978-7-5591-1841-7
定 价：658.00 元（上、下册）

联系电话：024-23280070
邮购热线：024-23284502
http://www.lnkj.com.cn

CHINESE ARCHITECTURE

YEARBOOK

2020-2021

CONTENTS

目　录

教育

交通、工业

商业

医疗、体育

居住

休闲、服务

设计公司

深圳南山外国语学校科华学校

广东，深圳

设计公司： Studio Link-Arc
主持建筑师： 陆轶辰
主创室内设计师： 陆轶辰
项目负责人： Razvan Voroneanu、方春骐、Hyunjoo Lee、朱雯、黄敬璁、李诗琪
项目团队： Kenneth Namkung、Dongyul Kim、Hyungsun Choi、邓一泓、刘婧、Yoko Fujita、秦思梦、梅富鹏、闵嘉剑、郭奕爽、王骞、Mariarosa Doardo、Ian Watchorn、袁佳琳、钱文韵、温馨卉、高晴月

结构设计： 广东省建筑设计研究院深圳分院
设备设计： 广东省建筑设计研究院深圳分院

设计周期： 2014—2019 年
总建筑面积： 54,200 平方米
获奖情况： 2019 年度亚洲建筑师协会建筑奖（ARCASIA Awards for Architecture），公共设施 / 社区和公用事业建筑类别金奖
2020 年德国设计大奖优秀建筑奖
2019 年英国 Dezeen Award 教育类建筑大奖提名
2018 年世界建筑节（WAF），建成教育项目大奖提名
摄影： Roland Halbe、苏圣亮

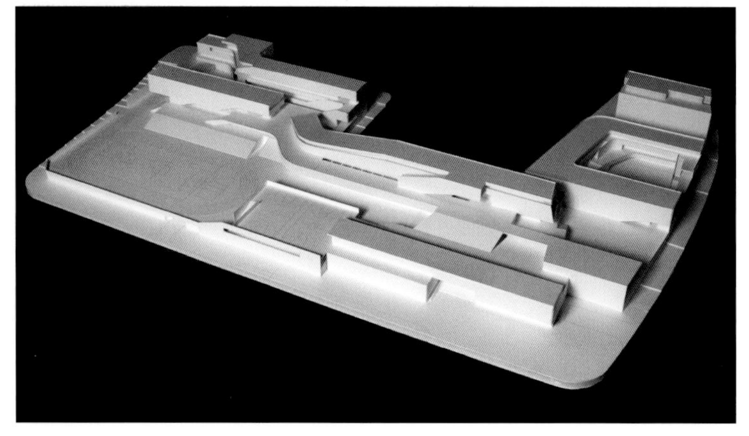

校园模型

深圳南山外国语学校科华学校是一座总建筑面积为 54,200 平方米的九年一贯制学校，包含中小学教室、各类专业教室、图书馆、体育馆、游泳馆、演艺报告厅、教师宿舍楼、中小学学生餐厅、教职工餐厅以及专业运动操场等。位于深圳大冲区的南山外国语学校科华学校，代表着长达 10 年的大冲旧改项目的最后一片拼图，同时见证了这片区域从密集的“城中村”到城市化的“垂直森林”的剧烈变迁。被周边高密度的超高层商业住宅包围的场地，承担着在当代中国城市化进程中，如何将破碎的城市肌理重新填补、缝合的挑战。

策略一：水平与垂直

自然是思维和创造力的源泉，而创造更亲近自然与开放的教学环境，是设计的出发点。特别是在容积率极高的大涌，更体会到为师生们创造更多接触自然机会的紧迫感——这也成为团队创建一个水平向的、低密度的校园的动力。

将南山外国语学校科华学校的校园构想为一座流线型、水平向的花园，与它所服务的城市住宅群落的密集、垂直纵向感形成强烈对比。校园设计意图打破建筑与公共空间（那些定义其周边环境的）之间的区隔，以此创造一个由封闭、半围合和绿色开放多种空间交错而成的低层线性混合体。得益于教学楼的层数，这组建筑为这个过于密集的住宅社区提供了“呼吸”的机会，同时又可以把学生们从教室里吸引到室外，“回归”校园生活，重新与自然建立健康的联系。

整个校园的场地东北高、西南低，Studio Link-Arc 利用场地现有的自然坡度将一系列阶梯状的教学平台架构于体育馆、游泳馆、演艺报告厅、餐厅这些大空间功能之上，使这些大空间同时成为承载师生教学、活动空间的“地面”。在这种空间组织方式下，所有教学空间可以在不需要垂直爬升的情况下实现自由的、线性的功能组织。

策略二：交织花园

在这个巨大而平缓的架构中，蜿蜒的教学楼像不断分岔的河流，将场地分割成了 6 个不同品质的户外庭院，形成半私密的教学与活动的岛屿。其 6 个庭院分别为：入口庭院、集散（管理）庭院、小学部庭院、中学部庭院、运动庭院、休憩庭院。每个庭院都对应着一个主要的建筑功能。同时，橘色的首层天花吊顶将校园与各个庭院连接在了一起，即使在深圳的雨季，学生们不用打伞也可以到达校园的各个不同位置。

1
2

1. 南山外国语学校科华学校西侧鸟瞰
2. 从周边高层住宅缝隙望向校园

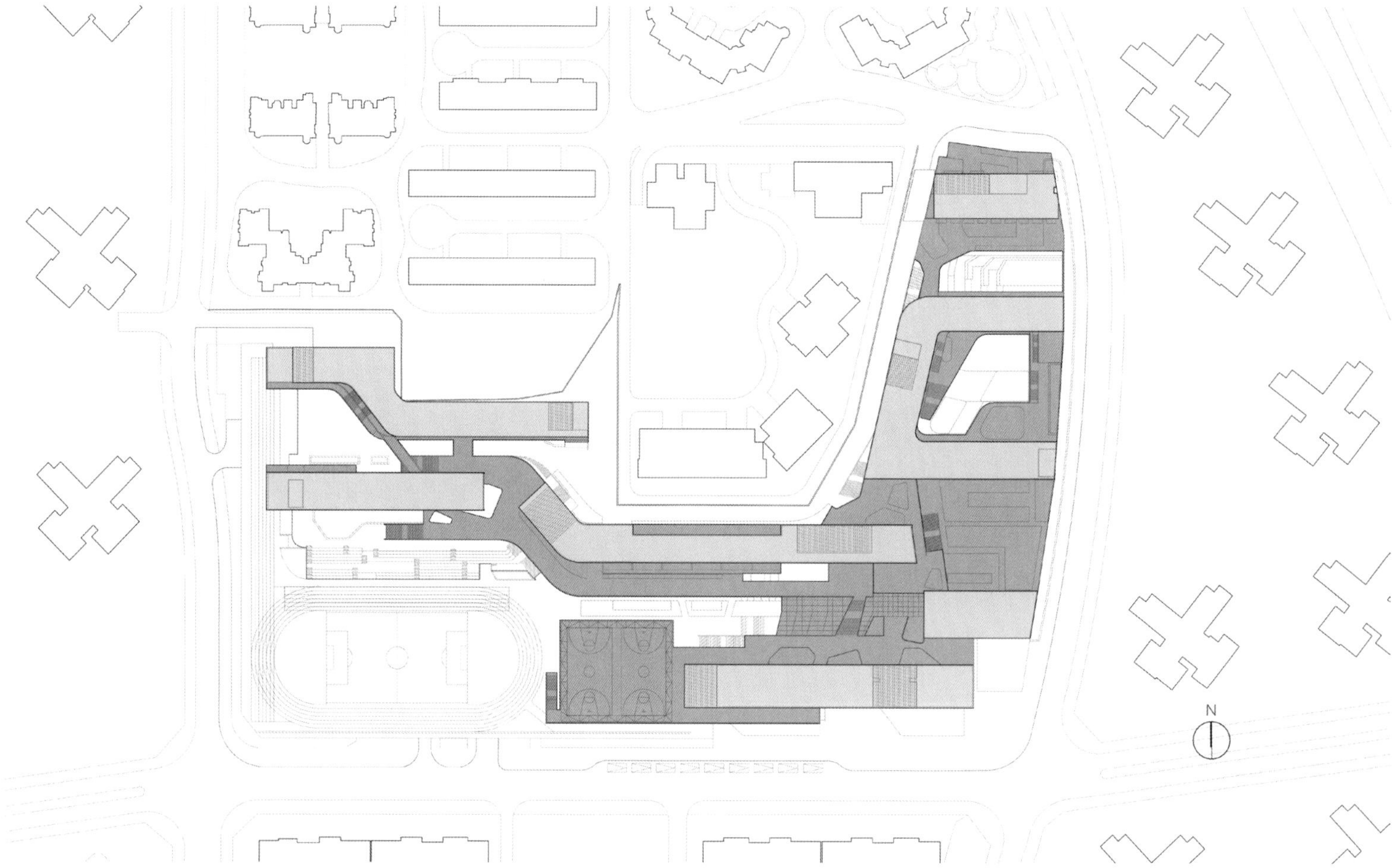

N

总平面图

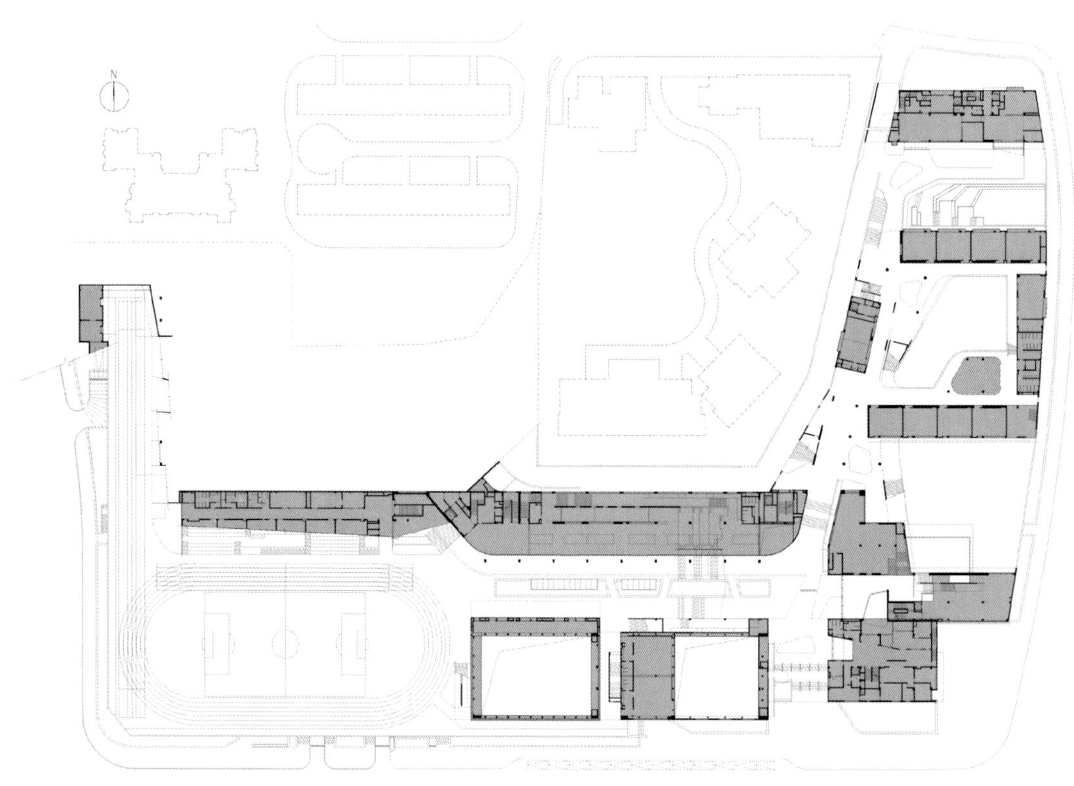

入口层平面图

1 舞蹈教室
2 主入口广场
3 礼仪庭院
4 生活水泵房
5 设备机房
6 消防水池
7 生活水池
8 空调机房
9 物理教室
10 走廊
11 地理教室
12 历史教室
13 连通平台
14 连通走廊
15 教师办公室
16 卫生间
17 活动平台
18 屋顶农场
19 图书馆
20 榕树庭院
21 小学部餐厅
22 教职工餐厅
23 教师宿舍
24 宿舍庭院
25 小学部入口
26 绿化屋面
27 图书馆庭院
28 小学部庭院
29 小学部教室

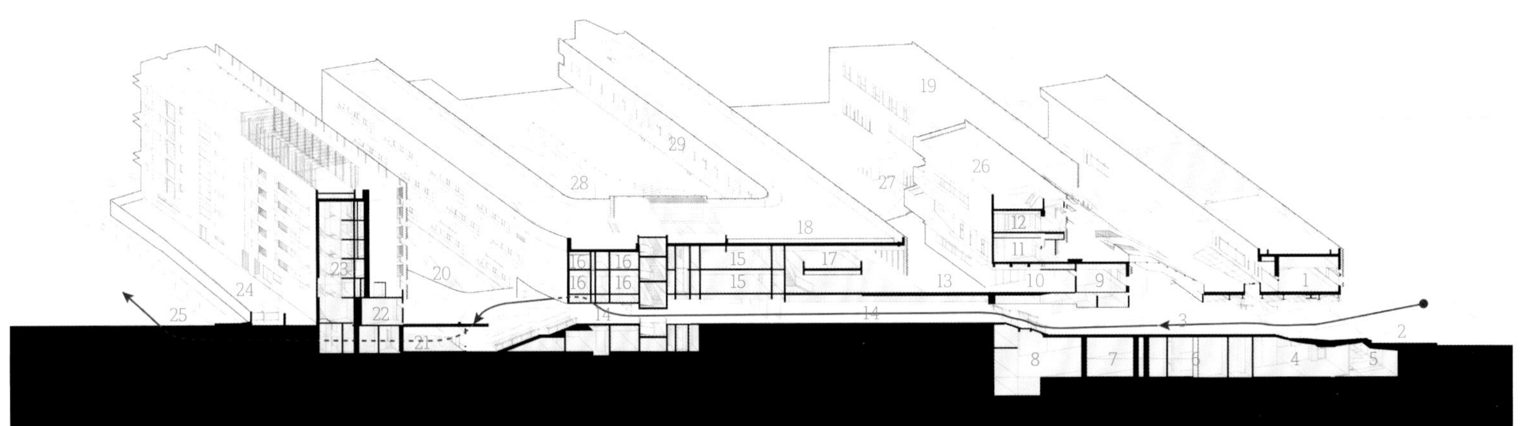

剖轴测

校园入口细节

1 微孔金属遮阳板
2 遮阳板支撑结构
3 防水外墙涂料
4 混凝土结构
5 玻璃窗
6 天窗
7 天窗支撑结构
8 金属护栏
9 室外埃特板吊顶
10 室内天花
11 教室书柜
12 室外花池

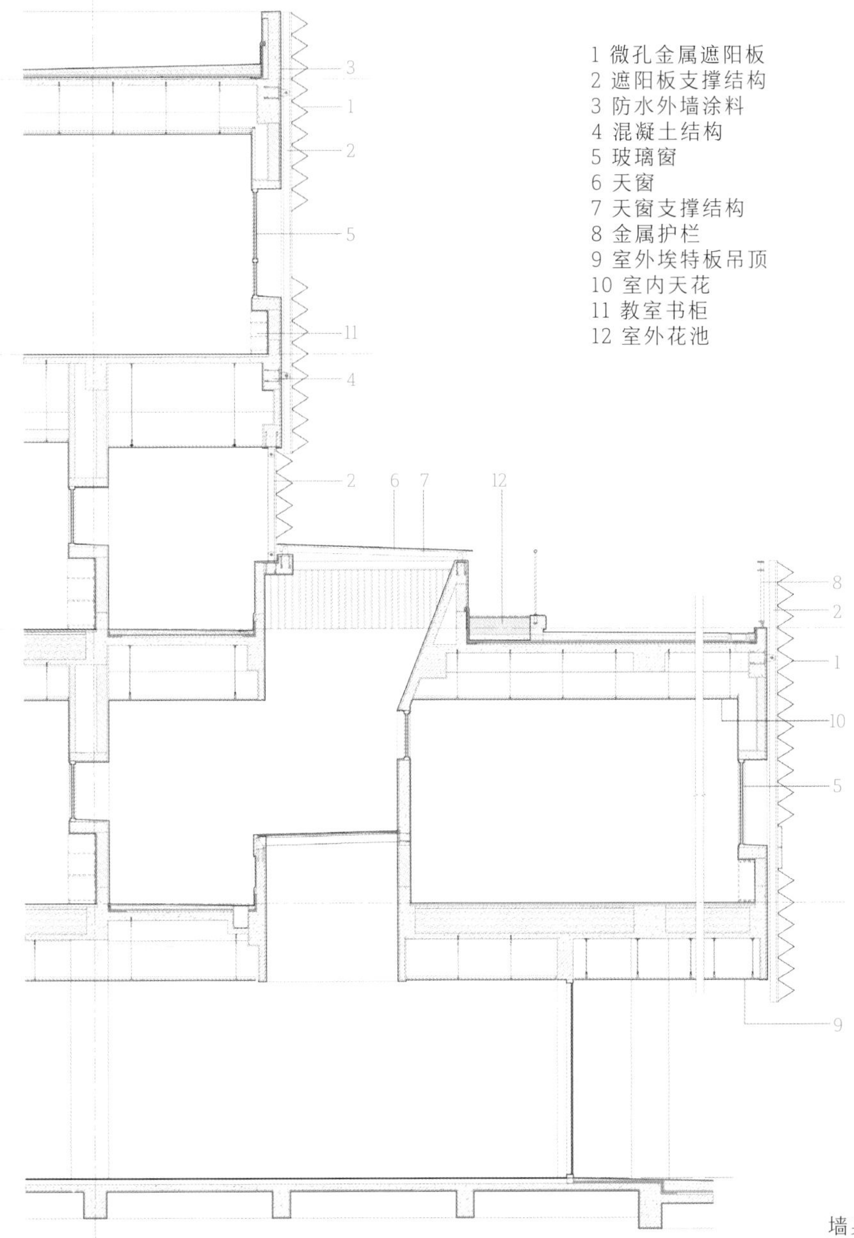

墙身剖面图

与户外庭院相对应，校园建筑被设计成3层高的带状体量，它们追逐着场地中从钢筋混凝土森林（周边住宅）里透出的光，沿着整个场地东侧缓缓地延展至西侧。 反之，在这些蜿蜒曲折的教学带之间衍生出了流动性的、序列性的户外活动空间，成了为每个教学组团量身定制的庭院。在中学教学区和综合教学区，动态细长的庭院随建筑体量变化而闭合；在小学教学区和图书馆，庭院被楼梯呵护般地包裹着，抑或反过来，延伸至开阔的露天操场。

策略三：薄剖面及生态创新

这个项目意图颠覆打破传统学校的设计方式，不再将校园单纯地划分为建筑区和功能区，而是通过一系列剖面上的空间组织使每个教室都能最大化地接触阳光和绿荫。这种策略强化了一种错落叠加的竖向空间组织，借此生成了无止境的剖面多样性，同时汇集教学、游嬉、创作和互动等活动打造了极其丰富的空间形态。

针对深圳潮湿高温的先天气候，建筑师对照明与空气质量进行了研究：得益于较薄的建筑剖面，自然阳光和通风可以实施在这座线性的建筑中。基于严格的年日照辐射数据研究，对应不同的立面采取了不同处理方式: 北面是高性能的玻璃与可开启窗扇; 东面是异形遮阳板以避免阳光直射；南边和西边，引入了由外挑遮阳板和波纹状穿孔铝板组成的被动式天气防御系统。

地面透水砖的铺装和设置了景天科植物的屋顶绿化将有助于减少地表径流；绿化屋面上的一系列水平太阳能板每年最大将提供2000千瓦 · 时的能量。南山外国语学校科华学校因此成为中国华南地区第一座达到绿色建筑三星标准的九年一贯制学校。

3. 南山外国语学校科华学校鸟瞰
4/5. 小学部庭院一角

6/8. 小学部庭院一角
7. 从小学部庭院望向城市
9. 从小学部平台望向周边社区

10	12	
11	13	14
	15	16

10. 从南望向中学部入口
11. 连接小学部和综合楼的平台
12. 小学部庭院一角
13. 图书馆门厅
14. 室内恒温游泳池
15. 校园中部天光连廊（二层）
16. 室内体育馆

清华大学廖凯原法学院图书馆

中国，北京

设计公司：Kokaistudios
主持建筑师：菲利普 · 加比亚尼（Filippo Gabbian）、安德烈 · 德斯特凡尼斯（Andrea Destefanis）

建筑师团队：皮特 · 贝龙（Pietro Peyron）（设计总监）
李伟、秦占涛、 安德烈 · 安多努奇（Andrea Antonucci）、安娜玛丽亚 · 奥斯特维（Annamaria Austerwei）（设计团队）

设计周期：2016 年 5—11 月
建造周期：2018 年 8 月—2019 年 5 月
总建筑面积：20,000 平方米
主要建造材料：混凝土
摄影：金伟琦

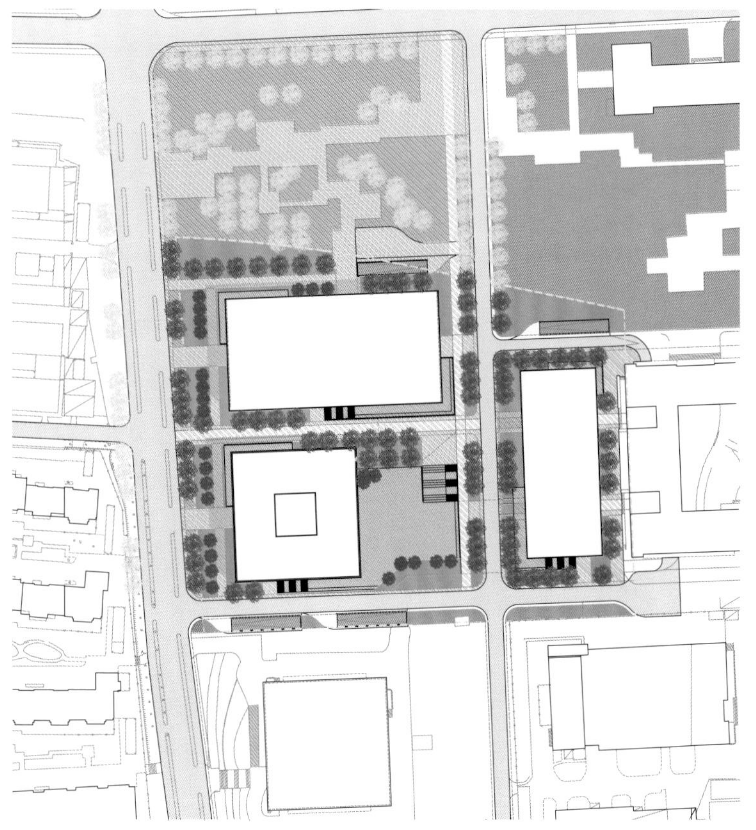

总平面图

2014 年，Kokaistudios 赢得了北京清华大学廖凯原法学院图书馆建筑及室内设计的国际竞赛。该建筑主要包括研究、教学及办公三大功能，既致敬了传统凹版印刷块，又令人联想到中国首都的标志——胡同和庭院，并由一系列的挑空空间相连，这座建筑为中国一流学府的校园增添了一道亮眼的风景。

Kokaistudios 设计的 2 万平方米新建筑是校园既有规划的建筑群之一，其重要性为呼应群组下沉区的主题景观，即兼容开放及封闭两种形态的人行道，“二元性” 是新图书馆的核心理念。

建筑功能垂直划分，低区主要作为开放的公共空间，向上则偏向封闭的私密空间。为与周边的露台及分区景观相协调，图书馆的两个入口被分置于不同的楼层。西侧的入口设在地面首层，并通向一个两层通高的中庭，空间开敞且通风极好，并与一个约 450 座席的活动空间相连，主要用作模拟法庭；东侧的入口设在地下，通往学生中心、自助餐厅及多媒体教室。

为创造更私密和安静的环境，设计将三层以上的空间整体留给图书馆。中庭三层挑空，顶部天窗提供了充足的自然采光，围绕这一中心，整体布局呈旋转对称状展开：书架区在四周排列，外沿是阅读和学习区，由一系列的宽大坡道和阶梯式座位区连接，配以浅色的木材，课桌被安置在落地窗边，提供自然光的同时也为使用者提供了舒缓、平静的阅读体验。

再往上走，最上面的三层是学术人员的办公室和研讨室。与下方楼层的开放性形成鲜明对比的是，尺度收窄的入口区平和安静，向内的区域几乎像修道院回廊一般私密。这里同样延续了空间的虚实相生和挑空的主题，设计受中国古典园林的艺术启发，楼层的平面功能围绕着中央庭院来布置。空间的中心点是天窗，设计通过光线含蓄地连接所有元素。

建筑内部的挑空的空间主题在室外依然有延续。阅览和研究区旁连续的一扇扇窗呈锥形对角状，为建筑中部三层增添了透明的质感，效果十分灵动。而外立面的石材覆层呈垂直条状，仿佛是中国经典的竹卷书简。设计与空间的功能相契合，建筑整体会令人联想到传统的雕版印刷和印章，这些与书籍、秩序和法律紧密相连的形象。

建筑周边的空间虚实相映，让人联想到北京迷宫般的胡同，特别是那些掩藏在墙和门之后的传统庭院。镂空的空间呼应着下沉天井这一主题，而天井正是周边建筑的特色。

1. 东立面
2. 东南向外景

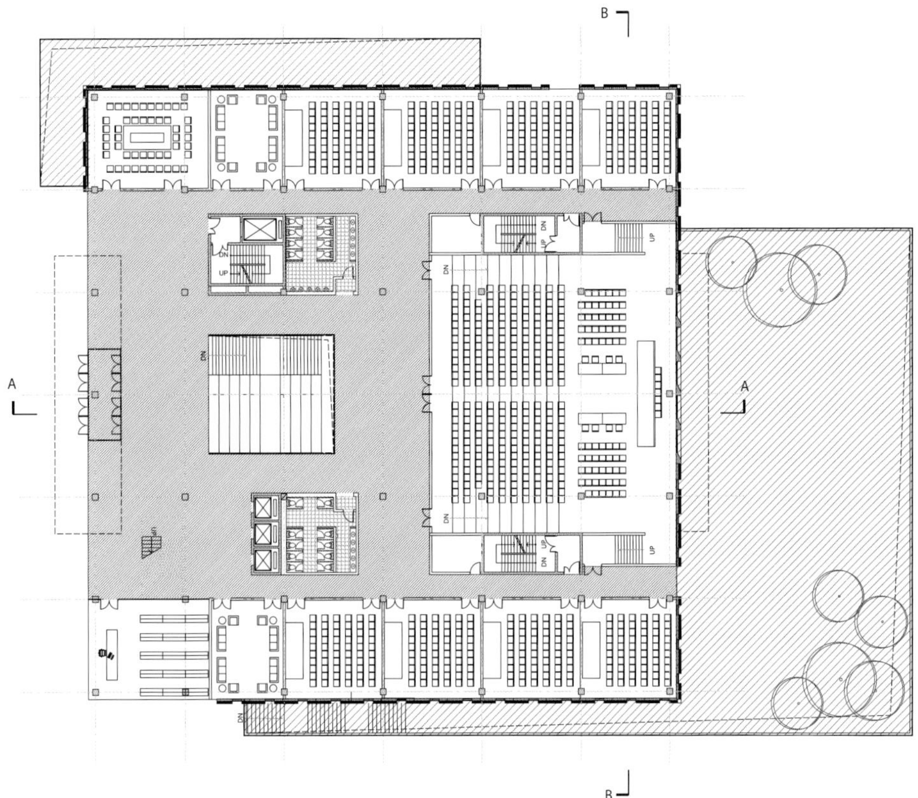

一层平面图

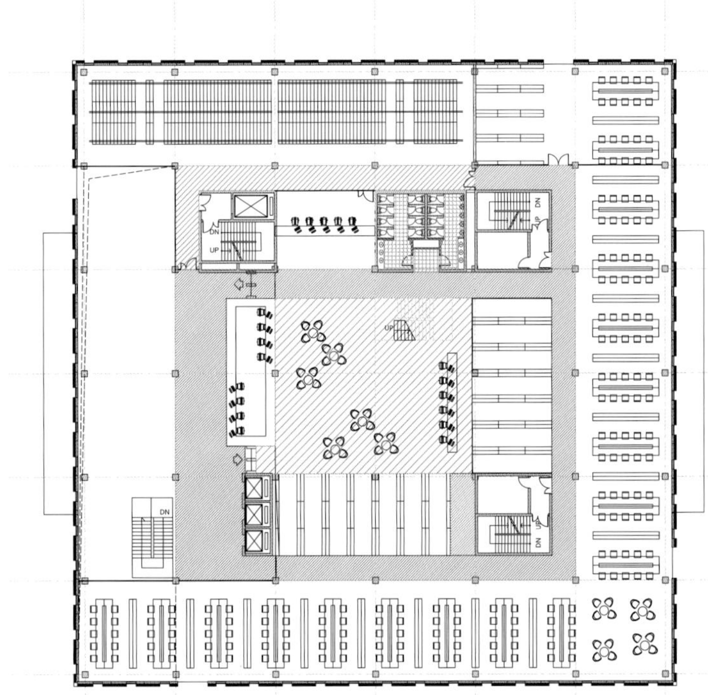

二层平面图

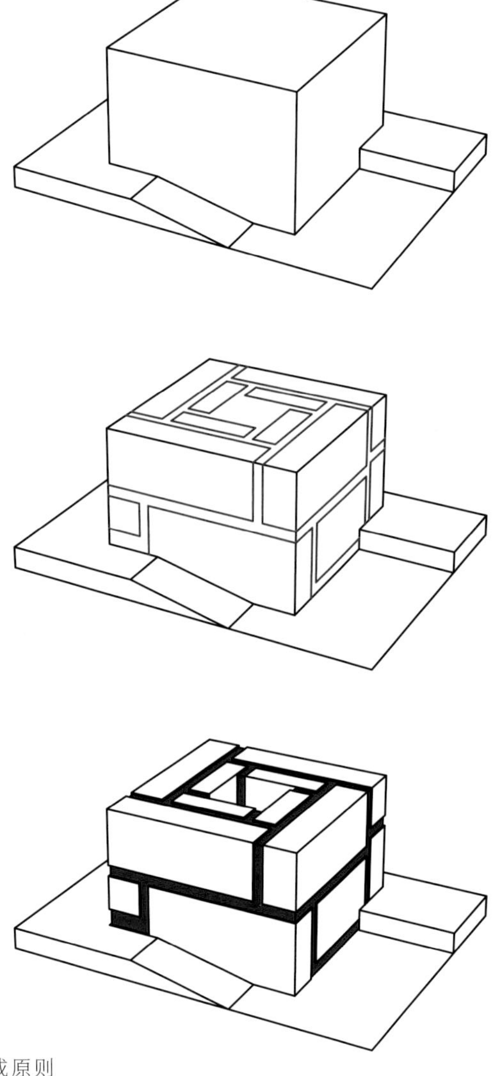

立面构成原则

3
4

3. 东北向外景
4. 西立面

所有元素相结合为空间提供了学术建筑必需的功能，即学习、研究、交流、沉思。清华大学廖凯原法学院图书馆是中国最负盛名的法律精英的研习空间之一，这座里程碑式的建筑不仅为学生、学者提供服务，更激励着他们在法律学术之路上砥砺前行。

5 | 6 / 7

5/6/7. 入口中庭

8	10
9	11

8. 三层中庭
9. 模拟法庭
10. 阅览室
11. 大坡道阅览室

西安交通大学科技创新港科创基地8号楼、9号楼

陕西，西咸新区

设计公司：杭州中联筑境建筑设计有限公司
主持建筑师：程泰宁、王大鹏

建筑师团队：蓝楚雄、杨涛、刘翔华、盛思源、王静辉、邱培昕、裘梦颖、冯单单
结构设计：刘传梅、孙会郎、唐伟、王超、刘兆勇、王芳、朱伟、刘杰、郑浩、王月明
设备设计：潘军、纪殿格、李鹏展、杜成错、崔松、徐冰源、章海波、尹畅昱、张艳

设计周期：2017年8月—2018年3月
建造周期：2018年3月—2019年5月
总建筑面积：35,566平方米
工程造价：31,362万元
主要建造材料：钢筋混凝土、钢、玻璃、仿锈铝板、穿孔铝板、石材、涂料
摄影：杭州中联筑境建筑设计有限公司

西安交通大学科技创新港科创基地位于陕西省西咸新区沣西新城范围内的渭河南岸，新西宝高速线以北与新河三角洲交会区域。

工程楼（8号楼）、多功能阅览中心（9号楼）位于科创基地中的核心位置，处于校园中轴与活力廊道的交会处，与主楼呈“品”字形布局。

工程楼（8号楼）为学校的工程博物馆，设有工程教育展厅、科技成果展厅、文化艺术展厅、通史展厅、校史馆、专题展厅、创意成果展厅、创客空间、多功能厅和藏品库房等。多功能阅览中心（9号楼）为学校的图书馆，兼食堂、游泳馆，设有就餐自习区、贵宾接待室、多功能厅、咖啡厅等。

建筑的设计创意来自中国四大发明之活字印刷，利用简洁纯粹的方形体量组合形成错落有致的形体关系，如同活字印刷的模块，又像是老交大四大发明广场上的雕塑，联系了新老校区的时空记忆。

各个功能体块之间形成的高耸狭缝空间作为一种特殊的公共空间存在，光线透过狭缝照射进来，形成了流动的光影变化，增加了空间的趣味性。立面上一些方圆洞口的处理，营造出了第二层次的室外灰空间，形成了室内外空间的对话。

8、9号楼的建筑外立面分别采用了锈蚀肌理铝板及浅灰色穿孔铝板，现代有力且充满机械感的造型与表皮，更加符合西安交大这所著名工程院校的国际形象。

在结构方面，8、9号楼在框架结构内局部设置屈曲约束支撑，既有效提高了建筑的整体刚度和抗震性能，又增添了建筑的工程美感。

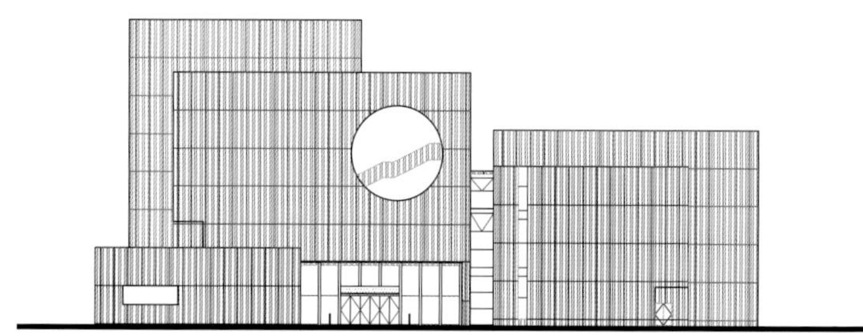

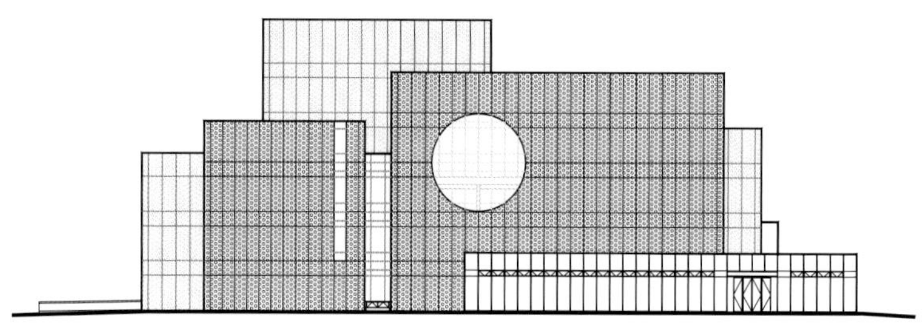

立面图

1. 项目鸟瞰
2. 工程楼（8号楼）主入口透视

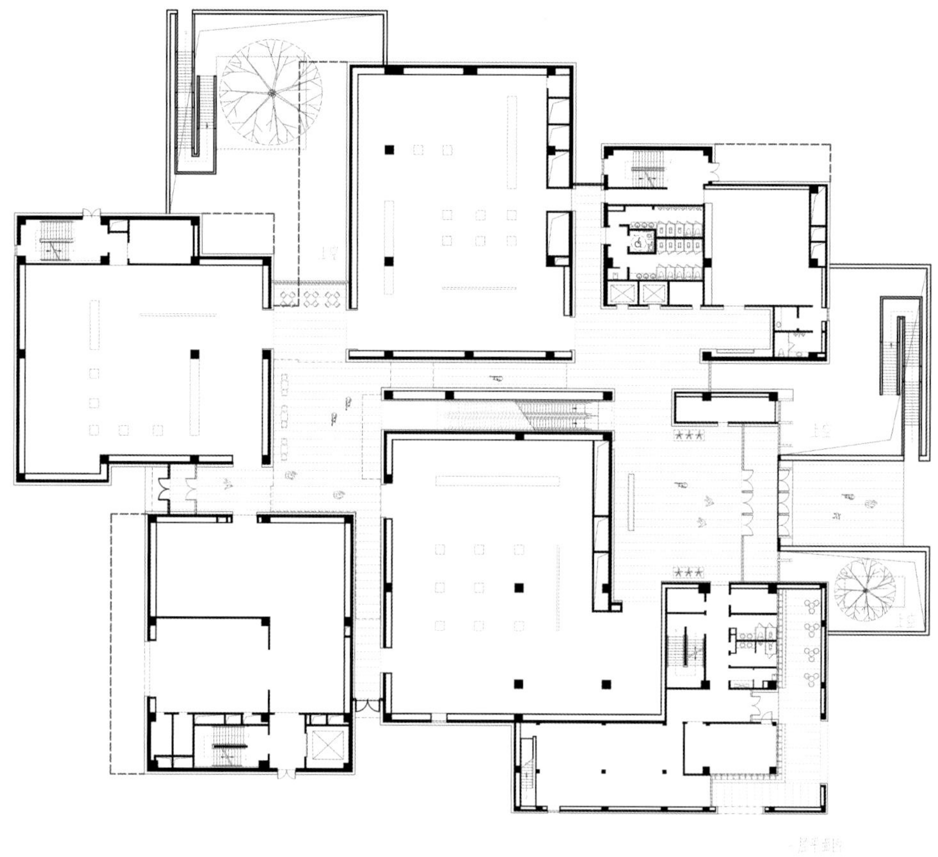
工程楼（8号楼）一层平面图

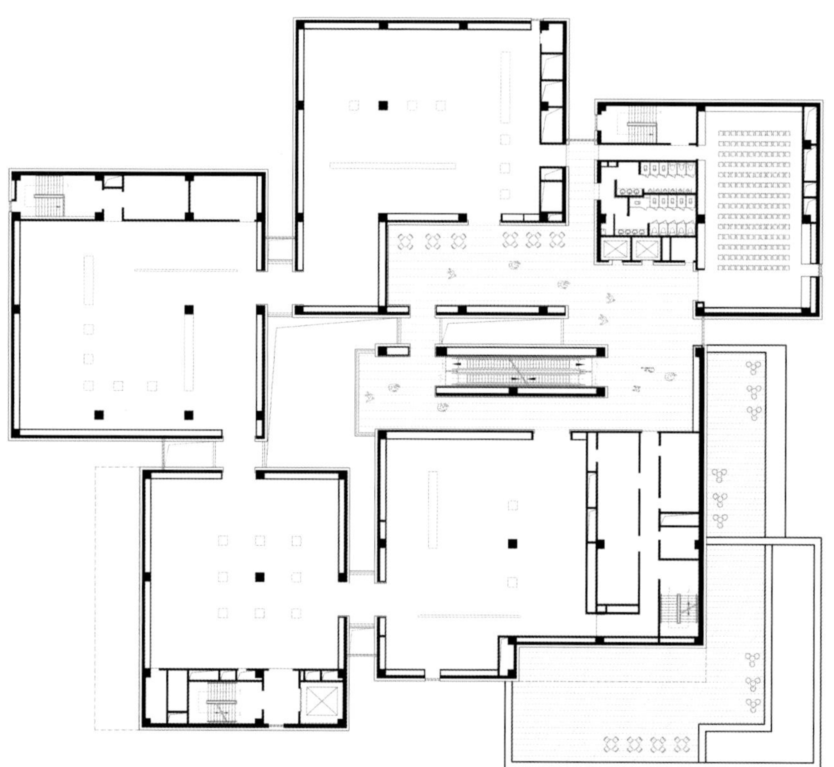
工程楼（8号楼）二层平面图

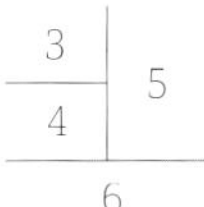

3. 工程楼（8号楼）主入口透视
4/5. 工程楼（8号楼）局部透视
6. 工程楼（8号楼）透视

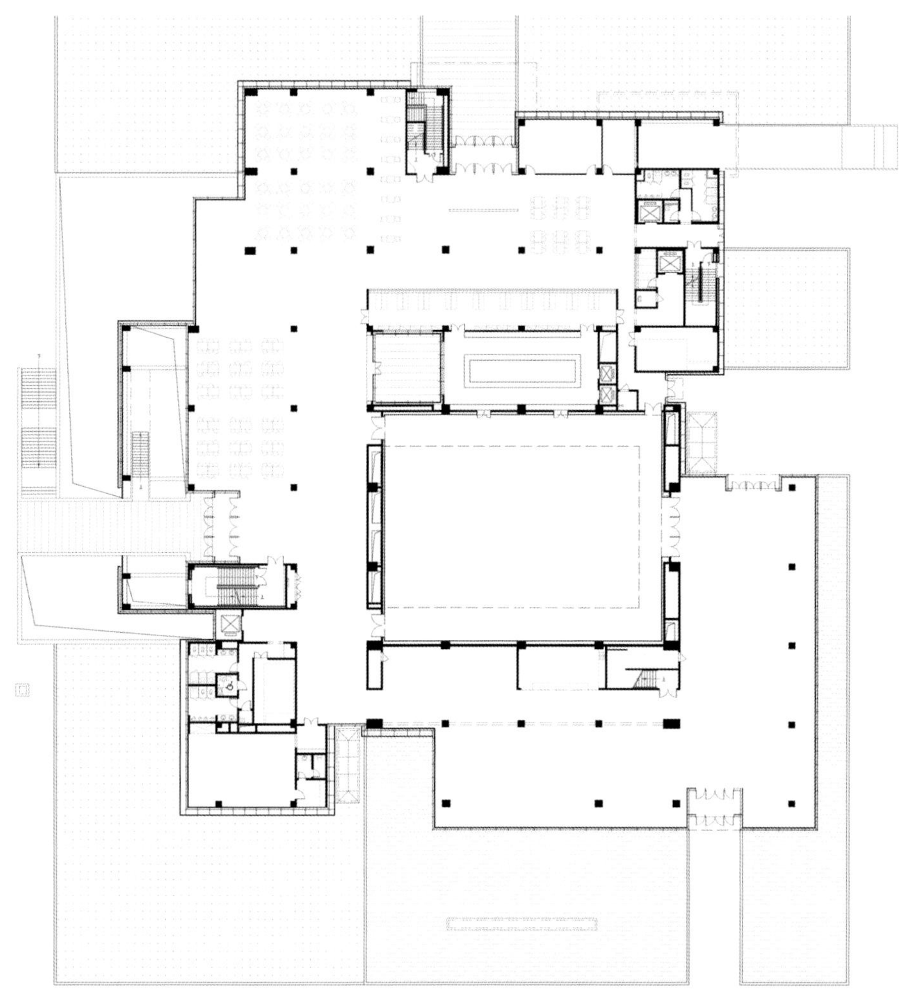

多功能阅览中心（9号楼）一层平面图

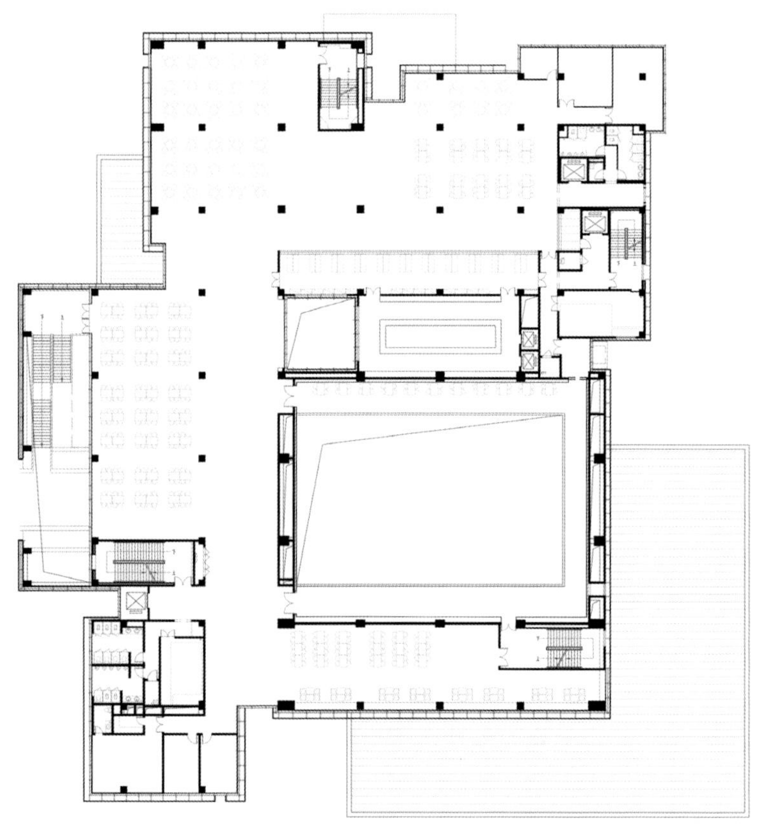

多功能阅览中心（9号楼）二层平面图

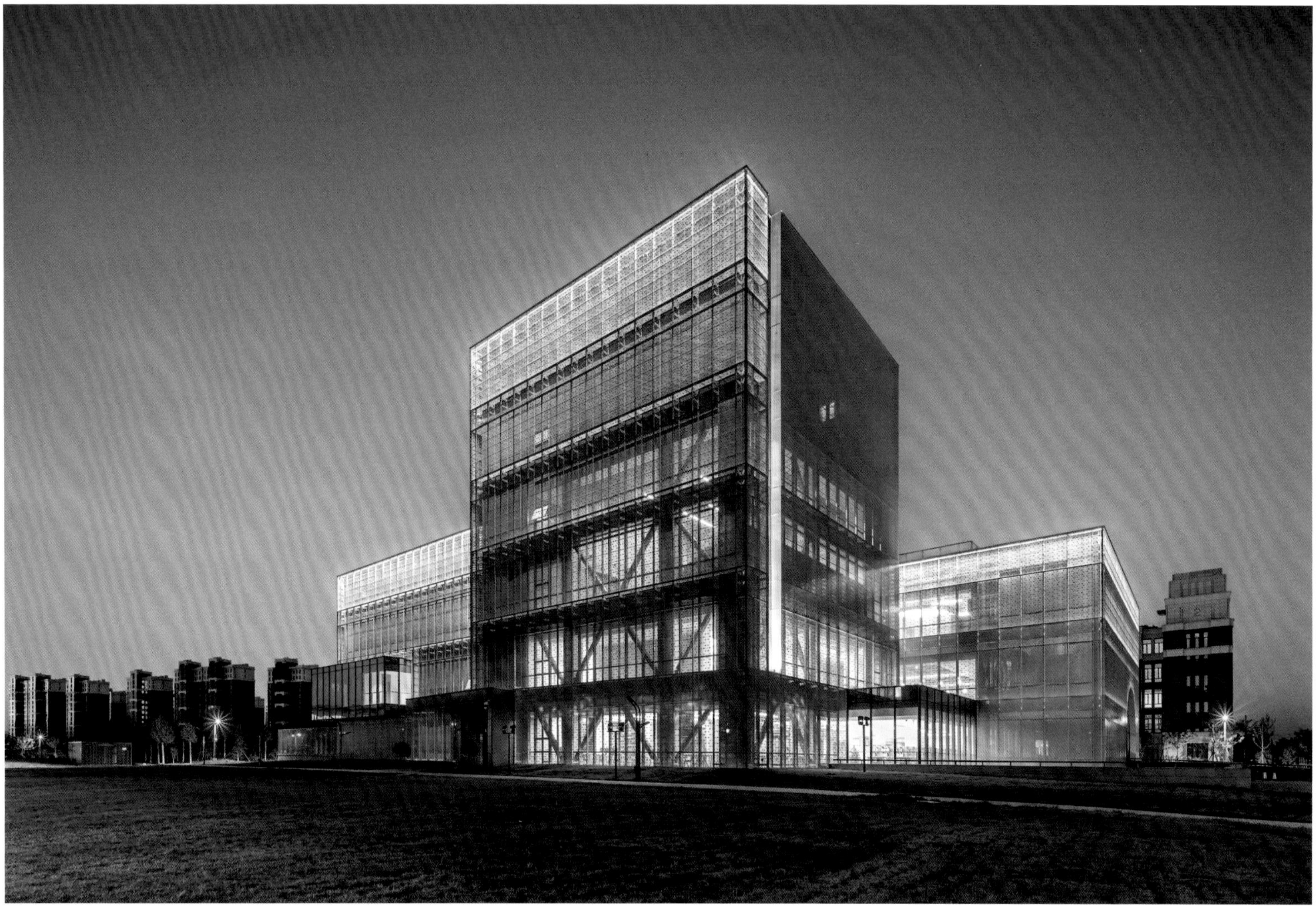

7
8

7. 多功能阅览中心（9号楼）夜景透视
8. 多功能阅览中心（9号楼）主立面透视

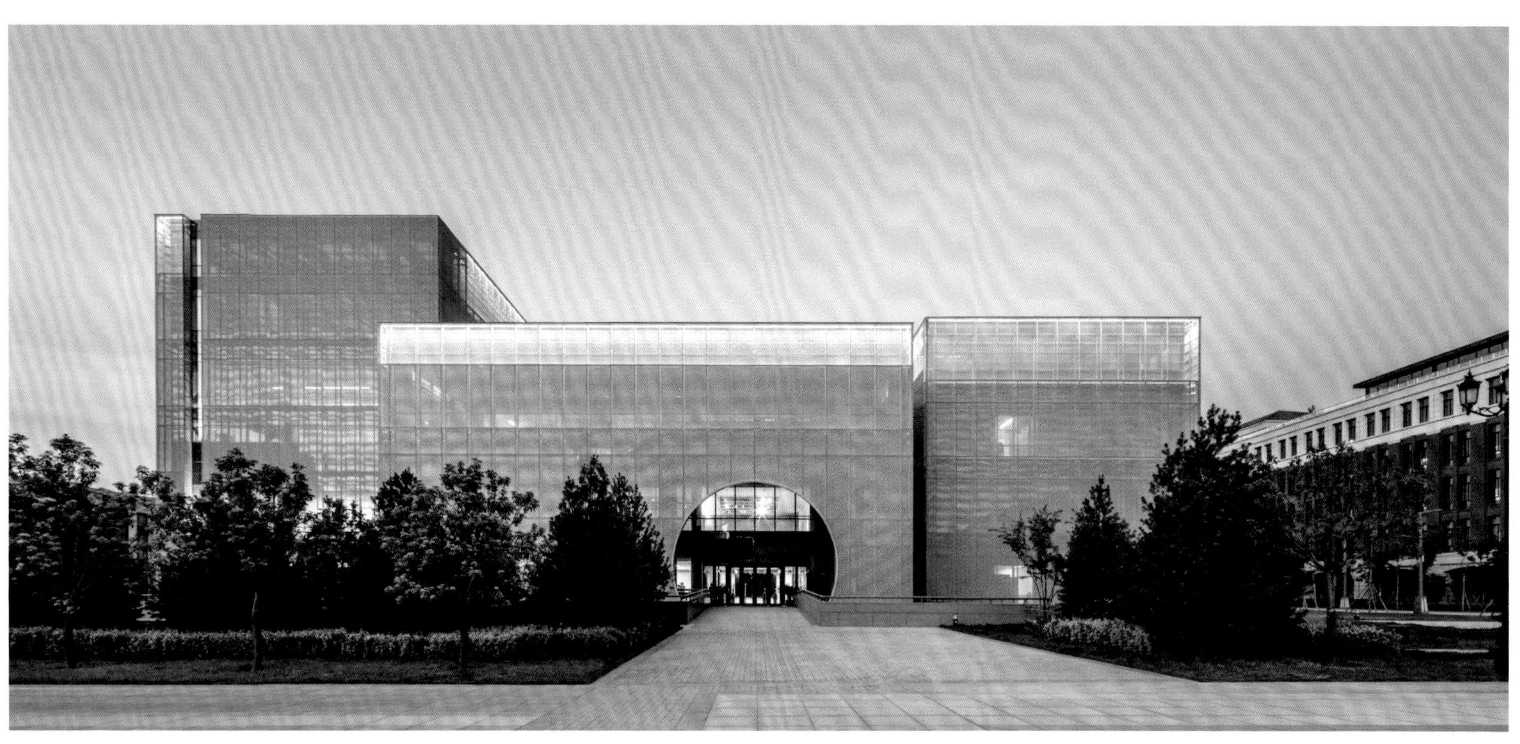

9/10. 多功能阅览中心（9号楼）透视
11/12/13. 多功能阅览中心（9号楼）局部透视

14 | 16
15 | 17

14. 多功能阅览中心（9号楼）多功能厅
15. 多功能阅览中心（9号楼）活动室
16. 多功能阅览中心（9号楼）多功能厅天花
17. 多功能阅览中心（9号楼）室外楼梯

徐州市第一中学新城区校区

江苏，徐州

设计公司：深圳市建筑设计研究总院有限公司
主持建筑师：孟建民

建筑师团队：彭鹰、饶斯萌、王仙龙、黄亮棠、林玉梅
结构设计：郑伟国、刘凯
设备设计：吴文、章斐扬、蒙小雷

设计周期：2014 年 2 月—2015 年 12 月
建造周期：2016 年 1 月—2019 年 6 月
总建筑面积：141,140.66 平方米
工程造价：7.5 亿元
主要建造材料：钢筋混凝土、石材、铝板、真石漆、玻璃
获奖情况：第四届深圳建筑设计奖未建成项目金奖
第九届广东省建筑设计奖建筑方案奖三等奖
2020 年度徐州市城乡建设系统优秀勘察设计公共建筑设计一等奖
摄影：田方方

徐州市第一中学新城区校区用地位于徐州市新城区，奥体中心西侧，东临汉源大道，总用地面积约 11.67 万平方米，总建筑面积约为 14.11 万平方米，主要包含一个 16 轨的高中部、一个小型国际部、师生宿舍以及地下车库等功能。

对新现代主义的探究是项目的起点，从某种意义上来说新现代主义回归了建筑的本源，今天的人们呼唤在建筑功能含义中增加对人的关怀，对人文精神的关注。

在这个项目中，把人的体验作为徐州市第一中学新城区校区设计的重点，试图在现有模式下进行一些积极而有意义的尝试。学校不但是授业解惑的场所，而且是学生成年前，度过大部分生活时光的地方，因此要充分考虑到使用者的感受。同时校方在追求一种新的教学模式，实行跑班上课制度，倡导学生自主性学习，增强师生之间的交流互动，一切工作以服务学生为出发点。在设计的过程中，针对不同使用人群，主要是学生、老师、后勤管理人员三大群体，制作了详细的问卷调查表，表中提出建筑师的设想供人们选择或补充。通过这种方式，形成设计者与使用者的私人对话，让使用者参与进来，共同发挥作用。

在设计之初曾遇到难题，校区用地面积仅 11.67 万平方米，这对于一个 16 轨 48 个班，师生总人数 2760 人的高中校园来说，用地是非常局促的。最终，解决方案是，以竖向延伸空间为切入点，扩大地下空间，将部分体量较大、人流聚散集中的功能在首层及地下层设置，形成建筑基座。基座地下部分通过下沉广场及庭院满足其交通组织与采光通风的需求，基座地上部分形成架空层平台，空间在架空层相互连通，让校园的室外空间拥有更多的开放性与场所感。

为了强化校园交互空间设计，将各功能集成化。教学楼与行政楼在三层以上相连，与地下层的体育场馆形成功能组团；科学馆、人文馆、艺术馆自下而上垂直分布， 形成功能组团；宿舍、餐厅、师生服务中心自成一体，形成功能组团。各功能组团既相对独立，均设有各自的出入口，又可通过下沉广场、屋顶花园、风雨廊、天桥等方式相互联系，做到无缝对接。建筑和人的身体一样，都是一个有机的整体，各功能协同作用，相辅相成。

在建筑形式日益革新的今天，希望作品能静静地、不张扬地服务于人，与人对话，在使用之后被人们接受，不留遗憾。

1

1. 鸟瞰实景

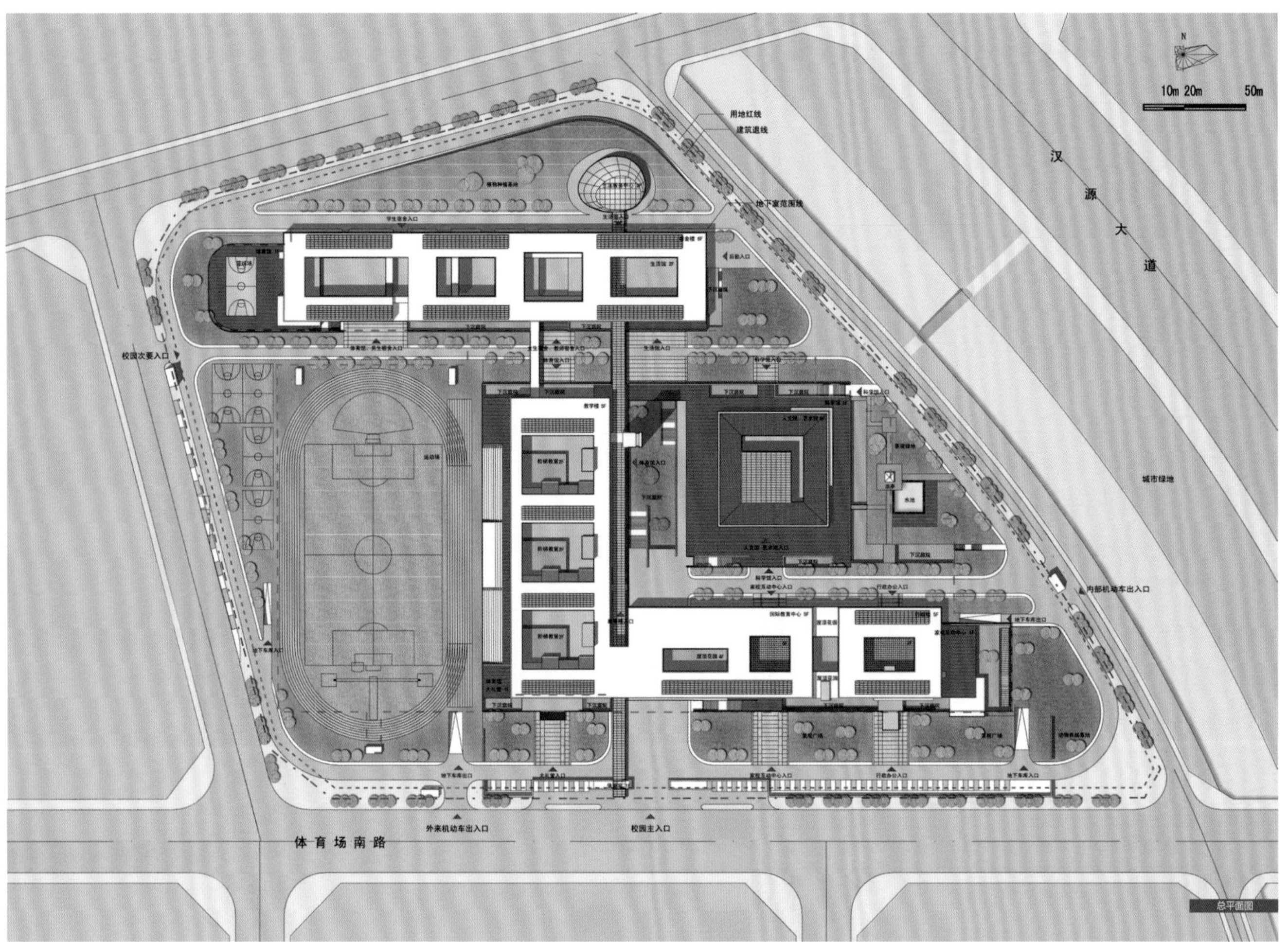
N
10m 20m 50m
用地红线
建筑退线
地下室范围线
汉源大道
城市绿地
校园次要入口
内部机动车出入口
外来机动车出入口
校园主入口
体育场南路
总平面图

总平面图

剖面图

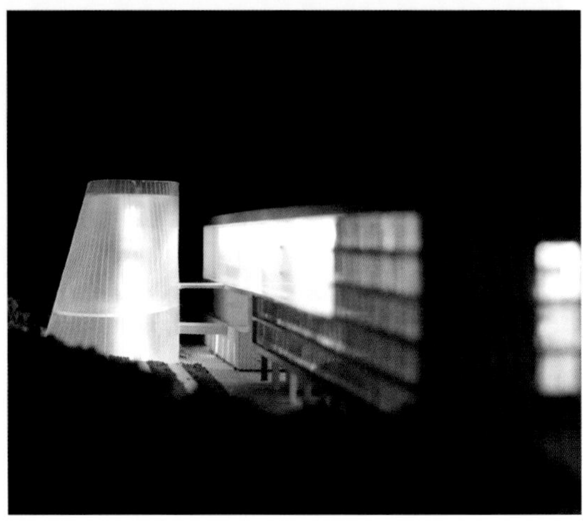

模型图

2
3

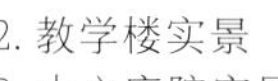

2. 教学楼实景
3. 中心庭院实景

4 | 6 | 8
5 | | 9
7 | | 10

4. 校园道路实景
5. 教学楼庭院实景
6. 中心庭院实景
7. 入口架空层实景
8. 宿舍楼实景
9. 教学楼实景
10. 综合楼实景

成都市盛华南路幼儿园

四川，成都

设计公司：中国建筑西南设计研究院有限公司设计四院
主持建筑师：殷波、黄怀海

建筑师团队：晏睿、陈康龙、石玉磊、柯章韬、刘宇、冯腾驹、秦晓彦、彭洁
结构设计：邓国萍、王逸凡
设备设计：周强建、熊帝战、钟星宇、周小舟、叶磊、凌疆、樊楼、曾丽锦
景观设计：杨强、李子田

设计周期：2018—2019 年
建成时间：2019 年
总建筑面积：10,415 平方米
工程造价：6000 万元
主要建造材料：铝板、玻璃幕墙
获奖情况：2020 年中国建筑西南设计研究院优秀建筑工程设计一等奖
摄影：叶丹科

成都市盛华南路幼儿园位于高新区桂溪社区，临近盛华南路与天府五街交叉口，作为成都市 “三年攻坚、五年建设” 公共服务设施项目群中的一员，建成后极大地缓解了高新区教育资源紧缺的现状。项目用地南北约 200 米，东西约 50 米，仅西侧长边临盛华南路；北侧、东侧均为市政公园，南侧为拟建配套公共服务设施农贸市场。

“云朵上的城堡”

设计概念采用“云朵上的城堡”，在长条状的白色云朵上，落下一栋栋小房子，幼儿在云朵上、房子里欢乐地奔跑。幼儿园有 21 个班，设计将功能分解，顺应长向场地，从北往南布置 4 栋大单体，北侧 1 栋为生活服务及管理用房，南侧 3 栋为标准活动教室，大单体之间穿插 3 栋小单体作为专业活动教室。

无限渗透的活动场地

总图上串联各个建筑体量的长廊，在室外与各个单体形成了多个半围合的室外活动空间，在室内形成了彩虹长廊，幼儿活动空间内外渗透。长廊屋面在二层形成串联各个单体的室外活动平台，通过玻璃栏板，幼儿活动空间上下渗透，充分利用各个单体坡屋顶下空间，形成屋顶活动平台，坡屋顶局部板上开洞，形成露天与非露天区域，使幼儿在屋顶活动时有更丰富的体验，以观晴雨。每个单体标准层由 2 ~ 3 个标准活动单元组成，标准活动单元间形成宽敞的室内活动场地。作为 21 个班超大规模的幼儿园，设计考虑用两个音体活动室来满足幼儿集体室内活动的需求，音体活动室内分别设计不同的动物 PVC 地胶，帮助幼儿辨识。超多自然过渡的室内外活动场地，为幼儿运动发育提供了极其宽松和良好的活动条件，做到以人为本。

工程技术要点

内庭外立面的白色铝板采用批叠形式，以 1200 毫米 × 600 毫米的模数为一个单元板块，通过工厂加工弯折，形成两块 1200 毫米 × 300 毫米连续折叠的铝板，两个单元板块上下批叠安装，消隐了铝板之间的横胶缝，又通过竖向错缝安装，消隐了竖胶缝，仅在墙面上留下批叠的肌理，精致耐久。在窗洞口处设计与批叠状幕墙配套的铝板窗套；窗套内的彩色墙面在大面白底上形成五彩斑斓跳跃的图形，并在各栋立面上形成韵律，使建筑更加活泼有趣。每处二层室外活动平台与各个单体相接之处均为建筑变形缝位置，通过出入口节点设计，既保证了变形缝的可靠实施，又保证了幼儿能平进平出室内外。

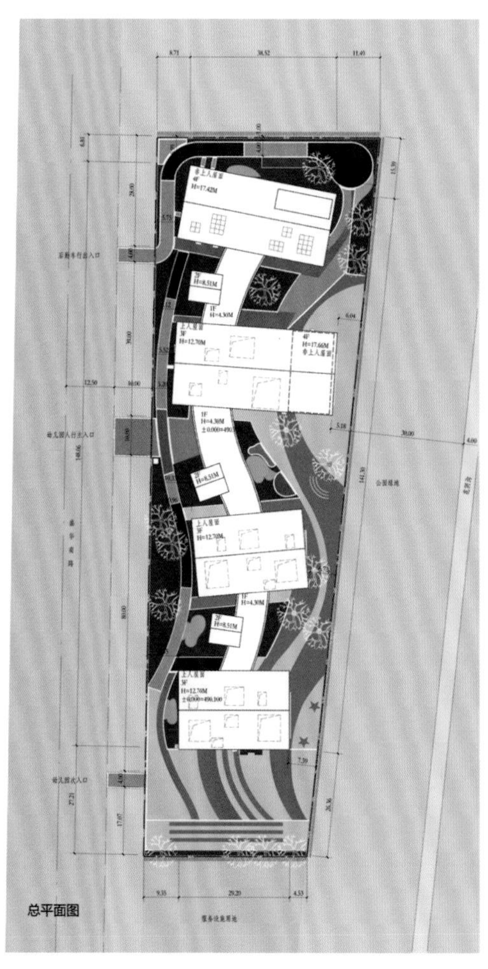

总平面图

1. 项目鸟瞰
2. 城市鸟瞰

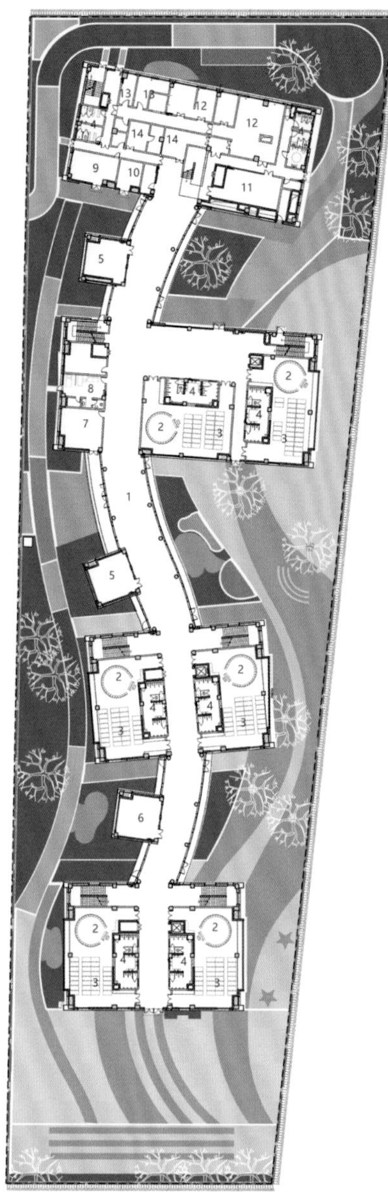

一层平面图

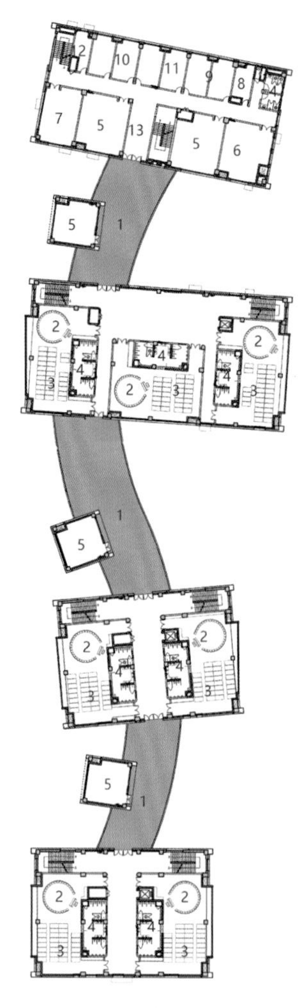

二层平面图

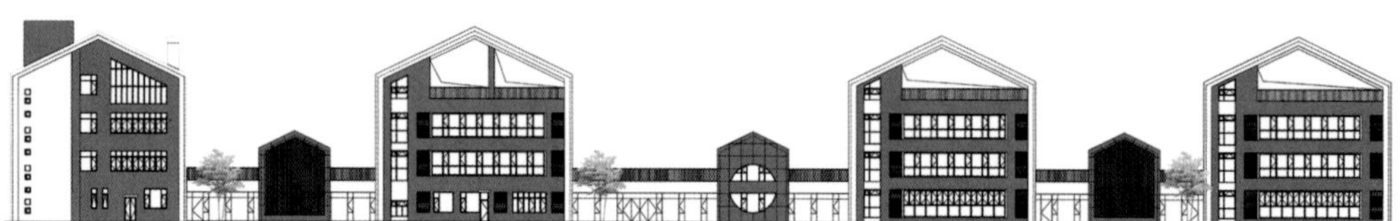

立面图

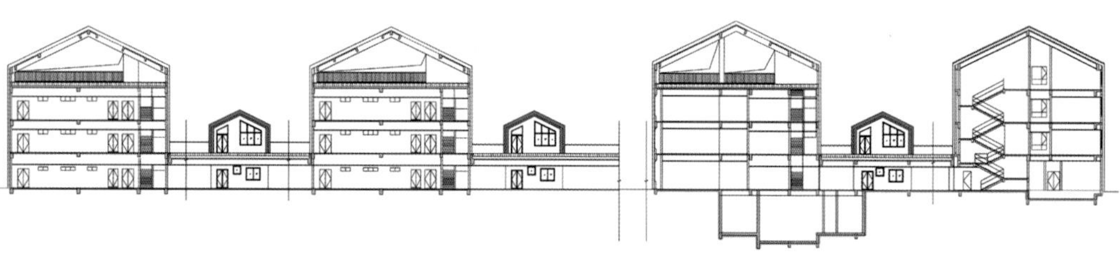

剖面图

3
4 6
5

3. 项目立面
4. 屋顶活动平台
5. 透视
6. 立面

7 8 | 9 10

7. 屋顶活动平台
8. 透视
9. 室内彩虹长廊
10. 室内音体活动室

上海崇明体育训练基地一期项目

上海，崇明

设计公司：同济大学建筑设计研究院集团有限公司 / 麟和建筑工作室
主持建筑师：李麟学
项目负责人：丁洁民、钱锋

建筑师团队：吴杰、周凯锋、刘旸、王彦雯、张金霞、刘林、李欢𪢮
结构设计：井泉
设备设计：游博林（给排水）、朱伟昌（暖通）、李志平、姜宁（电气）

设计周期：2013—2016 年
建造周期：2016—2019 年
总建筑面积：46,200 平方米
主要建造材料：钢筋混凝土、Low-E 中空玻璃、防腐木板
获奖情况：2019 年上海市建筑学会建筑创作奖优秀奖
2020 年上海市优秀工程勘察设计项目一等奖
摄影：苏圣亮

总平面图

崇明体育训练中心 1、2、3 号楼位于上海市崇明岛，是上海崇明体育训练基地一期项目整体规划核心轴线的起点。作为上海城市战略的一个部分，崇明被定义为“国际生态岛”，设计自然关注到生态岛背景下建筑生态实验这一命题。设计通过将科学的精确性纳入建筑本体设计的范畴，探索以环境性能作为一种新的逻辑，解放对于形式与功能的预设，实现气候响应设计；通过结合崇明风土与气候特征，探索地域文化和材料在建筑中的诗意表达，尝试为崇明“国际生态岛”的建筑范式提供一个生态实验的样本。

上海崇明体育训练基地一期项目中的 1、2、3 号楼是基地的公共管理服务建筑群，是中央生态绿轴的一部分。其中，1 号楼为运动员公寓及管理楼，2 号楼为科研医疗楼，3 号楼为教学楼。3 个建筑体量与整个生态湿地形成穿插关系，利用建筑入口产生的支撑与悬挑，形成中央景观轴上生长出的体块。1、2、3 号楼建筑集群与景观设计，充分依据“气候响应”的设计理念。中央生态绿轴梳理、利用了场地原有水系、农田等景观元素，并引入热力学理念，以当地季风、光照等微环境因素为主导塑造群体形态。

项目采用热力学软件分析，依据室外热环境和风环境，设置建筑的中庭和庭院，并通过对基地冬夏主导风向的模拟，采用参数化设计，精确控制建筑立面折窗的朝向变化。1 号楼中庭空间利用热力学烟囱机理，提供过渡季节公共空间空调的最小化使用。在建筑集群布局方面，设计充分关注气候响应的环境性能提升，完成建筑集群布局与生态塑形。在场地周边，3 组建筑采用严正的外部界面，与周边体育场馆的格局一致，为整个园区提供了街区感的尺度。而对于 1、2、3 号楼围合的内部空间，充分关注由场地既有的水系、农田等构成的湿地景观元素，并采用顺势利导的保留策略，在 3 栋建筑之间创造一种柔性的界面。基于对基地冬夏主导风向与采光、热辐射的模拟，建筑形体不仅沿着风向在水平维度上进行微妙扭转，形成利于气流通过的甬道，而且在立体维度上塑造了层层退台，整合微环境中的光环境与辐射元素，在能量与主体舒适方面都获得了更高的性能。

1
2

1. 1、2、3 号楼俯瞰
2. 南侧鸟瞰，从左至右分别为 1 号楼、3 号楼、2 号楼

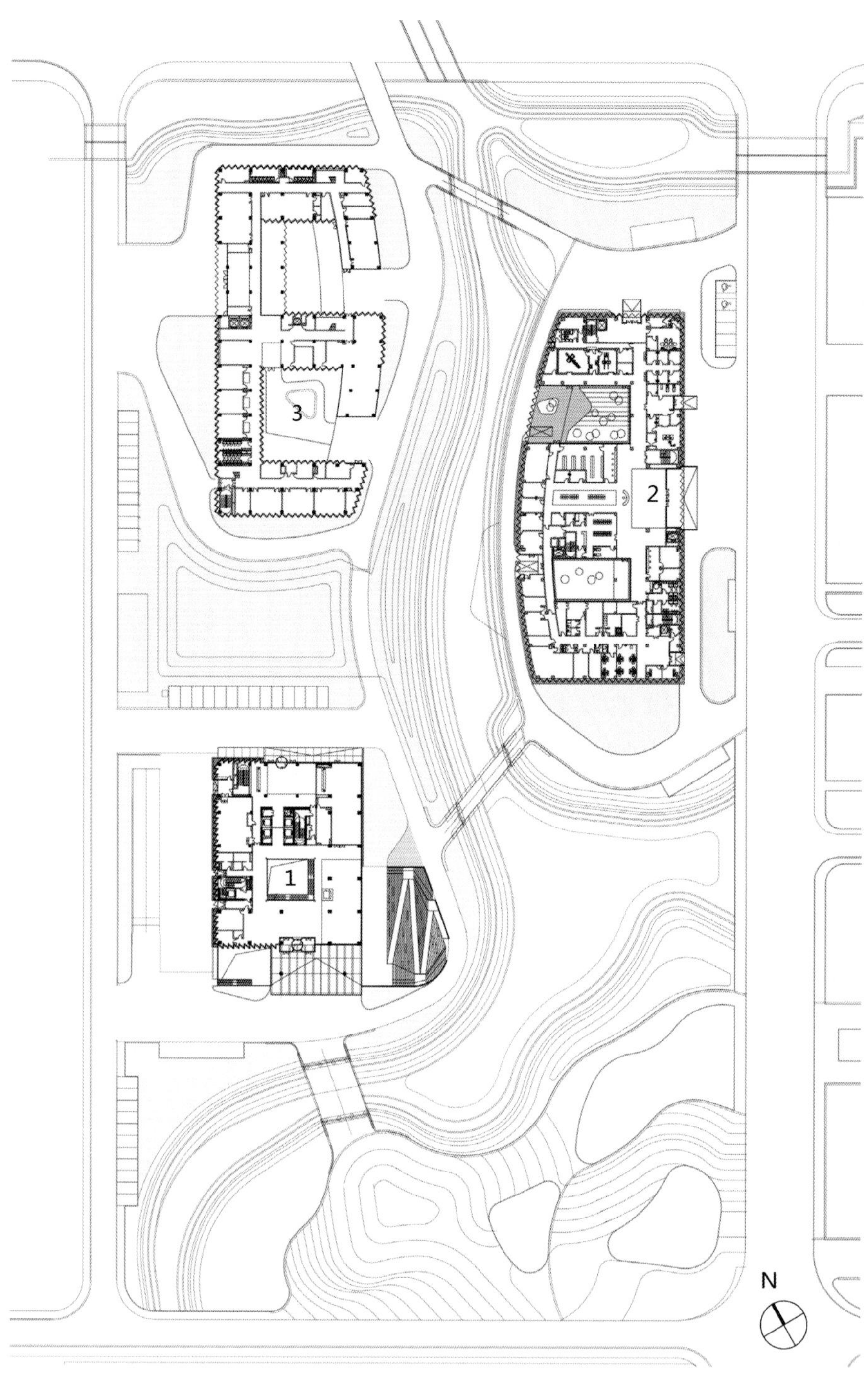

一层平面图

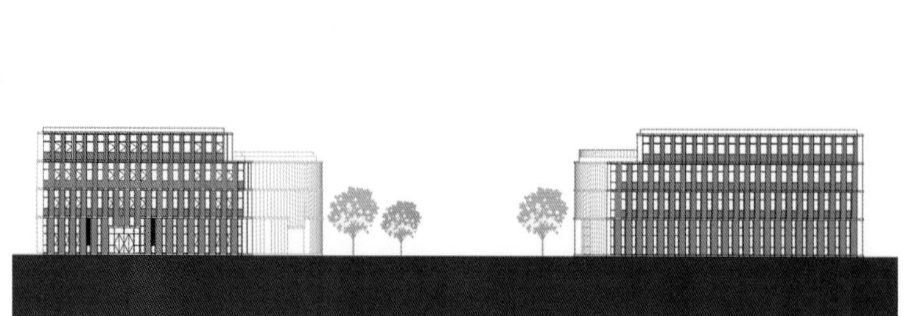

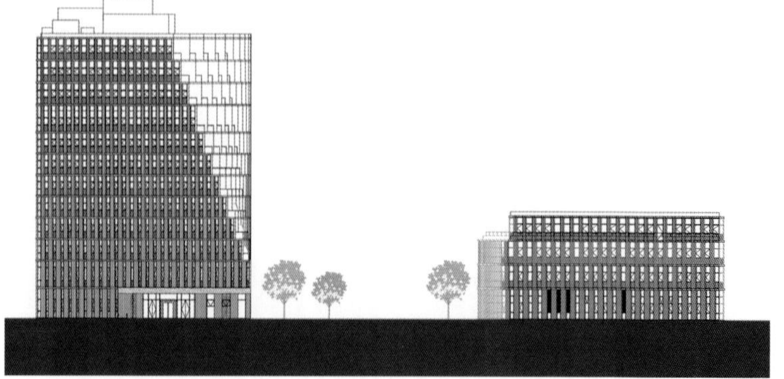

立面图

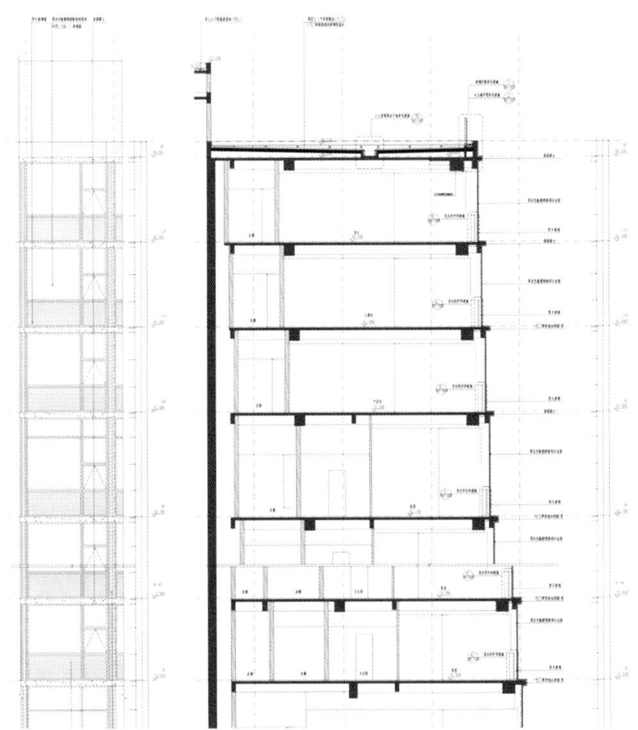

1号楼立面大样及墙身剖面详图

3
4
5

3. 1号楼立面细部，窗和阳台
4. 1号楼立面细部
5. 3号楼南立面

6	8
7	9

6. 鸟瞰，从左至右为 1 号楼、3 号楼、2 号楼
7. 从中央生态绿轴背面眺望 2 号楼、1 号楼、3 号楼
8. 3 号楼庭院
9. 2 号楼室内一层大厅

汕头大学新医学院主楼

广东，汕头

设计公司： CCDI 悉地国际设计集团
方案设计： 赫尔佐格和德梅隆建筑事务所（瑞士）

施工图设计公司： CCDI 悉地国际设计集团
建筑设计： CCDI 悉地国际设计集团
结构设计： ARUP 奥雅纳工程咨询有限公司
CCDI 悉地国际设计集团
设备设计： CCDI 悉地国际设计集团

设计时间： 2012 年
建成时间： 2017 年
总建筑面积： 39,200 平方米
获奖情况： 第十七届深圳市优秀工程勘察设计评选结构设计二等奖
第九届广东省土木工程詹天佑故乡杯
2017 年度广东省建筑结构专项三等奖
2017 年度广东省优秀工程设计一等奖
2017 年度全国优秀工程勘察设计行业奖优秀建筑工程设计二等奖
摄影： 方健

汕头大学新医学院由港商李嘉诚先生出资赞助，意在营造一座集医疗与科研教育为一体的新建筑。瑞士著名建筑事务所赫尔佐格和德梅隆被邀请作为建筑方案设计提供机构，具备超过 20 年医疗建筑设计经验的 CCDI 悉地国际设计集团被委托为建筑 / 结构 / 设备全专业设计主体。这样的组合从一开始就注定了挑战规则的可能性。CCDI 悉地国际设计集团曾经在 15 年前与 PTW 和 ARUP 奥雅纳工程咨询有限公司合作挑战了奥运游泳场馆的既定规则，这一次，医疗科研建筑成为创新的目标。

这座建筑位于汕头大学主校区内，基地东侧与中央公园东侧直接相接并延续至西南侧的规划校区，是在空间上连接现有校区与规划校区的重要位置。在一组严谨的模数化的老校园建筑及中央公园与规划校区之间，新医学院起到了一种标志性的转换节点作用，以独特巨大的中空形式展现其开放的内在精神，与邻近的新图书馆和美丽校区自然环境隔空对话。为了优化投射入建筑的日照光线，建筑朝向与地理南北轴线之间略转了 10 度角。建筑朝向、楼面进深和自然通风提升了建筑的可持续性，回应着基于中国南方地理与气候特征的气候适应性设计原则。

建筑本体的功能配置非常复杂。设计没有采用传统的水平加竖向的功能空间组合模式，而是围绕着医疗这个核心，临床科研、实验室、医技、培训、医疗教学、数据中心等空间，竖向环绕着一个中央开放空间进行堆叠，形成“医疗之环”，创造性地解决了复杂功能之间的分区与组合、流程与流线问题。地下一层是设备间、停尸间、解剖室；底层是大中型报告厅，所有房间可以直接对室外疏散；二层包括了人体科学馆、解剖室、办公室；3 ~ 9 层南楼为实验室，北楼为医学教室和办公室。位于 10 楼的模拟医院（临床技能培训中心）自顶部连接着这两大部分。它能够模拟真实的医院场景，设置有门诊大厅、门诊部、急诊部、住院部、手术区、教学区六大区域，符合医疗工艺流程，满足医疗设备的使用。

建筑师在各功能组群之间设置开放式平台，促进空气流通，并提供多元化的自然采光途径，开阔了景观视野。南侧的平台位于较高楼层，这将最大限度地减少南侧城市道路的噪声和太阳能增益，并且为中庭引入阳光。北侧的教学及办公区部分采用间接采光方式，为工作和学习提供理想的物理环境。北侧的两个架空公共平台加强了中庭内的自然光环境并改善了建筑内自然通风的微气候。

遮阴、避雨并且通风良好的开放环状空间是学术活动的中心，也是充满活力的校园生活的主广场，更是连接全部设施及功能的重要枢

1
2

1. 从校园人工湖对岸拍摄建筑
2. 建筑表皮的横向线条加密，形成了层叠的观感

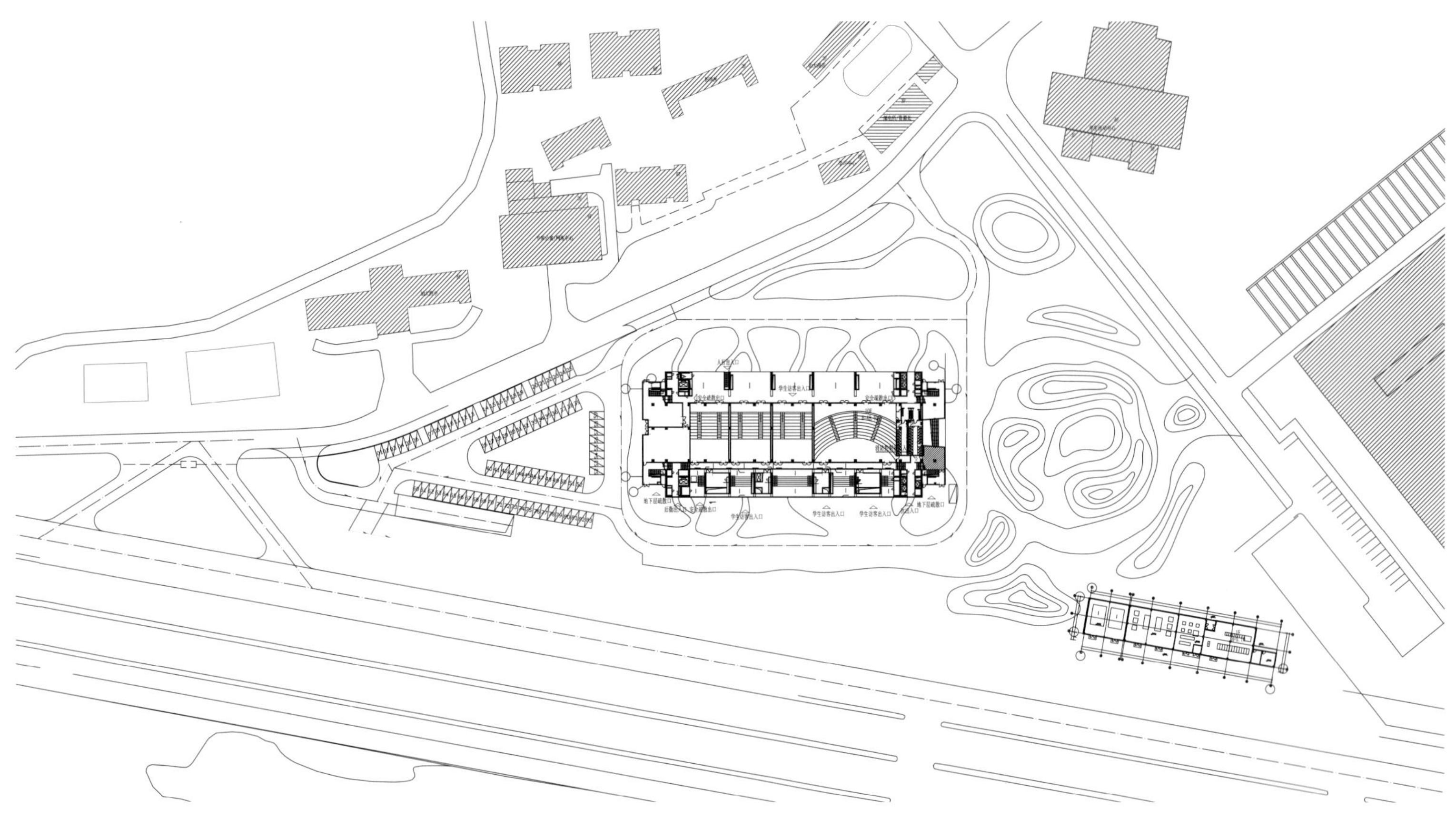

总平面图

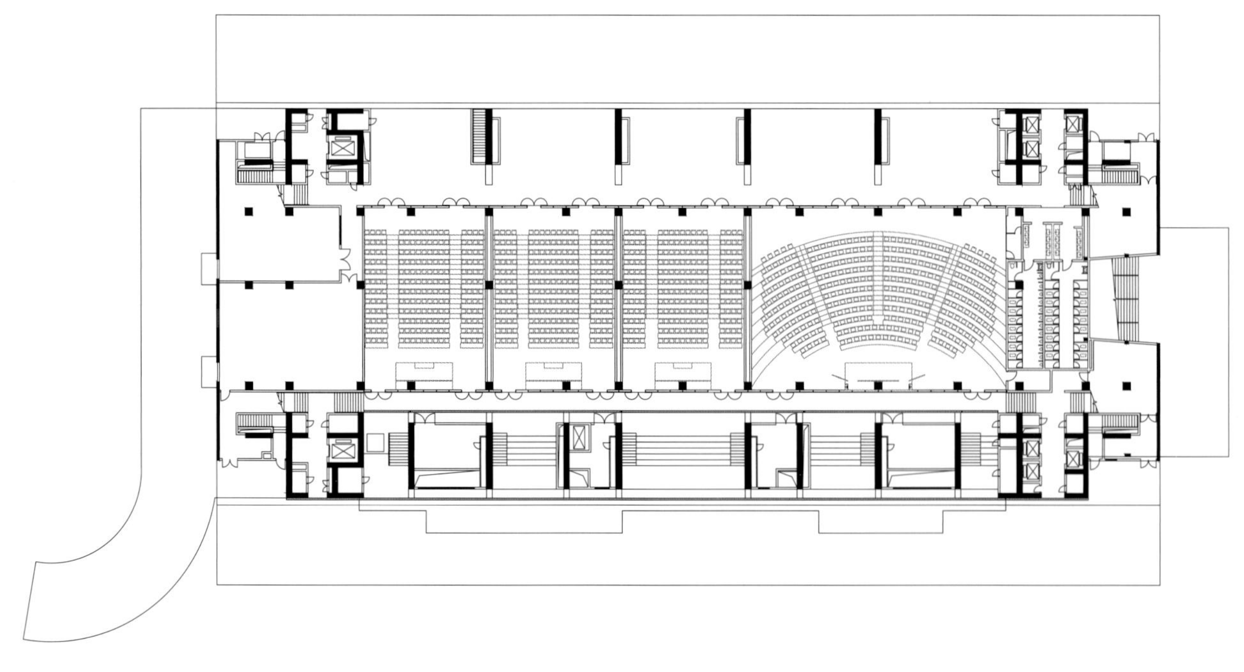

一层平面图

纽。它让教学、实验等不同功能区之间形成视觉连贯性，又可将视野向外部的校园景观进行延伸，同时作为国家和世界级顶尖医学院的展示平台，它还能为医学院的国际交流提供舞台。新的医学院建筑空间还容纳了数字化虚拟人体解剖系统、模拟教学医院等先进设备，以及人体生命科学博物馆、病理及法医学研究中心、临床技能培训中心等“教学与科研结合”的空间属性。

尽管不完全相似，这座建筑的独特造型、起伏与立面的沟壑被解释为源自“人类脑干系统”的造型灵感，表达出某种探索未知的意象，也是一种与仿生学有关的创意。功能组团的环状集合方式形成了医学的循环路线并且界定了公共平台的位置，这些平台将医学研究与日常学习生活进行了渗透。在原生的概念之下，建筑体形的不规则、平面扭转和侧向刚度不规则、楼板和竖向构件的不连续，构成了结构工程上的技术挑战。ARUP 奥雅纳建筑工程咨询有限公司和 CCDI 悉地国际设计集团的结构工程师采用了两个不同的计算模型进行优化，并且设计和施工相互协作，将结构建造成本控制在不超过普通医院的合理范畴，使这座建筑得以顺利实现。CCDI 悉地国际设计集团的机电团队巧妙地化解了环形建筑对医疗科教项目复杂管线管井的挑战。

不论现在或将来，3000 名医学学生和 500 名医疗专家都将充分使用这座充满想象力的建筑，使它成为医疗科学的旗舰和载体。如果说中国的当代建筑为物质消费提供了太多的供给和取悦，那么以医学为核心的科教建筑是一种罕见的补充，将建筑学与改善人类健康命运的技术理想紧密地环绕在一起。

3. 建筑端部的入口空间
4. 建筑上部的进退关系
5. 建筑近景

6	8	9
7	10	

6. 开放的中庭空间形成了有穿透感的景观连接
7. 中庭空间实景
8. 建筑楼梯间
9. 室内空间一角
10. 朴素简洁的空中外廊

西安交通大学科技创新港米兰学院

陕西，西咸新区

设计公司：中国建筑西北设计研究院有限公司、米兰理工大学
主持建筑师：秦峰、皮耶鲁吉 · 萨尔瓦多（Pierluigi Salvadeo）

建筑师团队：张冬、赵争、祁鸣雨、陈晟
结构设计：马牧、张奎
设备设计：张国平、白雪、刘凯、郑钫、张涓笑、刘溦
室内设计：郝缨、周志军

设计周期：2016 年 9 月—2017 年 5 月
建造周期：2017 年 12 月—2019 年 6 月
总建筑面积：10,467.7 平方米
工程造价：6630.22 万元
主要建造材料：加气混凝土砌块、钢筋混凝土、玻璃幕墙
获奖情况：2020 年度陕西省优秀工程设计二等奖
2020 年度中国建筑优秀勘察设计奖优秀（公共）建筑设计二等奖
摄影：秦峰、赵争

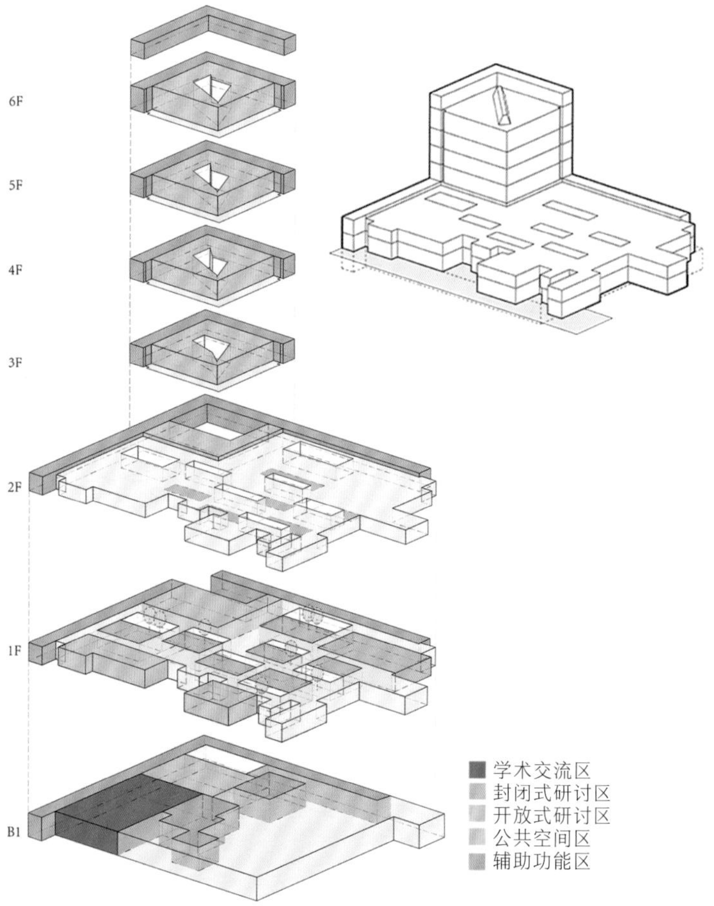

6F
5F
4F
3F
2F
1F
B1

■ 学术交流区
■ 封闭式研讨区
■ 开放式研讨区
■ 公共空间区
■ 辅助功能区

项目位于西安交通大学科技创新港，为米兰理工大学与西安交通大学研究与合作交流而设立的联合设计学院与创新中心。项目为面向不同文化和创新理念而开放的集思广益的中心，是一个将研究、实验、创新型研究生教学融为一体的场所。

项目总建筑面积 10,467.7 平方米，地上建筑面积 7040.2 平方米，地下建筑面积 3427.5 平方米。地上 6 层，地下 1 层，建筑高度 27.9 米。项目为科研办公建筑，地下一层为报告厅、车库，一层为研究教室、会议室、公共交流空间及餐厅，二层为小型研讨区，三至六层为开敞办公。结构主体形式采用板柱剪力墙结构，塔楼部分采用无梁楼板结构，以满足建筑内部开敞空间需求。

建筑整体造型为简洁白色几何体量，不规则的异形窗零星布置在塔楼西侧和东侧白色实墙。塔楼内部空间，通过交错穿插的景观楼梯，将几何形中庭从下到上贯穿起来，增加楼层间的对话交流。裙房部分由 8 个内庭院结合内部功能穿插在其中，为每个研究室空间提供了良好的自然采光通风。研究室之间作为交往区域，为各学科之间提供交流场所。东侧餐厅和休闲空间与镜面水池相结合，营造出宜人的休闲环境。裙房内部空间采用混凝土密肋梁结构外露的设计，因此对结构梁和框架柱布置方向、机电管线安装、幕墙竖梃划分与梁的对位关系等，做了严格的控制设计。

建筑外墙材料采用意大利进口 I.active COAT 材料，该材料通过光催化作用具有自洁性能，适合当地气候条件。塔楼办公北侧和东侧采用断桥铝合金 Low-E 中空氩气玻璃幕墙，幕墙外结合钢平台设有竹色陶棍格栅幕墙。室内一层地面采用彩色耐磨混凝土地面，二层及以上地面采用橡胶地板，吊顶采用不规则穿孔石膏板吊顶。

联合设计学院与创新中心为米兰理工大学与西安交通大学研究与合作交流的成果，同时具有更加广泛的政治、文化和社会意义，加强了中意之间的文化交流与合作。该学院的包容性思想体现了当今社会通过全球化转变的方式，是社会体系开放和流动下的新颖多样化的产物。

项目以绿建三星标准设计实施，获得三星级绿色建筑设计标识证书。项目自投入使用以来，各项使用功能运转正常，满足业主预期使用要求，竣工验收结论为“合格”。项目为师生营造出优良的科研学习环境，赢得西安交通大学师生及社会的广泛赞誉。

1. 街景透视
2. 北鸟瞰

绿化
6号楼
1F
H=8.1M
6F
H=27.9M
主入口
4F
h=21.2M
h=6.8M
h=19.4M
h=15.2M
h=11.0M
391.660

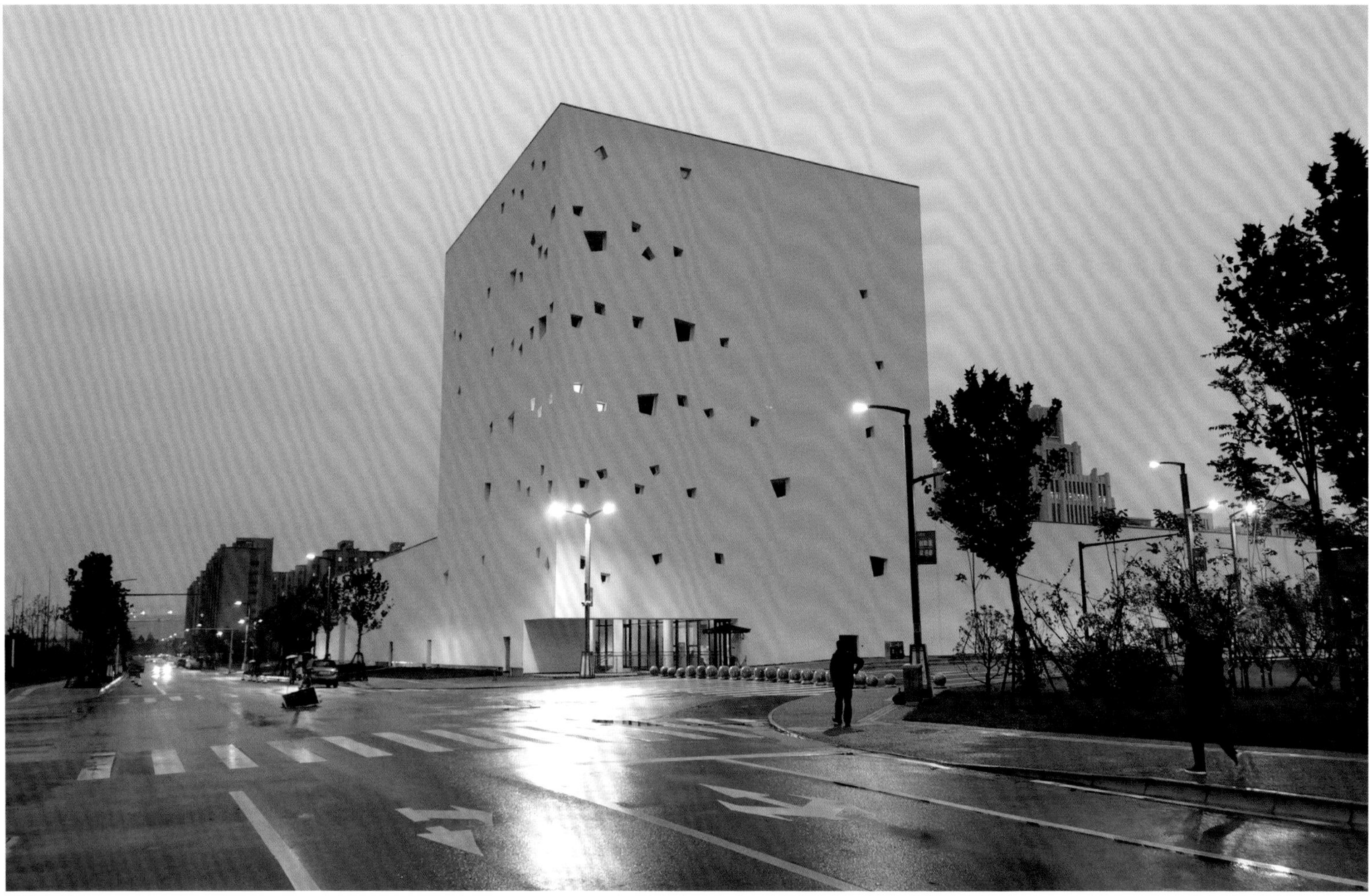

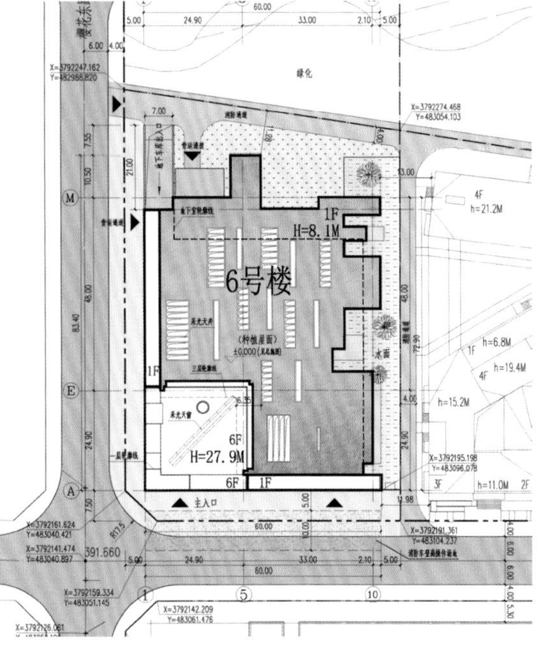

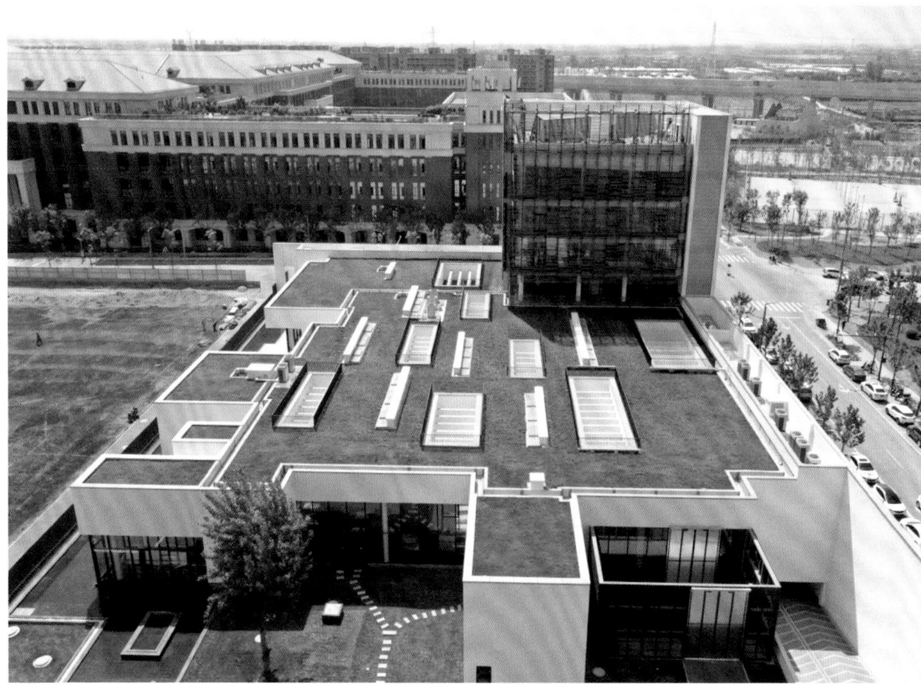

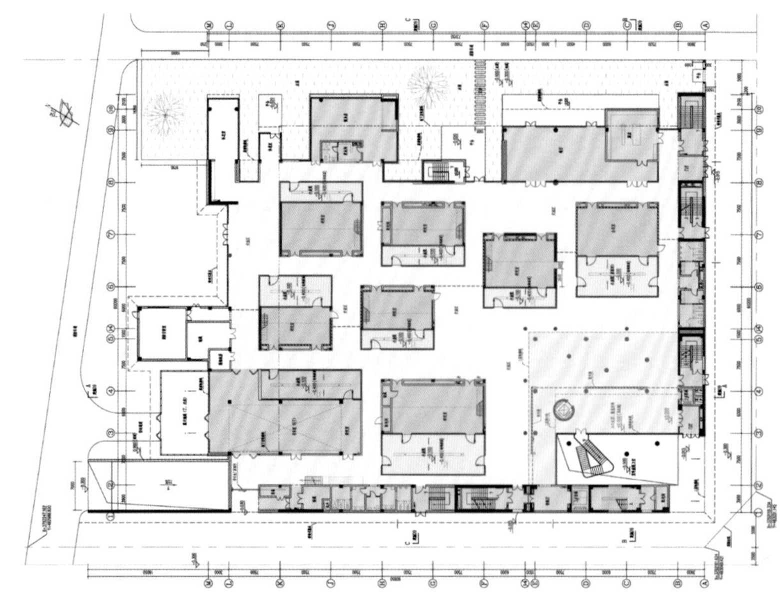
一层平面图

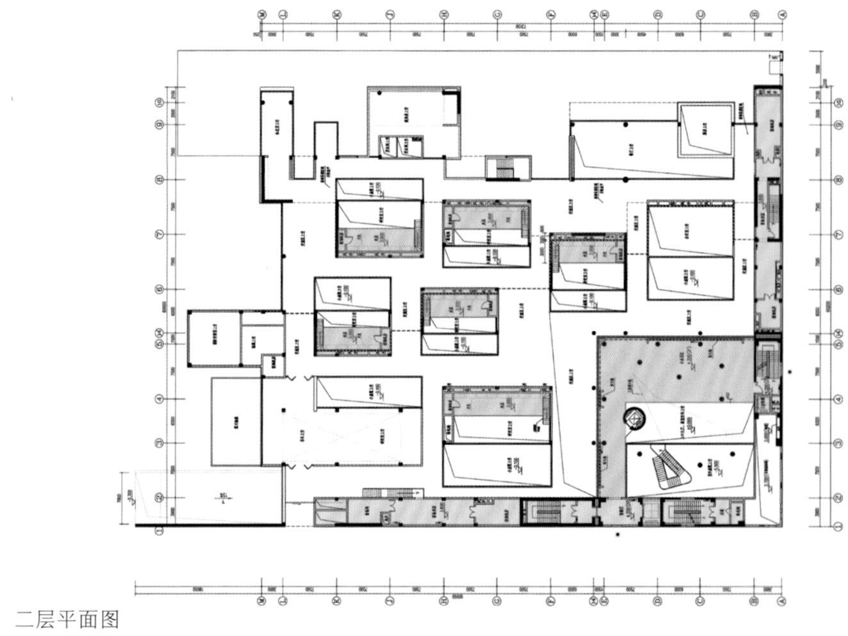
二层平面图

标准层平面图

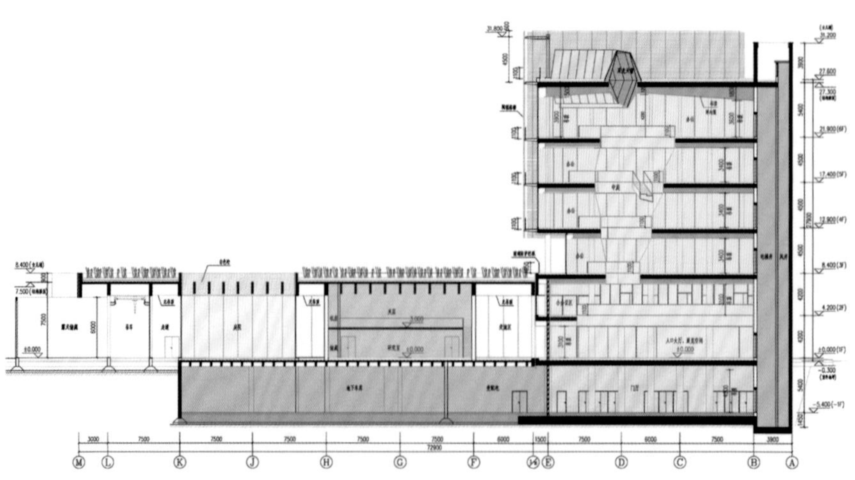
剖面图

3. 东透视
4. 北透视

	6	8	9
5	7	10	11

5. 入口空间
6/7. 外墙细部
8. 中庭仰视
9. 中庭俯视
10. 办公休闲区
11. 一层休闲区

重庆市第三垃圾焚烧发电厂

中国，重庆

设计公司：深圳汤桦建筑设计事务所有限公司
主持建筑师：汤桦

建筑师团队：王鲲、戴琼、邵帅、余立炜、郑昕
结构设计：中机中联工程有限公司
设备设计：重庆三峰卡万塔环境产业有限公司

设计周期：2015—2017年
建造周期：2017—2019年
总建筑面积：112,855.07平方米
工程造价：164,228.57元
主要建造材料：混凝土、钢、玻璃、GRC
摄影：何震环

项目位于重庆市江津区西湖镇青泊村白果园，其地形呈现典型的川东山地景色，山岭深谷掩映在修竹密林之间，不管是云雾漫绕，还是夕阳飞霞都让人心旷神怡，正是一派山林农舍的惬意美景。传统古村镇和自然的山水景观和谐相融，成为设计灵感的起点。

厂区分为4个功能区，办公生活区、主厂房区及渗漏液处理区和水动力区。根据自然条件及生产工艺流程等因素，主厂房区布置在场地的中央，办公生活区布置在西北部，渗漏液处理区布置在东南部，水动力区布置在厂区的南部。总体布局做到保证工艺流程顺畅，功能分区明确，节约用地，合理降低工程量，确保厂区美观、环保。

这是一个位于自然山色中的绿色能源工厂。除了在工艺设计上严格遵守国家相关规定，在建筑设计上以亲切的姿态回应水景山色，利用地景化处理、绿色建筑技术实现主要生产区域建筑环境适宜高效，生活区域建筑环境宜人亲切。

通过对基地区域的气候环境，尤其是风向的研究，对厂区的界面进行了明确划分，用这种划分来控制不同的功能流线，对应不同的景观形态。自主厂房区界面向东为工业景观，主要解决厂区内的污物流线。主厂房和办公生活区之间为人工景观，是参观来访人员、办公人员的主要活动区域。办公生活区向西为自然景观，保留场地原始自然形态，利用场地高差形成庭院错落的田园景象。

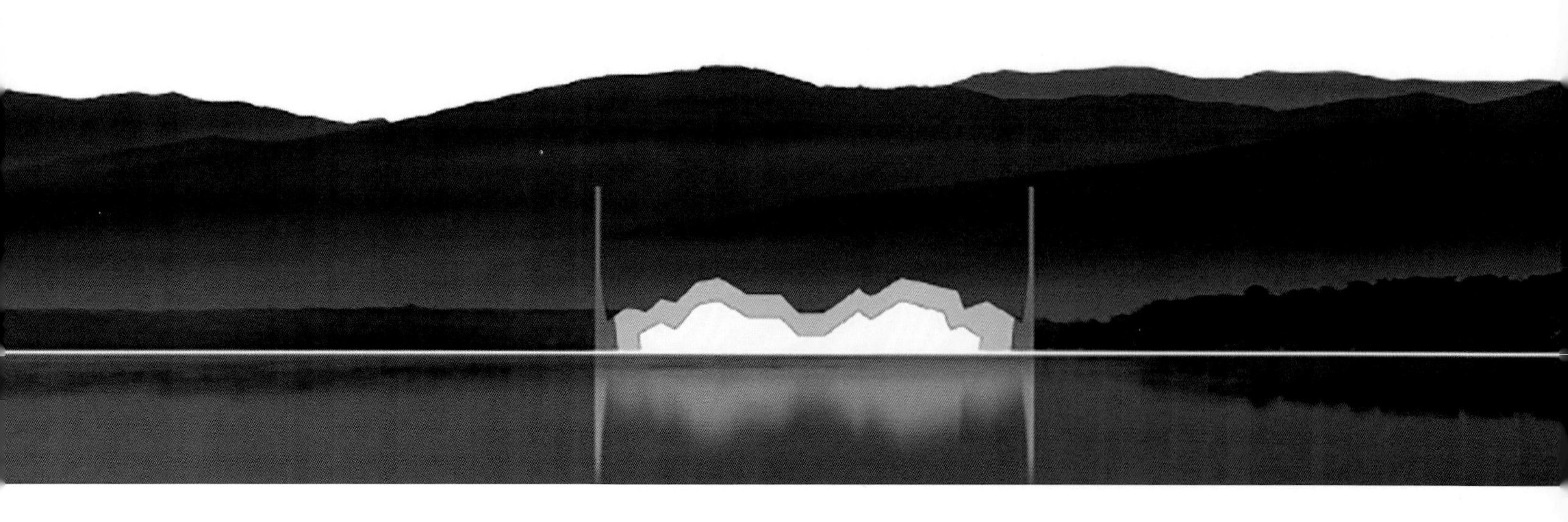

1. 鸟瞰
2. 立面上的山峦起伏

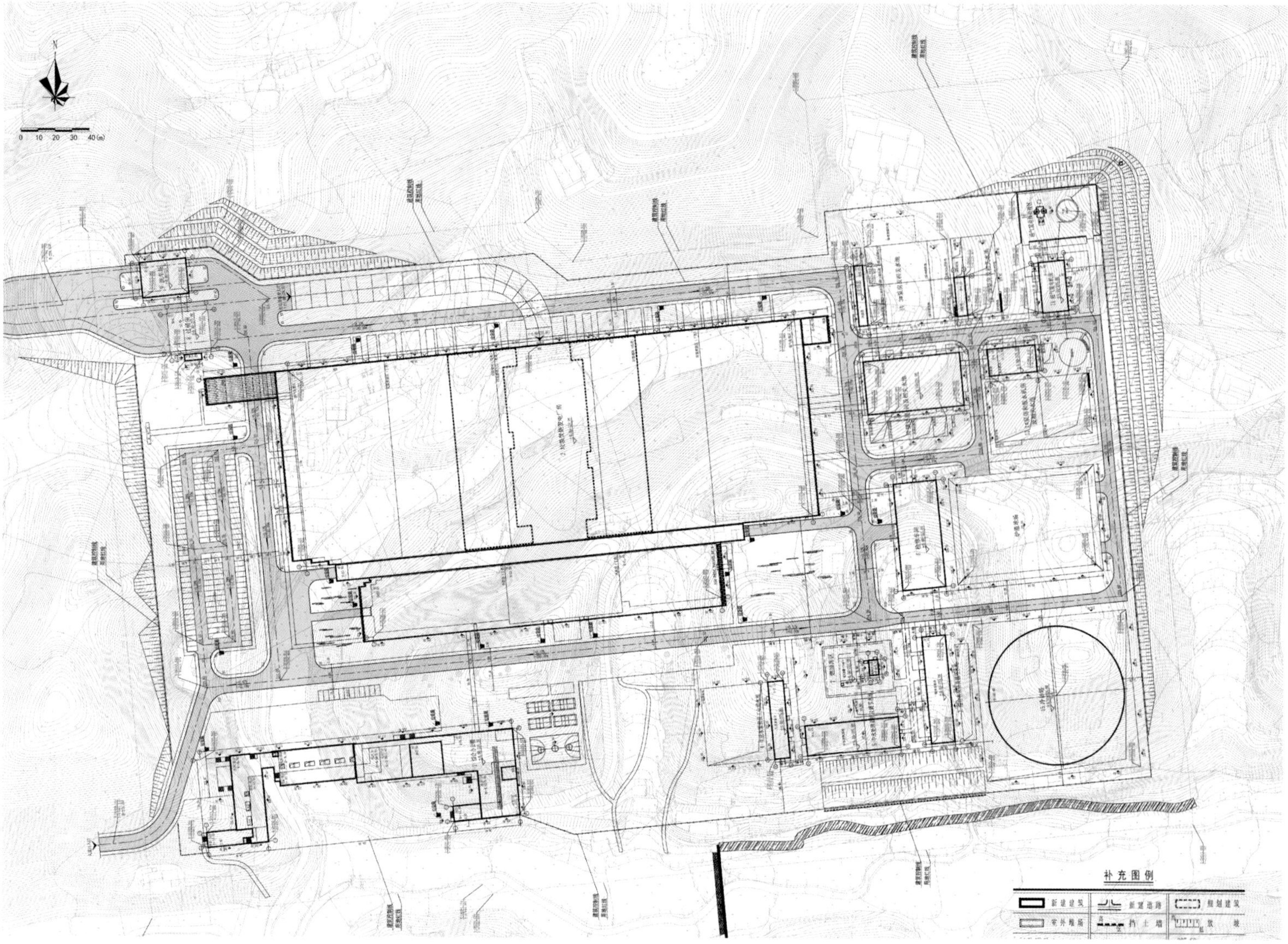

总平面图

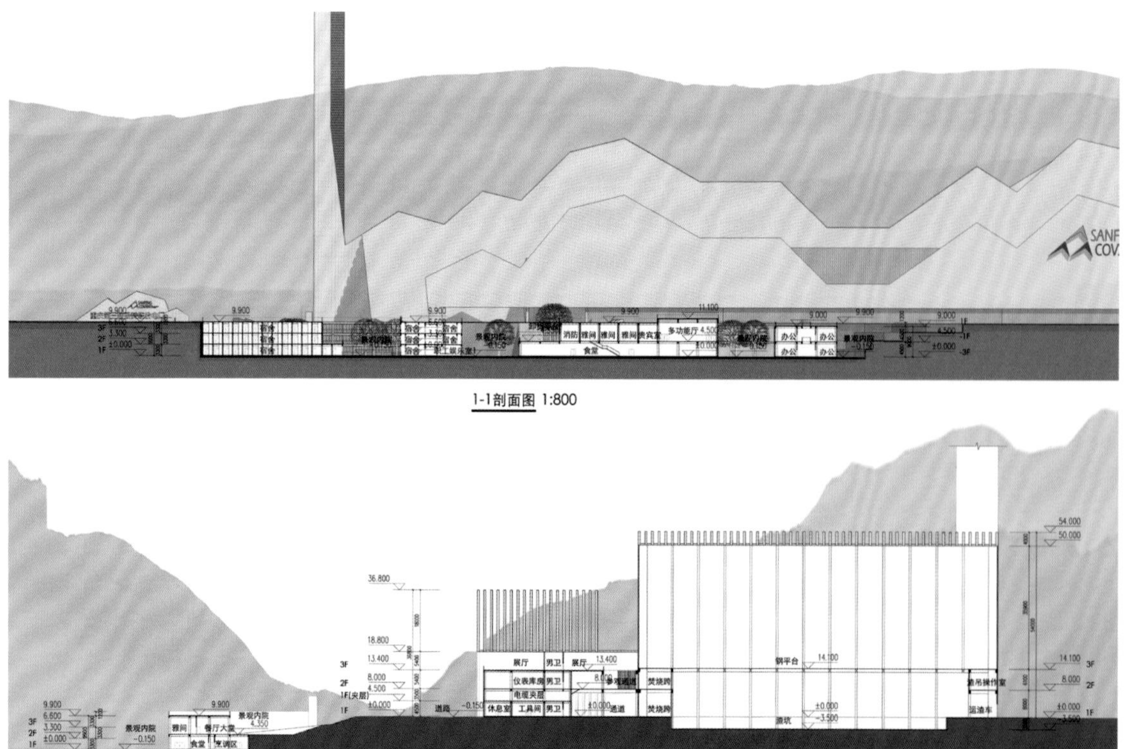

剖面图

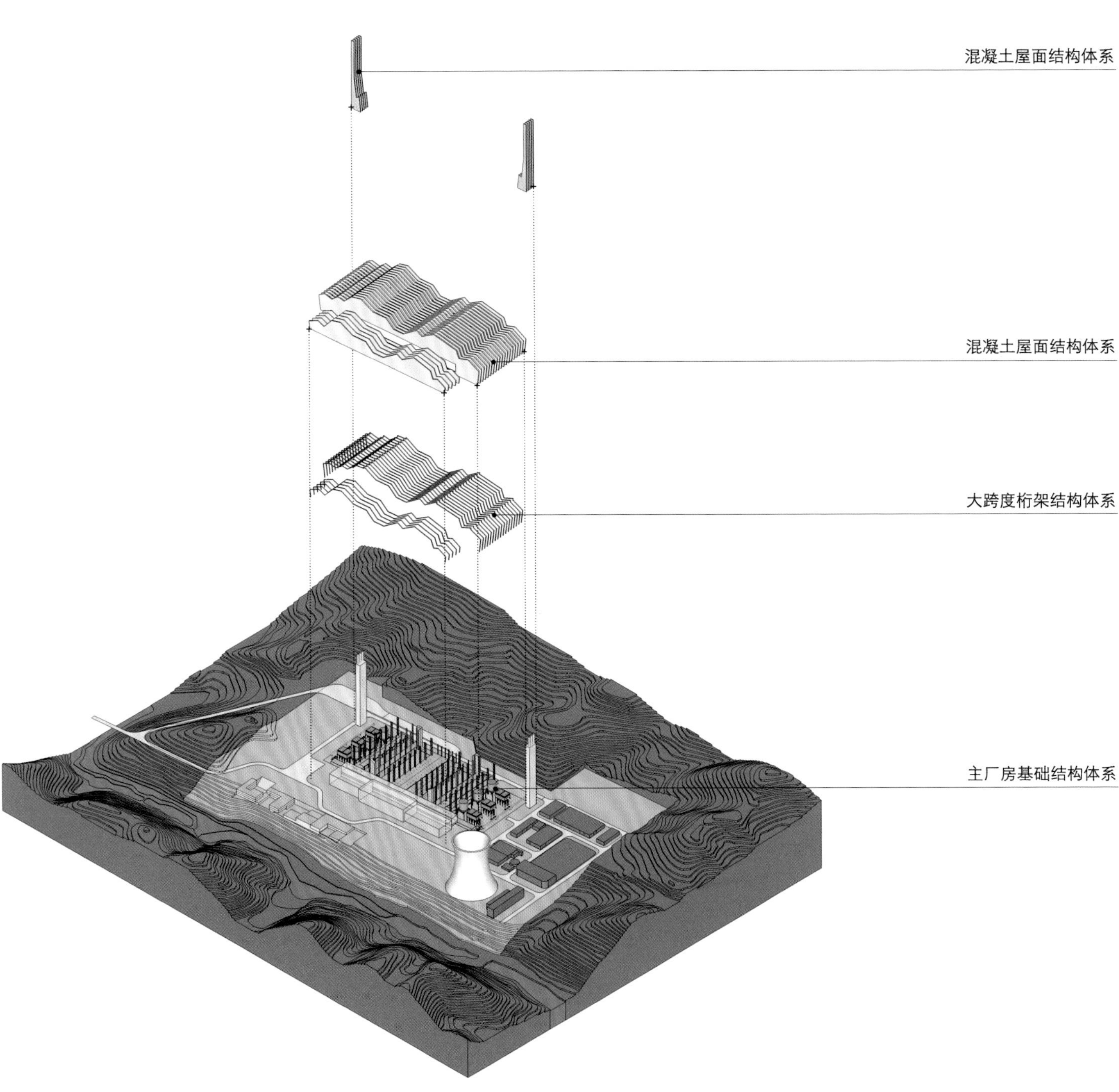
混凝土屋面结构体系
混凝土屋面结构体系
大跨度桁架结构体系
主厂房基础结构体系

3
4

5
6

3. 工人与建筑
4. 立面材质
5. 水池里的倒影
6. 夜景灯光效果

7 | 8

7. 入口大厅
8. 垃圾处理设备

景德镇丙丁柴窑

江西，景德镇

设计公司：张雷联合建筑事务所
主持建筑师：张雷

建筑师团队：张学
施工图合作单位：景德镇陶瓷工业设计研究院

设计周期：2016—2017 年
建造周期：2018—2019 年
总建筑面积：1800 平方米
主要建造材料：混凝土、窑砖
获奖情况：2020 年荷兰 FRAME Awards 评审团最佳工艺奖
摄影：姚力、董素宏

浮梁曾经是景德镇的管辖地，被称作瓷都之源，高岭古矿遗址是国际陶瓷文化圣地。丙丁柴窑位于浮梁县前程村，景德镇市区不到一小时车程，基地四面环山，竹林环绕，有溪水从基地中间流过，环境清幽。

窑房是瓷器烧制的生产车间，窑炉是窑房的核心。窑炉由挛窑师傅率领徒弟和帮工根据烧窑师傅的要求，完全采用窑砖砌筑而成，窑炉的砌筑没有图纸全凭经验，拱形双曲面结构一气呵成，表面涂抹泥土保护层之后，柴窑炉膛可以承受 1100 ~ 1300 摄氏度的高温，通过烟囱调节窑炉的各个区域，使之有均匀分布的温度，炉膛内各部分可以烧制出不同效果的瓷器，炉火的力量令人惊叹。柴窑一般可以用到 60 次左右，窑砖历经高温会逐渐失去强度，需拆除后重新挛窑，而窑房则可以使用更长时间。传统窑房和民居一样主要采用木结构屋顶，砖墙则作为维护结构，起到保护窑炉并满足瓷器烧制的整个生产流程需要。作为一项基本只在家族内部世代相传的手工技艺，挛窑传承依赖师徒关系且一般不传外人，目前也没有相应的文字资料记载。面临气窑和电窑的规模化生产冲击及越来越严苛的环保要求，柴窑已经是接近失传的传统，弥足珍贵，余和柱老师傅和他的徒弟们肩负传承柴窑挛窑技艺的使命。

和大多数经典纪念性空间的表达方式相类似，丙丁柴窑以沿轴线方向延展的大厅为中心，两侧通过对称的侧廊和侧高窗烘托窑炉作为核心的场所仪式感，窑炉后部窑砖砌筑的平台向后延伸和侧廊形成环形走廊，在二层平台上形成沿窑炉绕行的动线。丙丁柴窑正对架空门廊的主入口，比例细长，门厅空间被划分为从台阶到休息平台和转向左右两侧进入大厅两条狭窄的动线，浓缩的主入口空间欲扬先抑，凝练了进入窑房大厅后豁然开朗的空间质感。窑房空间采用和窑炉双曲面拱顶砖结构类似的混凝土拱作为几何母体，通过强化以窑炉为中心的轴向对称序列营造空间的纪念性，窑房的混凝土拱分为大厅和侧廊两种不同的尺度，为清晰区分非受力构件，充分表达拱形结构的非结构性特征，设计在中厅混凝土大拱两侧开口形成灯槽，侧廊混凝土小拱的开口在中轴线上，既解决了开畅空间的照明难题，同时进一步强化了主厅和侧廊的轴向仪式感。丙丁柴窑屋面中间断开，留出贯穿东西的光带，和地面的开槽均指向窑炉中轴线。阳光自屋顶洒落，由内及外浮光掠影，窑火星空天人合一。希望丙丁柴窑能够成为传统技艺和工匠精神的圣堂，塑造令人尊敬和自豪的仪式感。

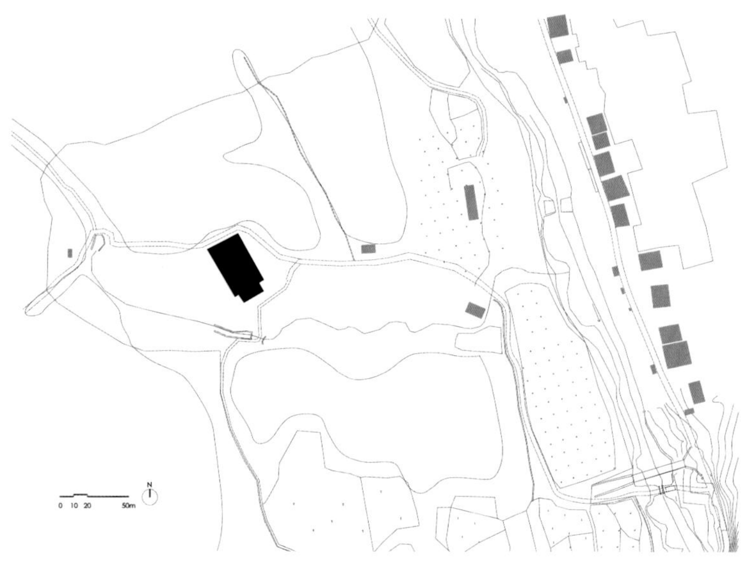

总平面图

1. 窑房鸟瞰
2. 窑房全貌

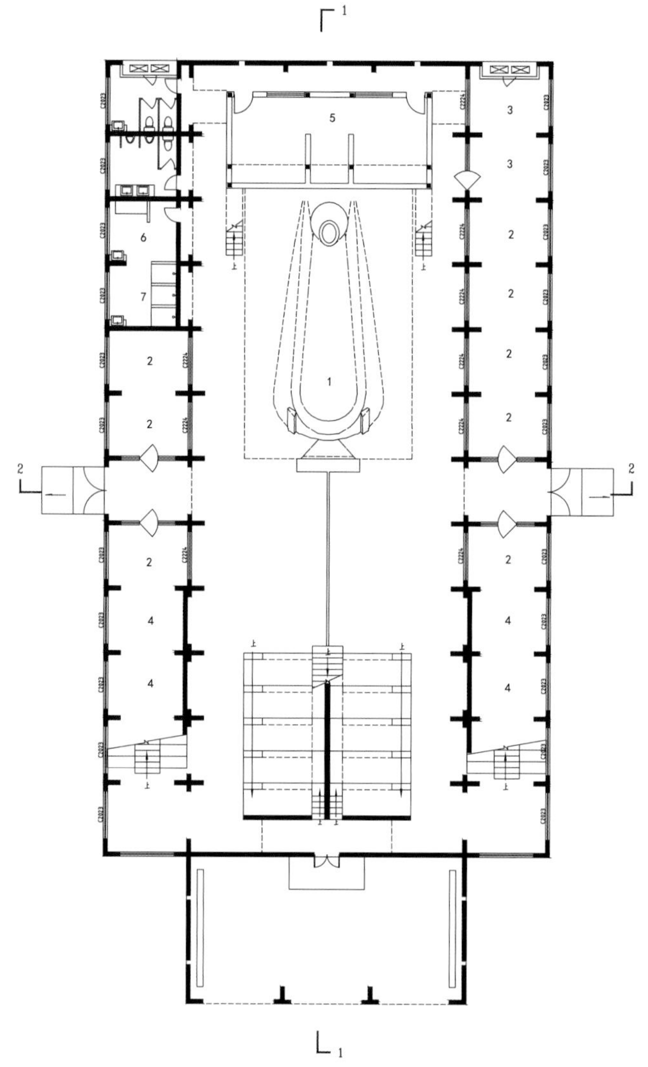

一层平面图

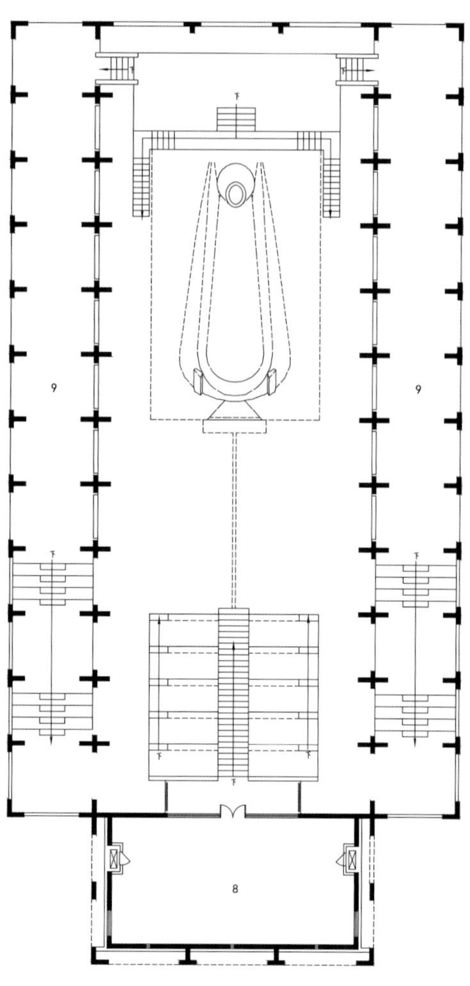

二层平面图

西立面图

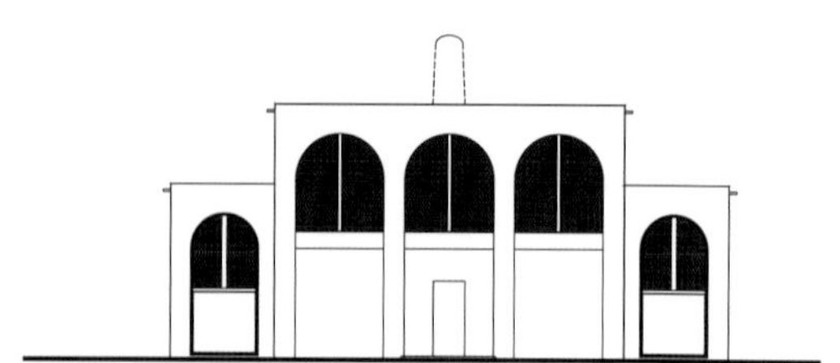

南立面图

丙丁柴窑选址前程村，除了得天独厚的自然生态环境，更寓意前程似锦的美好未来。丙丁柴窑从无到有，于 2019 年 4 月初步落成，大水窑于同年 4 月 29 日景德镇解放 70 周年纪念日点火成功。21 路近 2000 多件瓷器于同年 5 月 4 日完美呈现，建筑与柴窑、形式与内容完全契合。在前程村这个优美宁静的丘陵山村，老余夫妇和地方政府希望借助柴窑的复兴，带来更多对景德镇陶瓷产业的关心关注，带来乡村技艺传承和经济发展新的契机。在中国文化里，瓷器从来不仅被作为日常生活的必需品，更是感悟生活的重要容器。

3. 窑房正立面
4. 窑房背面
5. 窑房侧立面

6 | 8
7 | 9 | 10

6. 窑房采用与窑炉砖拱结构类似的混凝土拱
7. 窑炉是窑房的核心
8. 拱形窗洞与窑砖花格窗形成的丰富光影
9. 阶梯和拱廊
10. 点火仪式

浦东国际机场三期扩建工程卫星厅项目

中国，上海

设计公司：华东建筑设计研究院有限公司华东建筑设计研究总院
华建集团上海建筑科创中心、华建集团上海申元工程投资咨询有限公司、上海现代建筑装饰环境设计研究院有限公司、中国中元国际有限公司、ARUP奥雅纳工程咨询有限公司、上海丰臣实业有限公司、戴德梁行房地产（咨询）上海有限公司、CORGAN（北京）国际建筑设计咨询有限公司等（合作设计）
主持建筑师：郭建祥、黎岩、冯昕

建筑师团队：戴颖君、张建华、任健民、王文婷、祝娄韵、王岱琳、王瑞
结构设计：周健、苏骏、周伟、季俊杰、施志深、汝蕳、李宝龙、杨笑天、王鹏志、张龙、陈红宇、张峰、许静
设备设计：陆燕、陈新（机电负责人）
孙扬才、陈正严、顾春柳、张嗣栋、林水和（给排水）
沈列丞、夏琳、罗平、刘晓丹、邱燃、任国钧（暖通）
陈新、王伟宏、马海渊、王爱平 （电气）
王宜玮（动力）
吴文芳、薛月英（弱电）
绿色设计：瞿燕、陈湛、李海峰、刘剑、刘羽岱、范昕杰、张俊（华建集团上海建筑科创中心）
室内设计：贺芳、毛小冬、陈赟、顾思凡
公共艺术：缪海琳、苏昊、陈晟

设计周期：2014—2019年
建造周期：2015—2019年
总建筑面积：62.1万平方米
工程造价：78亿元
主要建造材料：混凝土、钢等
摄影：胡义杰、庄哲

卫星厅运行模式示意图

浦东国际机场是长江三角洲地区的中心机场，是我国三大门户型枢纽机场之一。扩建工程的核心是一座规模约62万平方米的卫星厅（由S1和S2组成），承担3800万人次/年候机和中转功能，使浦东国际机场能够实现8000万的年旅客吞吐量。项目于2019年9月正式通航。

“东西分开，南北一体”的规划格局：在功能布局上卫星厅通过捷运系统与主楼进行连接，其功能是现有航站楼指廊功能的延伸，主要负责旅客的始发候机、终到和中转功能。作为目前全世界最大、功能最复杂的单体卫星厅，在总体布局上卫星厅与主楼成组运行，T1与S1、T2与S2形成两个相对独立的功能单元，整体呈“东西分开，南北一体”的规划格局。其中T1 / S1系统以东航、上航及天合联盟成员为主、T2 / S2系统以国航及星空联盟成员为主，两个系统东西运作相对独立，但S1、S2又相互连通，为今后运行的灵活性提供了条件。

卫星厅的建成填补了国内复杂卫星厅建设技术的空白，大大缓解了浦东机场机位需求的压力，提升航站楼设施，进一步实现航空业务量增长，为建设世界级枢纽机场打下坚实的基础，有效地促进了长三角地区综合交通一体化发展和区域经济联动。

独具特点的剖面设计：卫星厅的基本旅客流程为国内到发混流、国际分流，采用国际到达在下、国内混流居中、国际出发在上的基本剖面形式，最大限度地节省了空间，降低空间高度和设备基础投入。结合剖面，通过巧妙的登机桥固定端设计，提供了多达35座可转换登机桥，最大限度地为中转运行提供方便，为打造国际化枢纽机场创造条件；结合大小可变的组合机位，提高机场运行的灵活性。

追求实效的绿色设计：以人为本的空间设计为节能创造条件，设计讲究高低有序，内外一体，空间尺度宜人。以旅客感受为基础进行设计，既避免过多的能源浪费，又营造了温馨舒适的空间氛围。以旅客流程为基础进行设计，通过层叠的侧向天窗，为旅客提供明确易读的空间引导；通过引入均匀柔和的自然采光自然通风，既为卫星厅的日常运行维护提供保障，同时又避免了天窗可能出现的渗漏危险。

传承经典的人文设计：作为航站楼功能的延伸，在室内设计上充分体现与主楼之间的内在DNA联系，体现在色彩系统、标识系统、材料选择的统一与延续。步入卫星厅，S1承接T1的蓝色系，S2承接T2的黄色系，让旅客感受到来自同一屋檐下的服务。

1

1. 浦东国际机场卫星厅全景

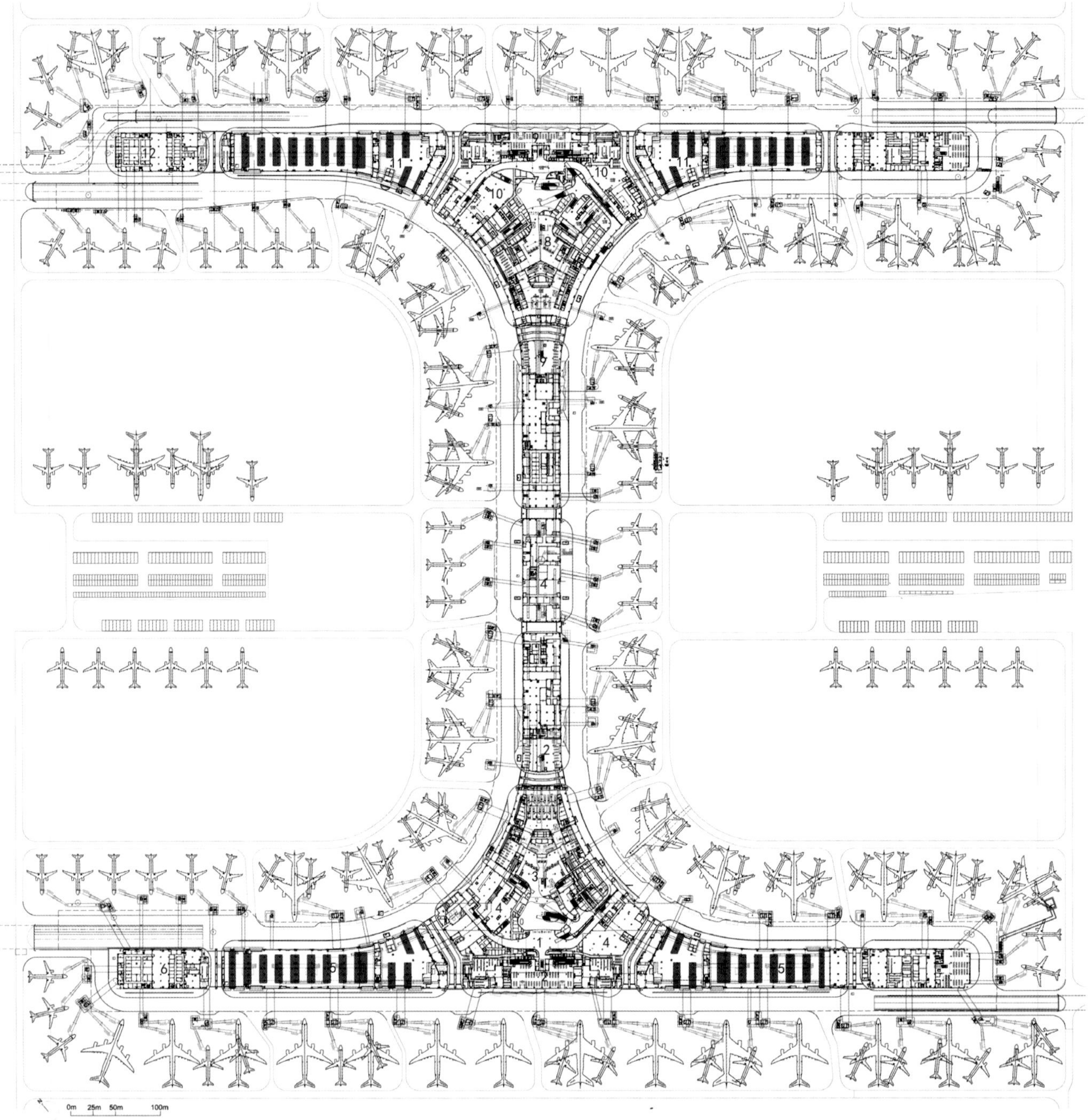

0m 25m 50m 100m

一层平面图

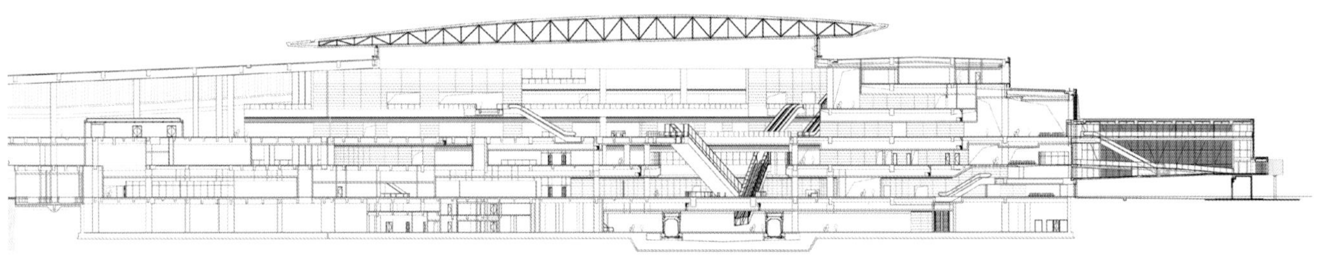

剖面图

2
3

2. 登机桥实景
3. 空侧外景

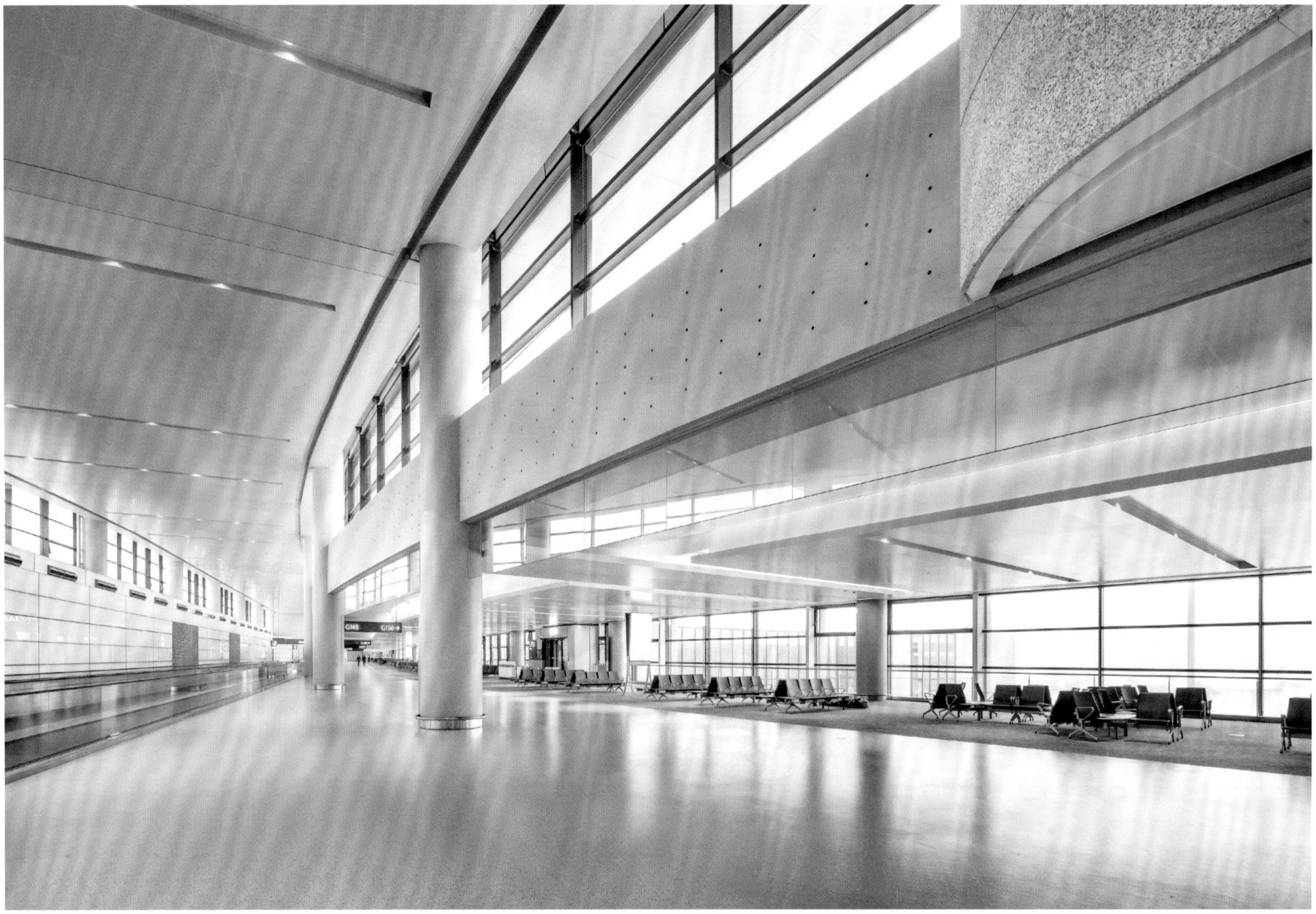

餐饮
119.135.137 贵宾候机室
VIP Lounges
VIP
3F
G136-G140

4　7

5 | 6　8 | 9

4. 混凝土与玻璃系统的穿插关系
5. 核心区商业区端部
6. 浦东卫星厅核心区中庭实景
7. 核心商业区墙元素概念
8. 核心区公共艺术展示
9. 核心区中庭

10		14
11		15
12	13	

10. 混凝土与玻璃系统的穿插关系
11. 指廊端部天窗
12/13. 候机区内遮阳实景
14. 国际到达通道实景
15. 国际候机区吊顶照明

作为传承海派文化的经典设计，卫星厅体现了时代的创新与发展。在国际和国内区的设计上，体现了尊重多样性和世界文化的多元性。国际区空间开敞高大，展现海纳百川的开放包容大气；国内区尺度宜人，体现地域文化的平和亲切。

形态设计遵循功能优先、舒适实用、安全可靠、技术成熟的原则，采用中部高、周边低的整体造型，与功能布局紧密结合。通过建筑空间的穿插组合，形成明确的空间导向，使复杂的功能形成一个有机的整体，朴素大方，平易近人。

丰富活泼的商业布局：卫星厅以捷运为核心，旅客高度集中，在设计上基于国际国内旅客不同的行为模式，规划与旅客流程紧密结合的商业区布局。通过充足的商业面积，高曝光率、高捕获率、高辨识度的商业规划，零售及餐饮休闲相结合的业态组合，为旅客创造充满活力的出行体验。通过点面结合的商业规划，核心区设置多层次大面积集中商业，端部候机区设置以旅客就近服务的点状商业，为旅客提供多层次的服务。

卫星厅中心商业区聚集了营业面积超过 2.8 万平方米的 159 家商户，免税店面积近 1 万平方米，餐饮实行同城同质同价，有 85% 以上的餐饮购物品牌与现有航站楼的有所不同，布局全面而多元。

成熟可靠的运行建造：以经过实践检验并广泛采用的成熟技术集成，指导卫星厅的规划、设计、建造全过程；以简洁明快、成熟可靠的混凝土屋面，经济高效、保证工期、便于维护；引入水蓄冷系统、中水系统、太阳能集热系统、智能照明系统等成熟技术，打造健康节能的绿色卫星厅。

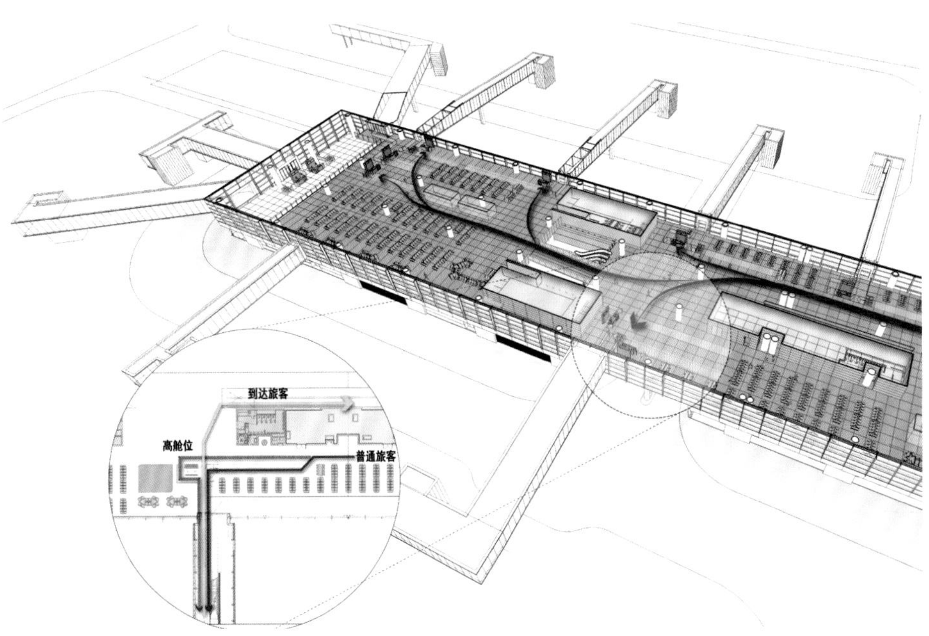

国内候机区登机口布局

鲁南高速铁路临沂至曲阜段泗水南站

山东，济宁

设计公司： 杭州中联筑境建筑设计有限公司
中国中铁二院工程集团有限责任公司
主持建筑师： 王幼芬

建筑师团队： 严彦舟、陈立国、俞晨驹、胡泊、李嘉蓉、林肖寅
结构设计： 金卫明、孙会郎、陆俊、阮楚烘
设备设计： 潘军、纪殿格、杨迎春、崔松、于坤、尹畅昱、李鹏展、张庚、徐冰源

设计周期： 2017 年 1 月—2018 年 7 月
建造周期： 2018 年 10 月—2019 年 9 月
总建筑面积： 4999.0 平方米
工程造价： 8498.3 万元
主要建造材料： 混凝土、玻璃、钢
摄影： 杭州中联筑境建筑设计有限公司

新建站房选址于山东省济宁市，位于泗水县南部圣水峪乡毛沃村南侧，G1511 日兰高速以北，车站距既有泗水站直线距离约 11 千米，距泗水县政府直线距离约 14.5 千米。

泗水县风光旖旎、人杰地灵，发源于此的泗河及其哺育的广大流域是儒家文化的重要渊源。儒家五圣及墨子、仲子、孔伋等众多的先贤都生长活动于此，与泗水结下了不解之缘。

新建泗水南站以“山明水秀，圣源之区”为创作理念，主要立面结合内部功能布局呈现三段式划分，对应广厅、候车厅等主要公共空间的中段采用大面玻璃幕墙，强调建筑的通透感，左右两端实面采用陶板外墙，同玻璃幕墙形成强烈的视觉对比，建筑立面整体起伏的屋面寓意着秀美的山水胜景，以深远的出檐表达出中国传统建筑古朴、典雅的精神气质，与“圣源”的概念高度吻合，玻璃、钢材的使用展现了建筑现代和精致的一面，而地方石材的应用，更凸显了其鲜明的地域特色。

新建泗水南站站房系侧下式站房，主体建筑地上 2 层，地下局部 1 层，总建筑面积 4999.0 平方米，建筑高度 19.7 米（屋面平均高度），主体结构为钢筋混凝土框架结构体系，中央候车大厅屋面为钢网架结构，建筑结构设计使用年限 50 年；站房高峰小时发送量 177 人（远期），最高聚集人数 1000 人，属中型铁路旅客站；站场规模 2 台 4 线，设置 45 米 ×9 米 ×1.25 米基本站台和侧式中间站台各 1 座，12 米宽旅客进出站出道 1 座作为跨线设施，进出站流线采用下进下出的模式。

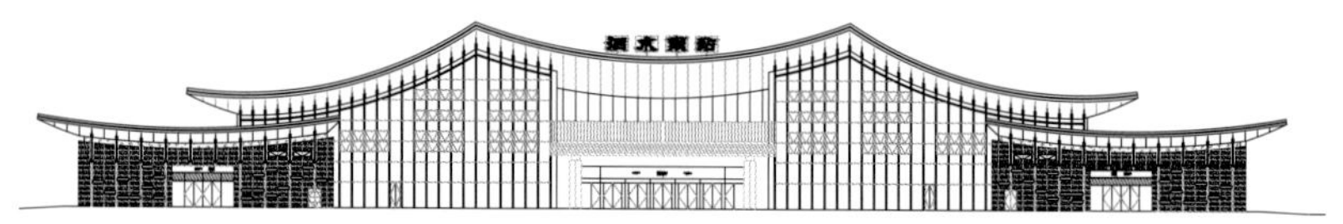

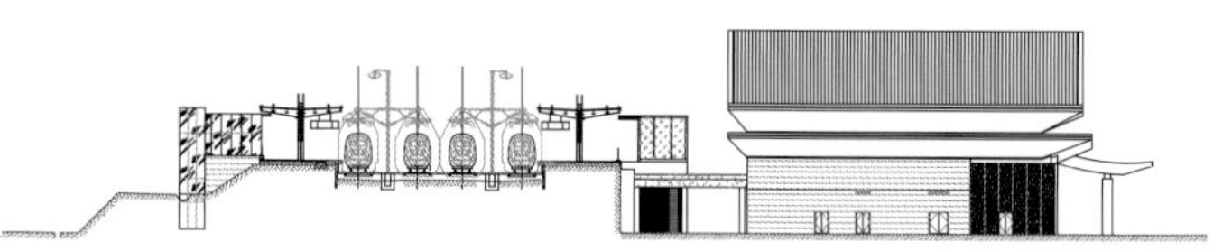

立面图

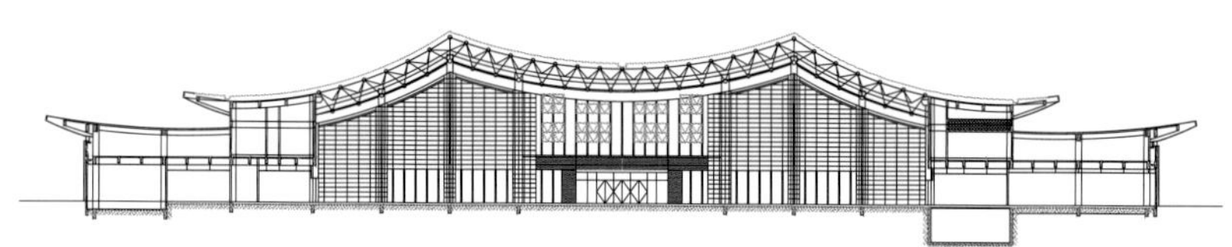

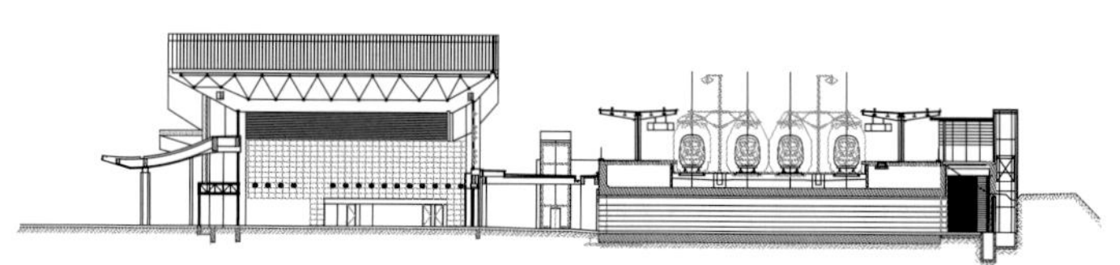

剖面图

1
2

1. 大屋顶富有层次的起伏轮廓与远山相呼应
2. 黄昏下的站房及广场

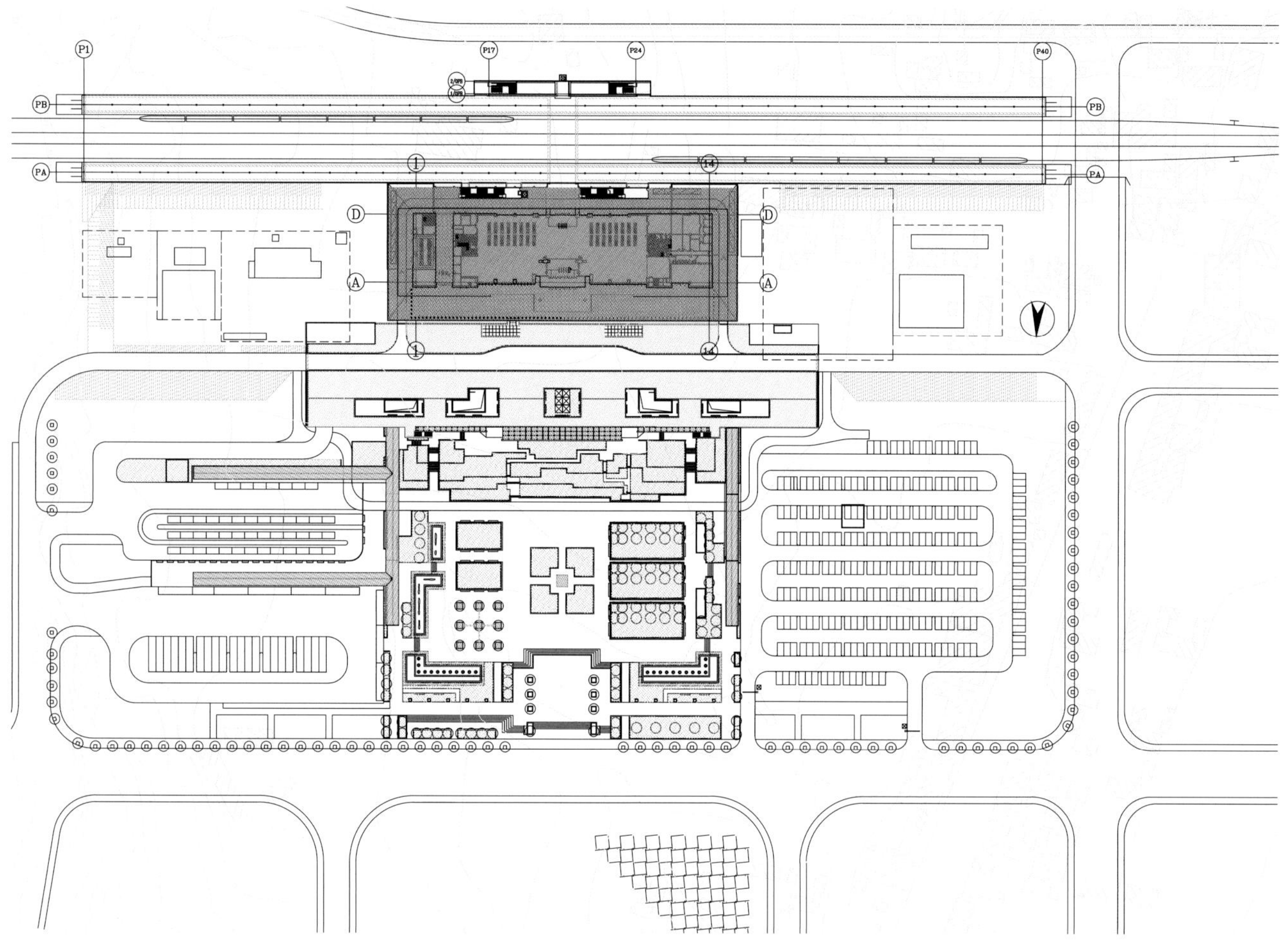

总平面图

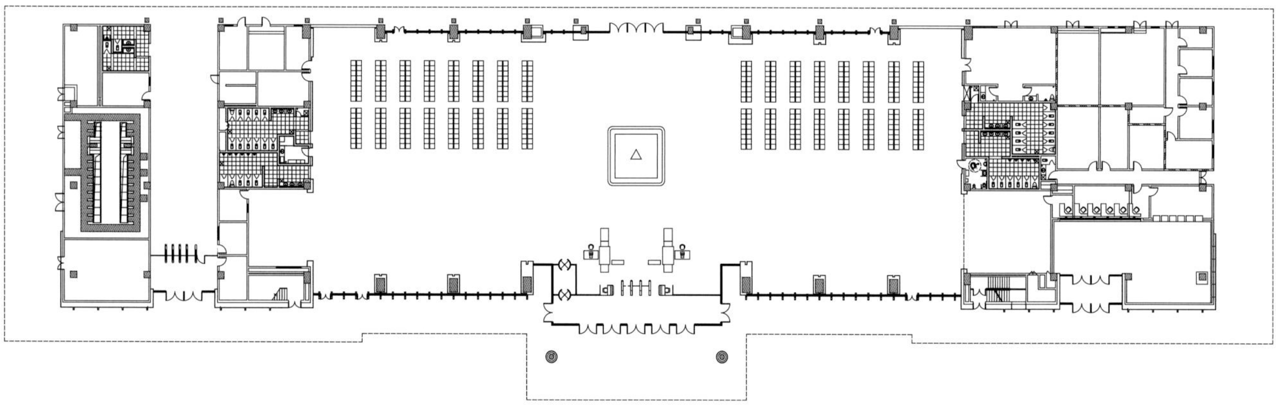

一层平面图

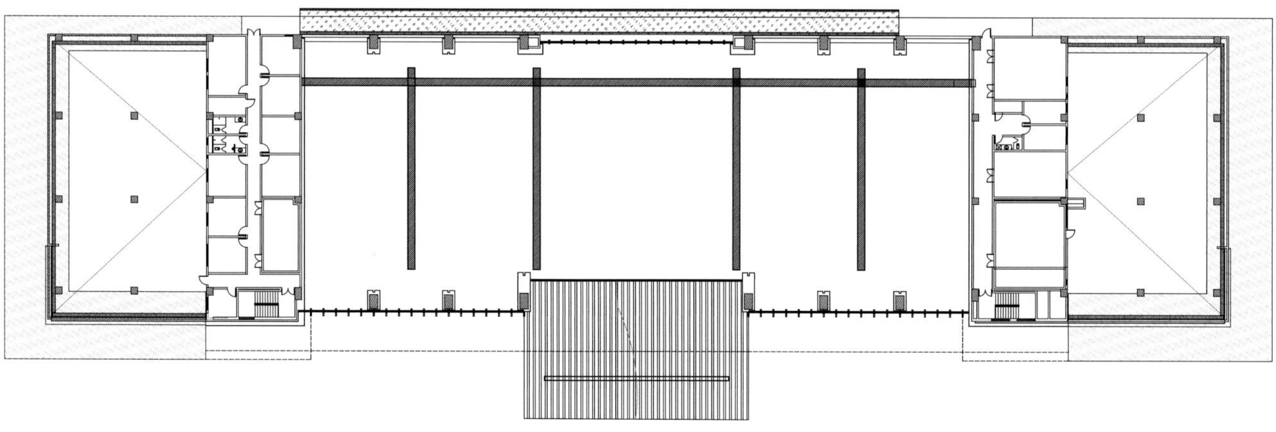

二层平面图

3
4

3. 正立面整体效果
4. 源于中国传统建筑的重檐意象

5 | 6

5. 内部空间延续了外部造型的建筑语言
6. 室内空间与室外空间的高度统一性

广州市轨道交通二十一号线新增车站

广东，广州

设计公司：广东省建筑设计研究院有限公司
主持建筑师：罗若铭

建筑师团队：黄清华、陈冠东、钟仕斌、黄可、廖智华、侯荣志、郭林森、黎振培、冯智良、梁杏娟
结构设计：周敏辉、陈应荣、周培欢、刘继林、梁贵明、潘伟明、翟振锋、刘会乐、刘良贤
给排水设计：梁文逵、黄秋明、陈建华、周华理、黄早杰、谭永锋、黄凯灿
电气设计：于声浩、陈慧湾、陈超华、罗智豪、钱秀锋、刘仕科
暖通设计：许穗民、罗少良、余文伟、梁适
经济造价：刘毅红、李逊伟、吕秋炎

设计周期：2012—2016 年
建造周期：2016—2019 年
总建筑面积：18,455.7 平方米（长平站），10,504 平方米（金坑站），18,900 平方米（朱村站），18,956 平方米（山田站）
主要建造材料：玻璃、铝板、石材
摄影：凯剑视觉

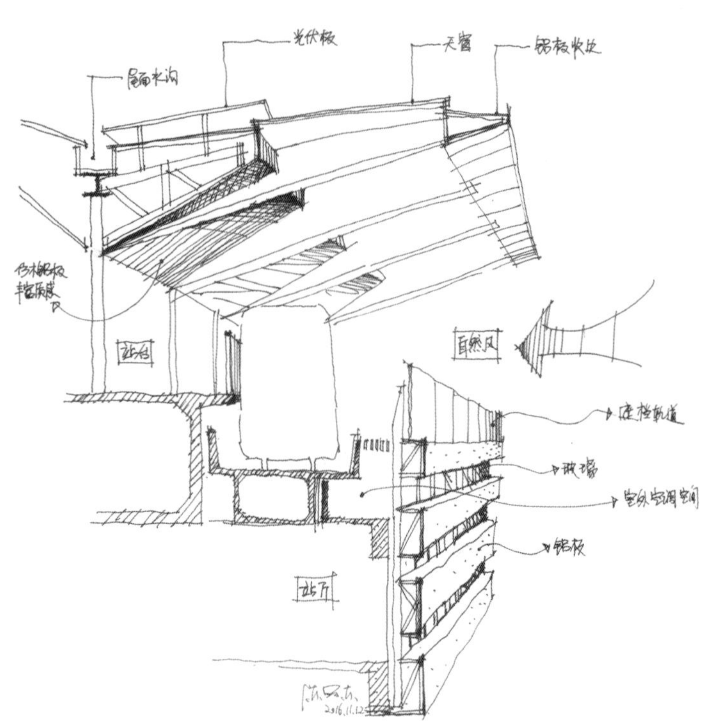

广州市轨道交通二十一号线西起广州市天河区，依次经过黄埔区、增城区，止于增城广场。线路全长约 61.5 千米，共设 22 座车站，其中地面高架车站 4 座，分别为长平站、金坑站、朱村站、山田站。线路途经科学城、职教城、中新知识城等广州重要区域，串联起广州东部科技发展的新区域。

根据广州既有高架线路的经验，在设计上以共性统一 4 座车站，统一的设计元素形成车站统一的形象，提升了该线路车站的辨识度。车站设计以“简”为概念出发，化繁为简，并有机地融入绿色环保的节能措施，力求打造简洁、科技、高识别性的车站。

光影与空间

在建筑设计上，依据车站流线划分为站厅及站台两层主要空间，站厅层采用钢筋混凝土结构，站台层采用钢桁架结构形成大悬挑屋顶。站厅层为进出站的主要空间，通过天桥及出入口与周边地面交通联系。在空间设计上以功能为导向，营造舒适、明快、大方的交通空间。

站台层的设计从岭南地域气候及车站周边环境出发，将通风、防晒、采光等功能与建筑相结合，采用架空处理，形成开敞通透的站台空间，利用室外气流解决站台通风，并把室外环境引入建筑。车站空间与室外环境形成良好的对话，在减少能耗的同时，让站台空间与室外优越的环境融为一体。站台屋顶采用棱形与矩形两种天窗解决站台采光，在天窗下部利用细小的铝格栅对直射光过滤，让阳光柔和地进入站台。由于格栅对天窗的尺度进行了细分，结合顶棚仿木铝板的设计，塑造出站台尺度舒适、亲切自然的空间环境。此外，站台设置空调休息室、候车座椅等设施，为乘客提供优质的候车环境。

材料与造型

建筑外部以横向白色铝板作为立面主要元素，线性元素的表达与交通建筑的功能属性产生共鸣，结合立面泛光，提高车站的科技感及识别性。考虑到轨道交通建筑耗能的特点，在设计之初，就已提出采用光伏屋面等主动节能措施，利用太阳能减少车站能耗，同时把光伏设备与车站顶棚造型统一考虑，形成车站完整的第五立面，避免了光伏屋面对整体建筑造型的破坏。

共性与个性

4 座车站在共性元素的设计下，达到全线高架车站统一的形象，提高了线路的辨识度。各站结合用地条件，进行车站个性处理。长平站地处长岭居门户区，车站跨路设计营造出气门户式车站。

1	2
3	4
5	

1/2/3/4. 四站概览
5. 光伏屋面

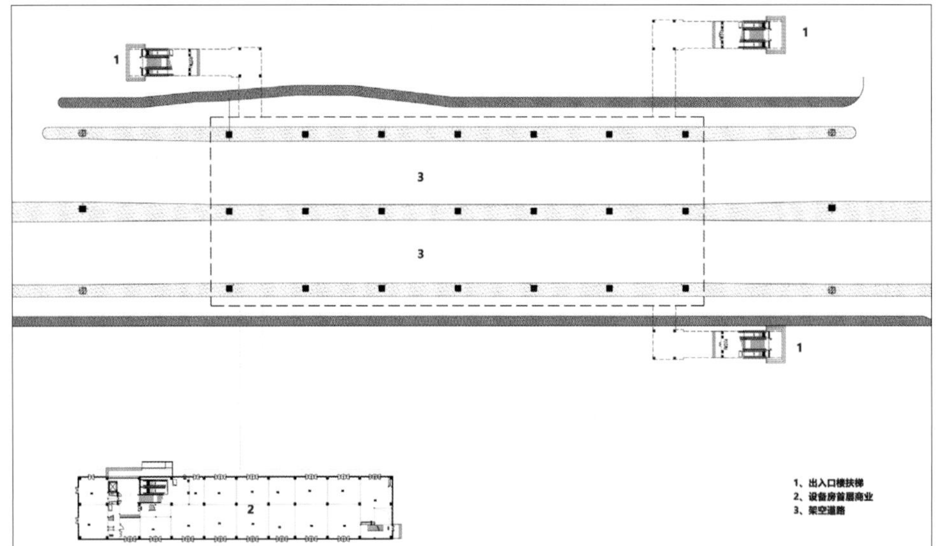

车站首层平面图

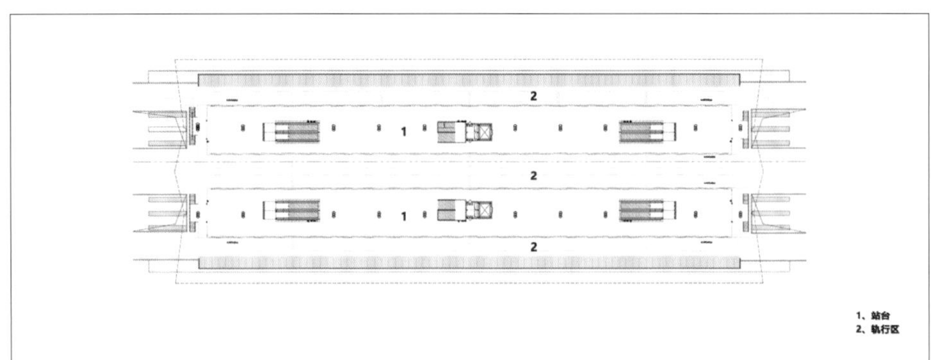

车站站台平面图

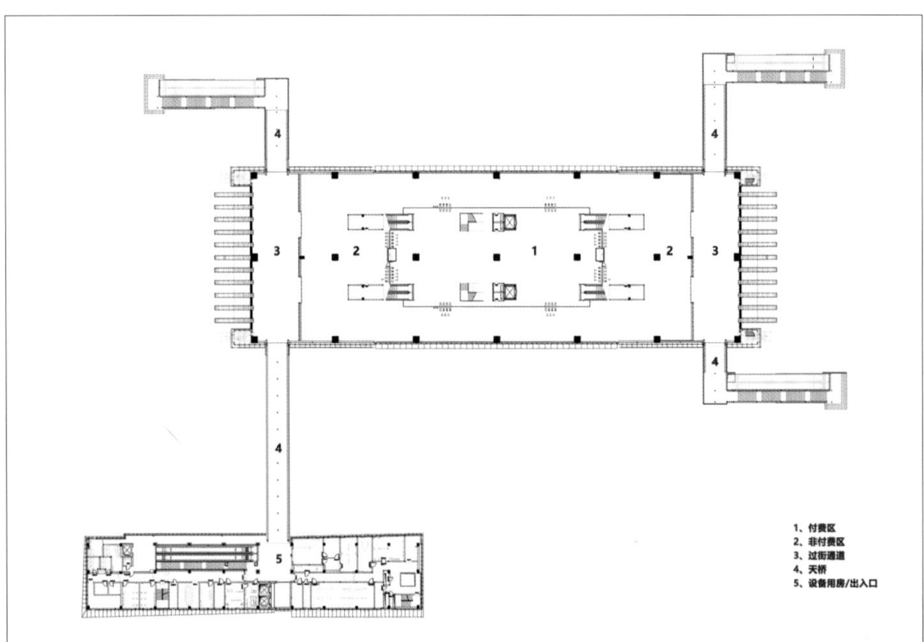

车站站厅平面图

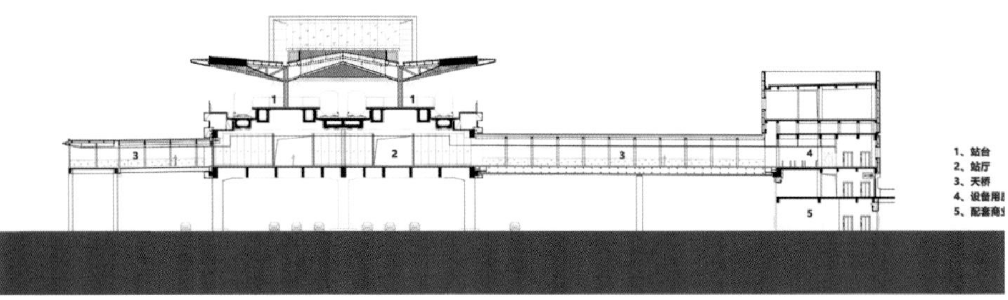

车站纵剖面图

金坑站位于广汕路旁的独立地块，地处山边。建筑体量扁平处理，水平化的基调，强调建筑的贴地感，减少对环境的压迫。同时，金坑站设置了一系列如雨水收集、透水铺装、下凹绿地、光伏发电等的节能措施，打造绿化环保的低耗能交通建筑，并取得绿色建筑三星设计标识。

朱村站与山田站为路中架设，车站悬浮于道路之上，车站设计通过对建筑端部处理，强化动态，暗示了交通建筑的气质，并通过配套用房与周边建筑有机整合，融入街区。4 座车站在统一中寻求变化，成为广州地铁这条东部路线独特的地面风景。

初心与愿景

项目注重交通建筑的功能表达，以科技与环保为导向，是一次将岭南建筑精神导入城市轨道交通建筑的尝试。设计团队通过简洁的手法，倡导精细化设计在轨道交通建筑的实践，为人们出行提供更为优质的空间载体。作为服务广州地铁二十五载的设计机构，愿以求真、尽善、至美的精神，助力城市轨道交通更美好的未来。

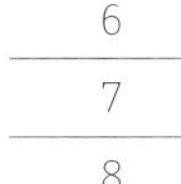

6. 外立面局部
7. 山田站外立面
8. 山田站室外实景

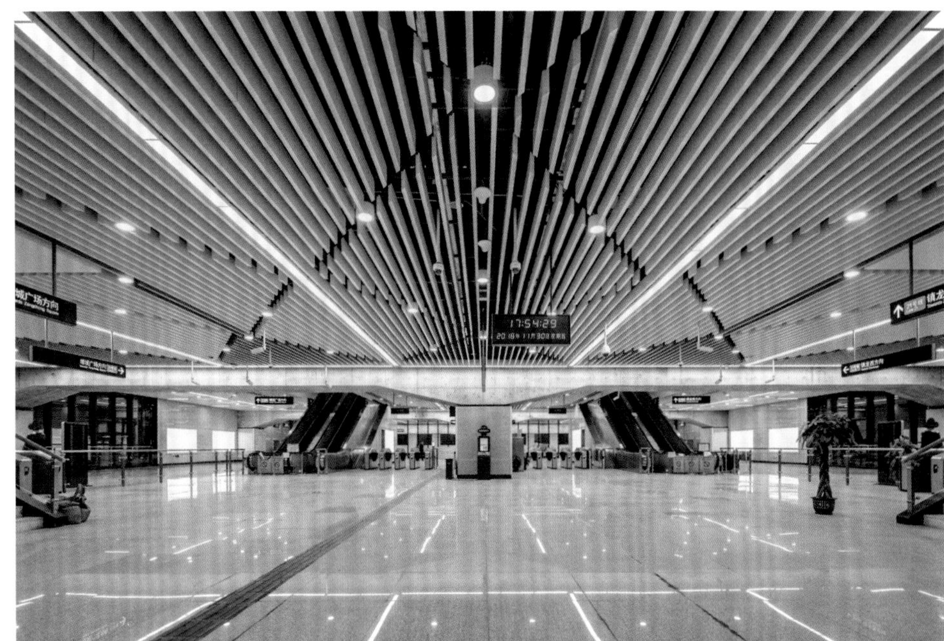

9	11
10	12
	13

9. 车站夜景
10. 车站黄昏室外实景
11. 站厅层实景
12. 站台光影
13. 站台实景

深圳国际艺展中心（12-3 地块）

广东，深圳

设计公司：深圳汤桦建筑设计事务所有限公司
主持建筑师：汤桦

建筑师团队：王鲲 、郑昕、张文韬、杨原、赵宇力、曾杰、康志伟、杨树帜、邵帅、余立炜
结构设计：华艺设计顾问有限公司
设备设计：华艺设计顾问有限公司

设计周期：2015—2016 年
建造周期：2016—2019 年
总建筑面积：5808 平方米
主要建造材料：混凝土、铝合金、玻璃
摄影：张超

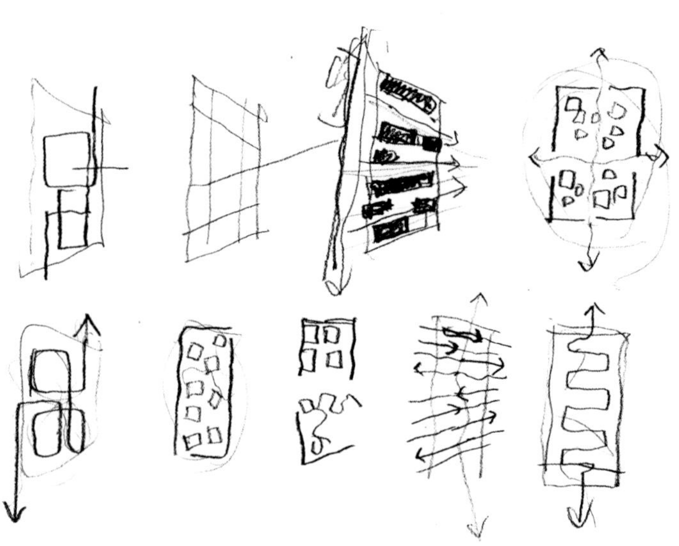

深圳国际艺展中心 12-3 地块的设计是受满京华集团和许李严建筑师事务所的邀请，深圳汤桦建筑设计事务所有限公司作为艺术小镇集群设计的一员开展工作。集群设计作为开展建筑设计工作的一种组织方式被广泛使用，参与者怎样在集群设计中保持整体气氛和个人风格的协调，挑战着建筑师对“分寸感”的敏锐把握，尤其是在与严迅奇先生这样的建筑前辈形成面对面交谈的时候。在此项目的建筑实践中，希望能够较好地尝试这一问题的解决之道。

在整个艺术小镇中，蜿蜒的中央步行街道由南至北串联了 3 个步行街区，空间收放有度、张弛自如、构图严谨。希望为这条街道增加一缕神秘、甚至忧郁的气质，正如意大利画家乔治·德·基里科（Giorgio de Chirico）的作品那样，阳光斜洒、明暗对峙、街道空寂，小女孩儿的孤独衣裙闪过，转弯处人影绰约，而街角蹲伏着不可思议的神秘物品。

方案设计由此“臆想”而来，在限定的体量内部构建独具一格的建筑语言。外围硬朗的界面和内部半透明的浮空盒子形成对峙，它们之间的空中街道眺望着南侧的美术馆，隐藏在建筑阴影中的锈红的圆拱打量着过往的路人，南端出挑的“发光体”成为街角昏黄的墨绿搪瓷路灯，下边聚集着悠闲的街坊。而空中街道的下方还隐藏了一处竹影婆娑的“池塘”，幽幽瑟瑟的嗓音撩拨着听众的耳膜……

建筑底层通过四横二纵的街巷为整个地块带来四通八达的步行交通，四横强调通达与效率，尺度较小，二纵强调体验与惊喜，在内部围合形成一个狭长的楔形内院，向下沉至地库，形成绿植庭院，向上沟通各层。

1

1. 鸟瞰

一层平面图

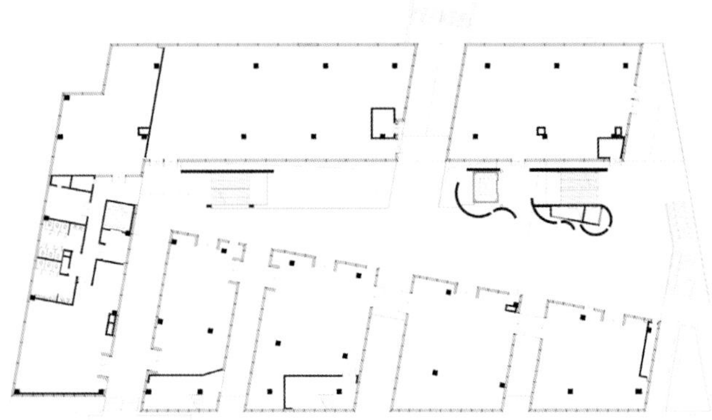
二层平面图

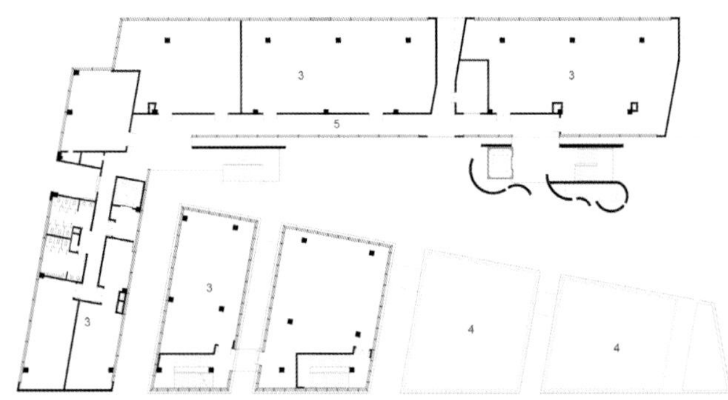

三层平面图

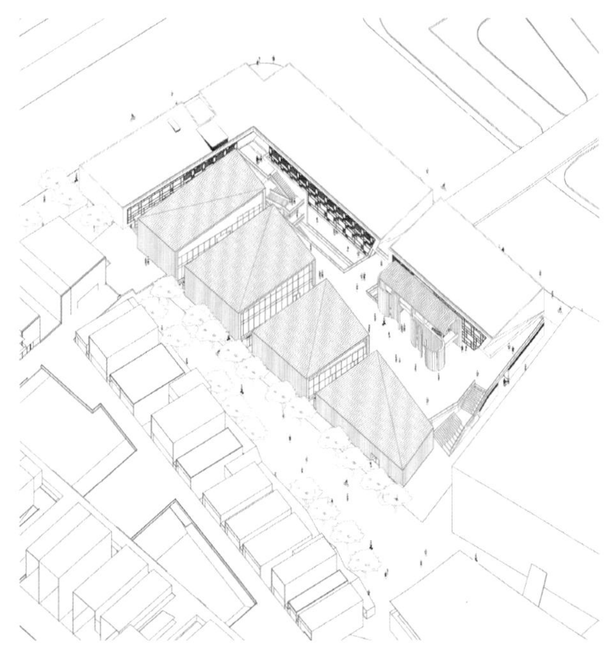

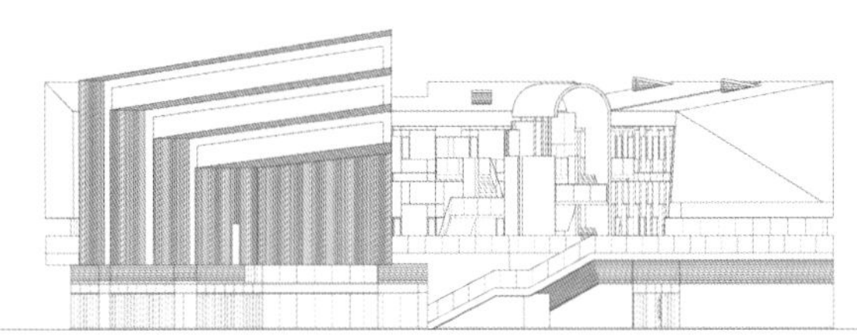
南立面图

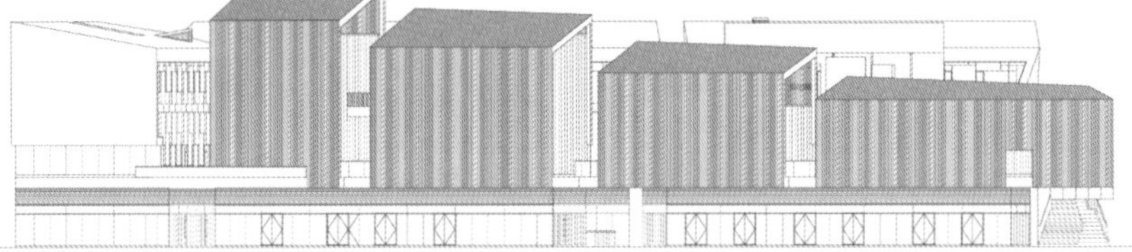
西立面图

2. 南侧街景
3. 街道远景
4. 西侧街巷
5. 西北侧街景

6 | 7 / 8

6.“杜尚的楼梯”成为漫游路径的聚焦
7. 外立面细节
8.“杜尚的楼梯”

9. 楔形内院
10.“盒子”的间隙
11. 体量上的转折

天津周大福金融中心

中国，天津

设计公司： 华东建筑设计研究院有限公司华东建筑设计研究总院（以下简称华东总院）、吕元祥建筑师事务所（国际）有限公司、SOM 建筑设计事务所
主持建筑师： 党杰

建筑师团队： 翁皓（审定）、党杰、尹尼、顾斐、李光宗、姜智、史瑶（华东总院）
结构设计： 汪大绥、周健、王荣、刘晴云、方卫、陆文妹、邹滨、丁霖、李彦鹏、原培新（华东总院）
设备设计： 马伟骏、徐洋、邵民杰、万嘉凤、王珏、钱观荣、王华星、任怡旻、李伟刚、王磊、袁璐、吕宁、黄辰赟（华东总院）
柏城工程技术（北京）有限公司

设计周期： 2012 年 3 月—2017 年 1 月
建造周期： 2012 年 12 月—2019 年 9 月
总建筑面积： 389,980 平方米
工程造价： 100 亿元
主要建造材料： 混凝土、钢、玻璃、铝板
获奖情况： 欧特克全球 BIM 一等奖
ISA 国际安全奖
中国 BIM 认证联盟评价白金级
中国钢结构金奖杰出工程大奖
国家级项目成果奖
全国现场管理评价五星级现场
亚洲 MIPIM 大奖最佳中国未来大型项目银奖
摄影： 时差影响

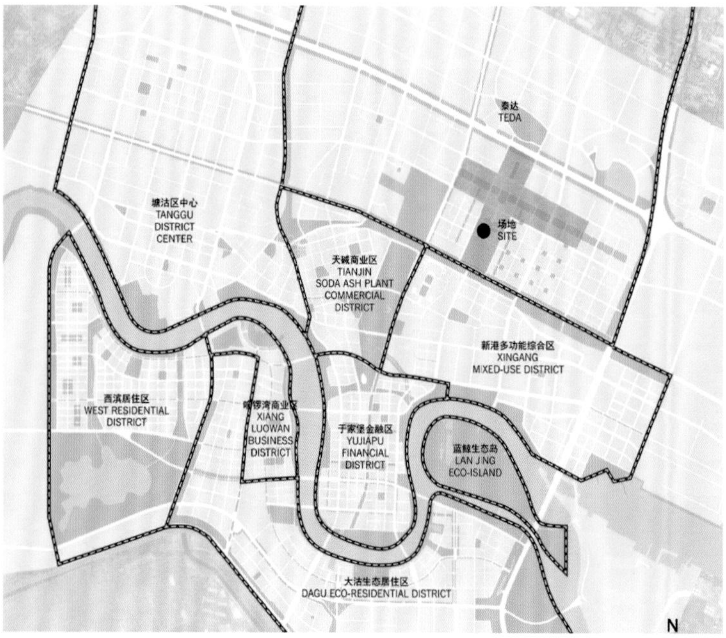

项目区域位置示意图

项目基地所在的泰达经济开发区整体规划是由日本设计和阿特金斯联合设计的，整个泰达经济开发区包含了纵轴方向的核心区和横轴方向的拓展区。项目就位于核心区的中心位置，项目方案尊重核心区规划设计方案，高度控制及退让用地红线严格按照原规划的规定执行，强调核心区的整体性和泰达经济开发区的整体气质，和周边其他建筑一起形成赋有韵律的城市轮廓线和街道空间。

天津周大福金融中心是一个多用途开发项目，塔楼高 530 米，共 97 层，集办公、酒店式公寓和酒店于一体，裙房高 30 米，共 5 层，包括零售商店、餐厅、俱乐部和宴会厅。

项目地上总建筑面积 389,980 平方米，地下室共 4 层，面积约 98,370 平方米。塔楼内设有约 14 万平方米的办公面积，近 5 万平方米的酒店式公寓以及 6.2 万平方米左右的酒店。酒店式公寓有近 300 个单元，酒店提供 347 套客房和辅助服务设施。商业零售地上面积约 3.5 万平方米，地下面积约 0.9 万平方米，总计约 4.5 万平方米。项目地下室主要为机械停车库及设备机房、后勤用房、卸货区等功能，其中地下一层局部设有美食广场及超市。

塔楼的建筑表现形式和设计灵感来源于艺术和自然中的流体几何造型，与雕塑形式有异曲同工之妙。

虽然结构体系采用的是一般超高层项目中均会采用的框筒 + 环带桁架。但是与其他超高层项目不同的是，加强结构侧向刚度的构件不是伸臂桁架，而是采用了斜柱形式。这样的组合方式，一方面避免了伸臂桁架对建筑内部空间的影响，另一方面斜柱与建筑外立面的造型完美地结合在了一起，达到了建筑造型与结构设计协调一致的新境界。

1　1. 竣工实景

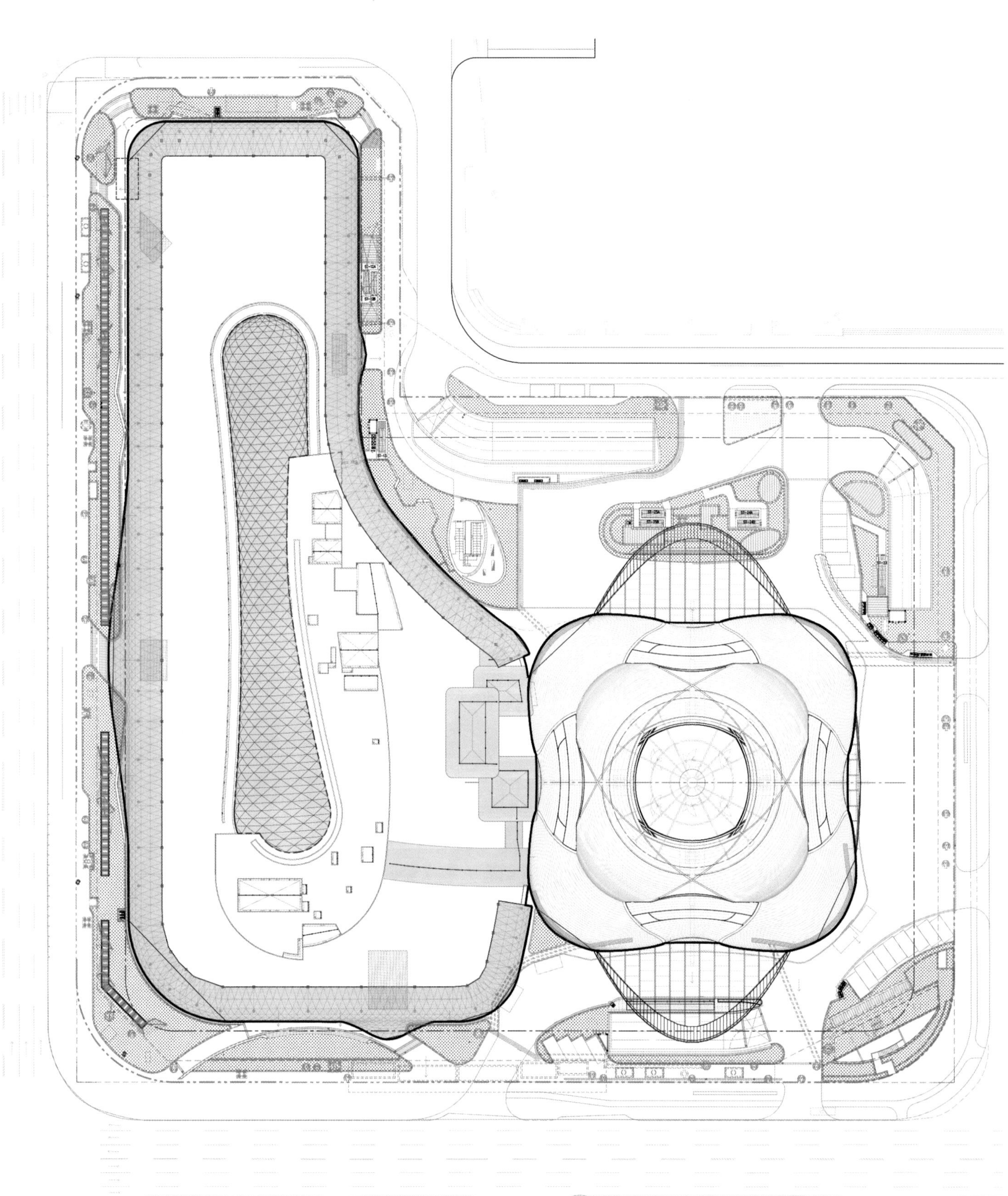

总平面图

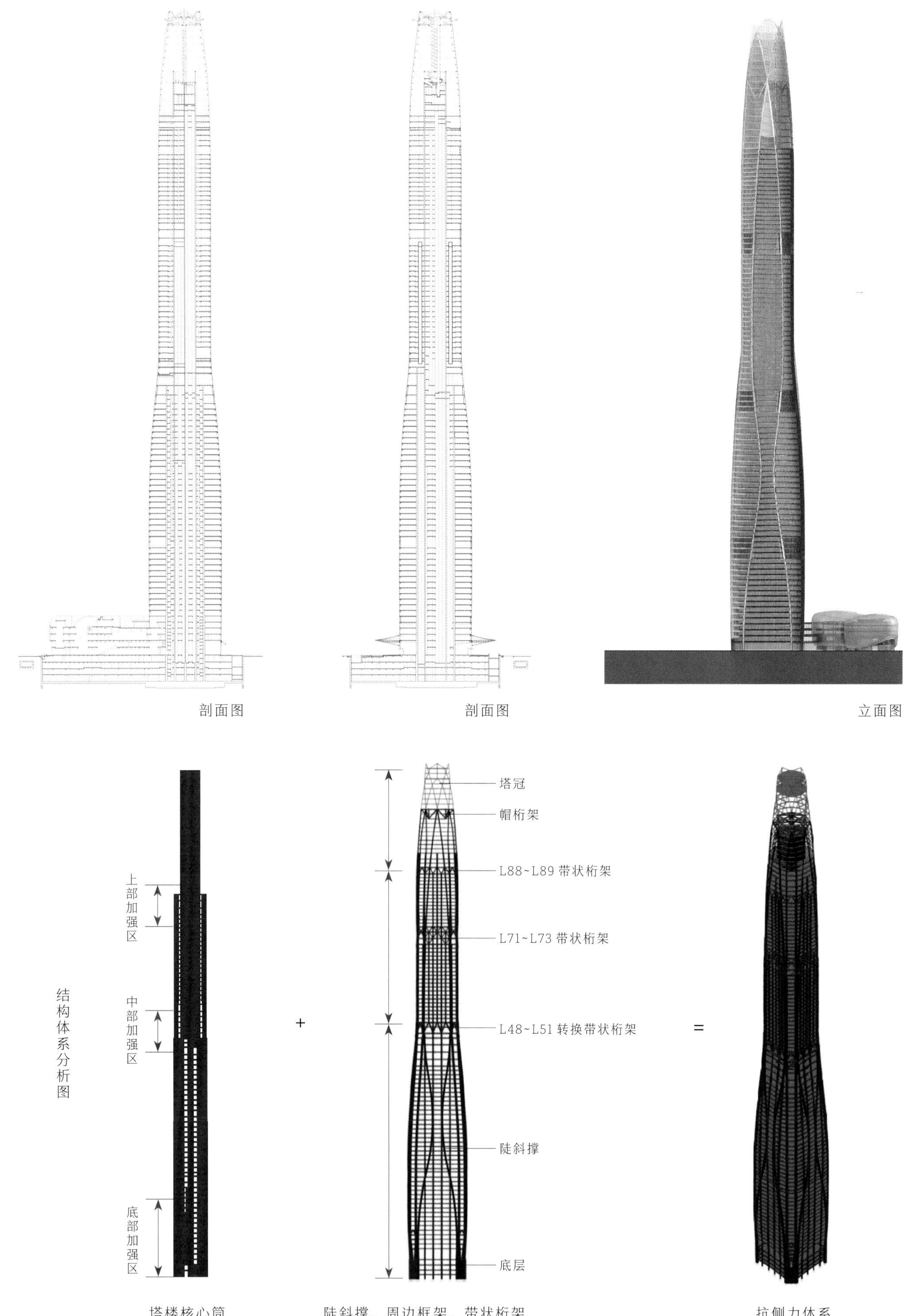
剖面图
剖面图
立面图
结构体系分析图
上部加强区
中部加强区
底部加强区
+
塔冠
帽桁架
L88~L89 带状桁架
L71~L73 带状桁架
L48~L51 转换带状桁架
陡斜撑
底层
=
塔楼核心筒
陡斜撑、周边框架、带状桁架
抗侧力体系

2 | 3 | 5
4

2. 冠顶构件式幕墙系统
3. 单元式幕墙系统细部
4. 夜景
5. 单元式幕墙系统塔冠内部

6
7
8

6. 俯视
7. 夜间立面
8. 内部中庭

西安大华·1935

陕西，西安

设计公司：伍兹贝格建筑设计咨询（上海）有限公司、华东建筑设计研究院有限公司华东建筑设计研究总院（以下简称华东总院）
主持建筑师：方以思（方案）、徐航（方案）、高丹

建筑师团队：叶浩辉、龙巨有、鲍天慧、韩倩、仲宇杰、艾德文 · 阿蒂安托（Edvan Ardianto）、魏维、阚俊、张磊［伍兹贝格建筑设计咨询（上海）有限公司］
宋雷、周健、查敏、高钢、李博君、蒋昱、杨灿、周晓雯、黄璐、陈安琪、汪嘉宜、吴人洁、寇志荣（研究）、蔡青（研究）（华东总院既有建筑更新研究设计中心）
结构设计：西部建筑抗震勘察设计研究院有限公司、江晓峰（华东总院结构分析与设计咨询中心）
设备设计：杨志、蔡春晖、韦国龄、余杰、陈晨、余春尧、黄晓波、王琼（华东总院机电技术研究与发展中心）
思迈建筑咨询（上海）有限公司（机电顾问）

设计周期：2018 年 3 月—2019 年 7 月
建造周期：2018 年 5 月—2019 年 10 月
总建筑面积：7.1 万平方米
工程造价：2.8 亿元
主要建造材料：砖、混凝土饰面、玻璃
获奖情况：2019 年 AMD 亚洲设计管理协会商业空间设计创新奖
2020 年 RICS 年度城市更新项目冠军
摄影：庄哲

西安大华 · 1935 位于西安旧城区东北方向，其西侧为大明宫遗址保护区，南侧与西安火车站遥相呼应。原为大华纱厂，始建于 1935 年，曾是西北首个现代纺织工厂，产生了西安市第一度工业用电，走出了中国西北工业的第一批女性职工，也是中国重要的棉纺织战略物资生产商之一。

更新依托大明宫遗址保护区的发展框架，是继 2011 年以来，在由崔愷大师担纲的一次更新的基础上，为工业遗产注入综合商业功能的新一轮尝试。项目面临着较多的挑战与限制：大华纱厂是陕西省第六批文保单位，也是首批公布的全国工业遗产，同时位于大明宫遗址保护区缓冲区及建设控制地带，地上及地下均属于文物重点保护范围；在 2016 年编制的《大华纱厂旧址保护管理规划》中，明确规定了其保护范围和控制地带，在风貌、高度及地下空间方面均不能有所突破；文保管理部门也对项目提出了最小干预的保护性要求。在各种复杂因素的限制下，西安大华 · 1935 将关键性要素定义为如何平衡遗产的价值保护与商业性再利用的矛盾。

西安大华 · 1935 的整体更新策略确立了“线”的概念性主题，既寓意了西安的拼音，也发扬了纱厂的丝线元素，将现有的南北区域厂房划分为六大独立又串联的主题空间，打造有记忆的商业空间。

与此同时，通过与商业策划及招商运营团队的协同合作，综合遗产保护要求和商业开发逻辑，共同转化为设计的语言，重点解决 4 类突出的矛盾：一类是在文物及工业遗产的保护性要求下，通过对 6 栋建筑全面而细致的评估形成商业功能的精细策划，在最小干预原则下为工业遗产植入最为合宜的商业活动功能；二类是在今日的消费诉求下，通过新旧融合的策略满足商业空间的时尚感对新空间、新材料、新元素的期待，并在旧工业遗产的历史环境中实现；三类是通过整个园区功能、流线及商业空间模式的梳理，在遗产及文物保护的限制下通过精细化设计营造富有工业感的体验式商业空间；四类是根据新的商业功能，对消防、机电等建筑等各类物理性能进行全面提升，以满足更新后的安全性及舒适性。

2019 年 10 月 25 日，西安大华 · 1935 正式焕新亮相，西安人记忆里的萧条许久的老纱厂焕新为人气颇旺、聚合多元业态的潮玩商业综合体，也迅速成为西安的又一“网红”打卡胜地，为整个地区带来了新的活力。

1. 西安大华 · 1935 鸟瞰

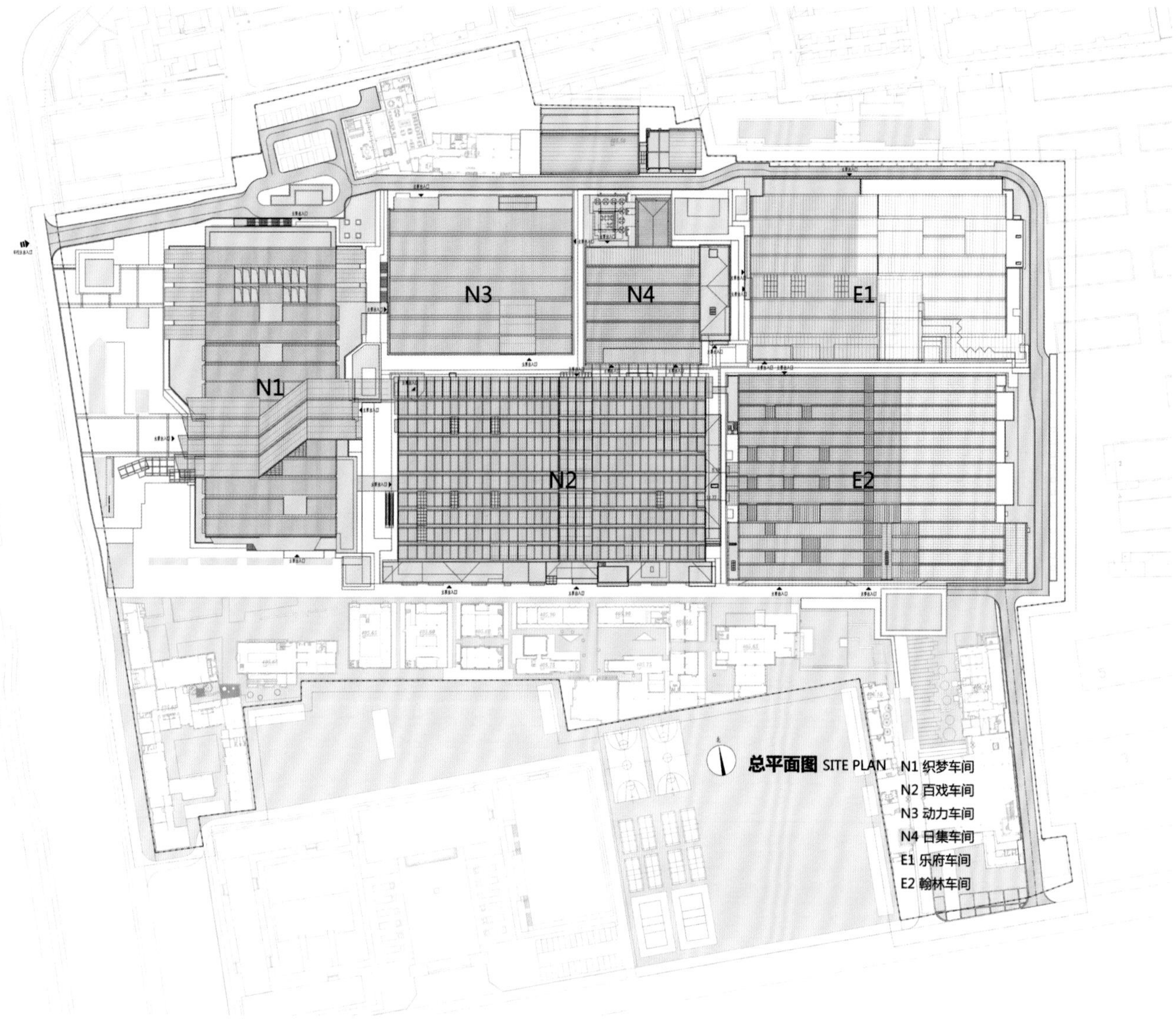

N3
N4
E1
N1
N2
E2

总平面图 SITE PLAN

N1 织梦车间
N2 百戏车间
N3 动力车间
N4 日集车间
E1 乐府车间
E2 翰林车间

总平面图

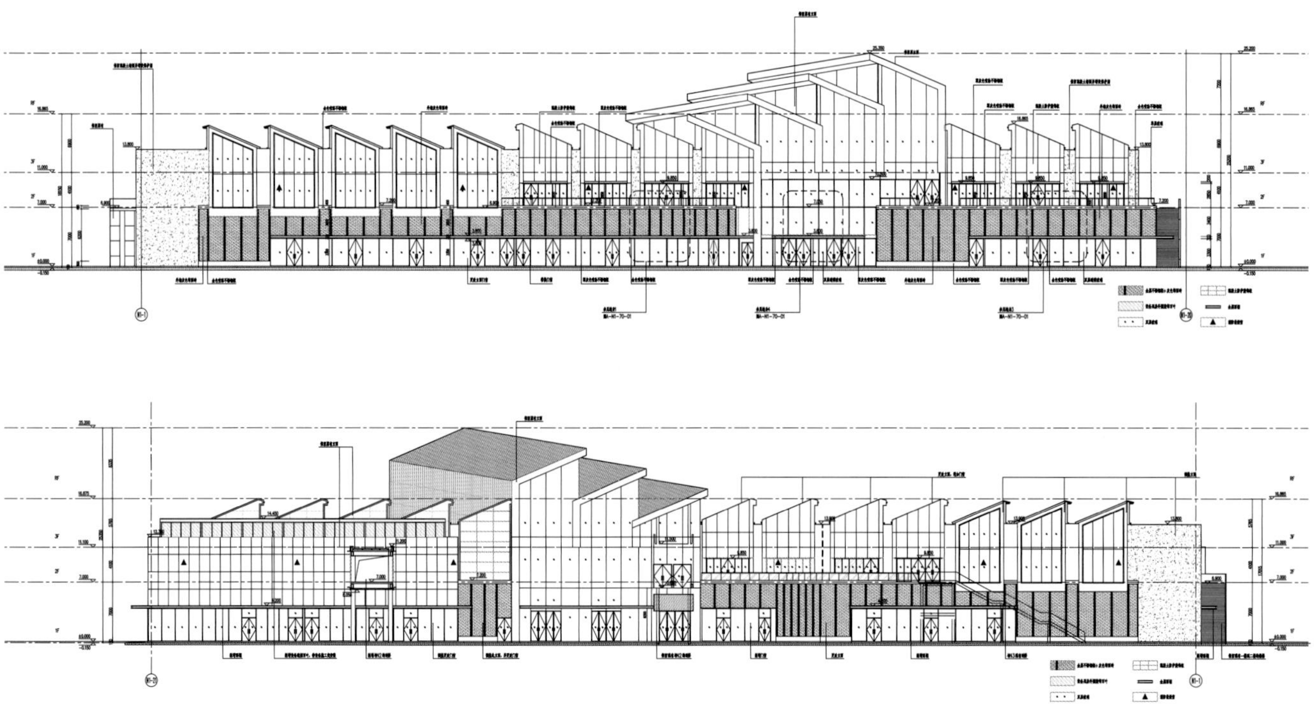

N1 立面图

2
3

2. 更新后主入口形象（夜景）
3. 更新后主入口形象（日景）

MCO LAB
球鞋实验室
CAT

4	6
	7
5	8 | 9

4. 公共空间 1
5. 公共空间 2
6.N1 立面
7. 夜景照明
8. 公共空间 3
9. 公共空间 4

10.N1 商业中庭空间
11.E2 室内
12.N1 二层商业空间
13.N3 极限运动空间
14.N2 商业中庭空间

10		13
11	12	14

国家会展中心（上海）

中国，上海

设计公司： 华东建筑设计研究院有限公司（以下简称华东院）、清华大学建筑设计研究院有限公司（以下简称清华院）
主持建筑师： 庄惟敏、张俊杰、单军、傅海聪、刘念雄、亢智毅、张维

建筑师团队： 汪孝安、陈梦驹、向上、张琴、刘瑾、周玲娟、张科升、于典、王怡匀、董丽丽、乔伟、张欣波、王天泽、叶琪卿、吴博文、邵亚君、张雅东、陆莉娜（华东院）
姚红梅、胡珀、杨路、赵一舟、铁雷、盛文革、莫修权、刘丽丽、郝彬杉、李常春、李炎、李丹（清华院）
结构设计： 周建龙、包联进、穆为、黄永强、陈建兴、孙战金、江晓峰、李烨、钱鹏、孙玉颐、赵雪莲、谢冰、闫琪（华东院）
刘彦生、李果、经杰、刘培祥、陈宏、任晓勇、陈宏、任晓勇、任宝双、刘俊、祝天瑞、唐忠华、王学军、江枣、蔡为新、陈宇军、李青翔（清华院）
电气设计： 邵民杰、王晔、田建强、钱观荣、吴文芳、沈冬冬、程明、缪海琳、高斐、俞旭、张晓波、王磊、韩翌、许士杰、邱奕欣、景卉（华东院）
崔晓刚、王磊、徐华、张松、朱春雷（清华院）
暖动设计： 马伟骏、魏炜、万嘉凤、崔岚、吕宁、左鑫、毛雅芳、杨辰蕾、陆琼文、曹斌、周寅、曾高峰、管时渊、梁涛、仇莘（华东院）
贾昭凯、刘建华、于丽华、韩佳宝（清华院）
给排水设计： 徐扬、陈立宏、王珏、徐琴、张威、杨瑶佳（华东院）
徐青、刘玖玲、刘福利、尹婷、吉兴亮（清华院）

设计周期： 2012年1月—2013年12月
建成时间： 2014年12月
总建筑面积： 约155万平方米（其中地上建筑面积135万平方米，地下建筑面积20万平方米）
获奖情况： 2015年上海市优秀设计一等奖
2015年上海市建筑学会建筑创作优秀奖
2016年中国建筑学会创作银奖
2017年第十四届中国土木工程詹天佑奖
摄影： 姚力

国家会展中心（上海）位于上海市西部，北至崧泽高架路南侧红线，南至盈港东路北侧红线，西至诸光路东侧红线，东至涞港路西侧红线。用地面积85.6万平方米。总建筑面积约155万平方米，其中地上建筑面积135万平方米，地下建筑面积20万平方米，建筑高度43米。国家会展中心（上海）可以提供56万平方米的展览空间，其中包括10万平方米室外展场，将成为世界上规模最大、最具竞争力的国际一流会展综合体，作为新时期我国商务发展战略布局的重要组成，将在拓展世界市场和国际贸易、展现国家综合实力中发挥重要作用。

独创的高效环通展览运营模式

在各功能体之间设置环通的0米和16米标高的室外车道，既可在展览布撤时进行高效运行，又可作为连续环通的消防车道，可快速进入任何一层展厅，环通与进入式相结合的扑救方式，形成室内外立体的扑救系统，极大提高了消防救援效率。同时创造出展览、商业16米标高“多首层化”的概念，在极大提高会展和配套商业运营效率的同时，也为消防扑救和人员疏散提供最大便利。

以人为本的“米字形”步行系统

各功能通过位于8米标高的会展大道步行系统连成一体，实现了人车分流、人货分流。会展大道为半室外的自然采光通风廊道，布局极大地方便了不同楼层的人流导入，实现了会展、商业、办公、酒店各业态的充分互动。

高效运行的立体交通组织

作为会展人流、车流汇聚的地标项目，高效的交通输送至关重要。考虑到人流堪比世博会场馆，在设计中充分考虑到了日均40万人的承载能力，在缓解交通压力上有较多的创新。在基地附近配建2～3个货车轮候区，通过专用货车道进入基地，并且在基地内通过内、中、外三环的交通系统进行交通组织：其中中环以货车为主，可使物流直接抵达展馆门口；而客车则通过内环导入；基地周边外环则主要成为城市干道与会展基地之间的过渡及布展货车的临时轮候区，有效缓解周边的交通压力。

1

1. 东南鸟瞰

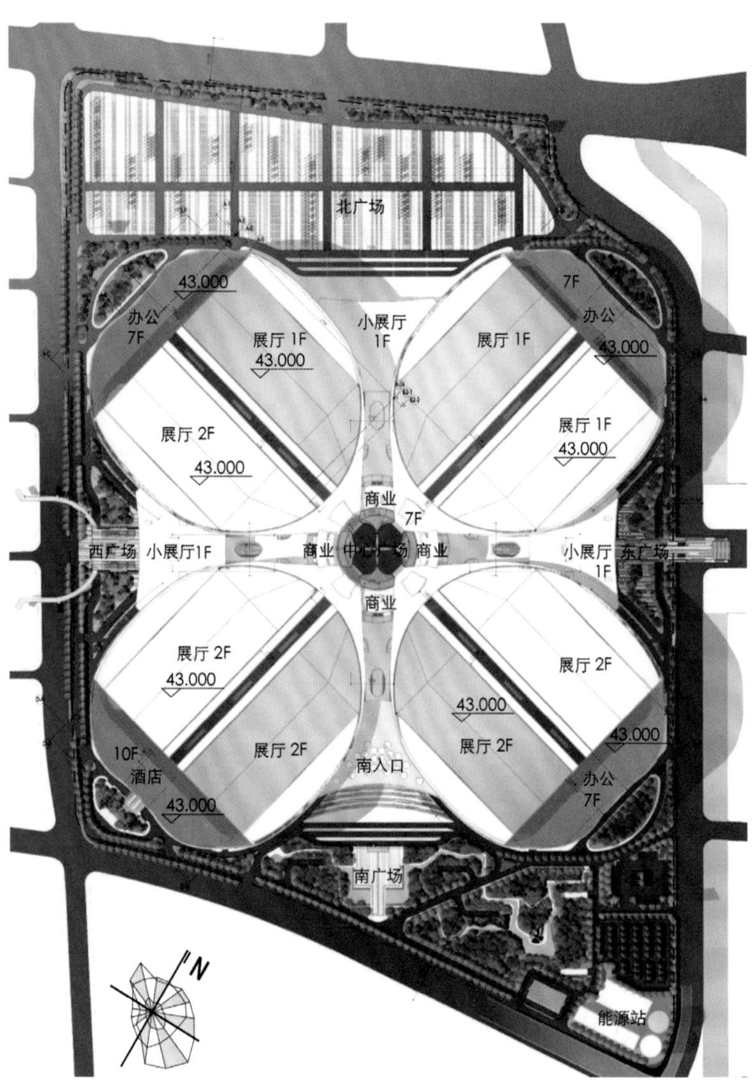

总平面图

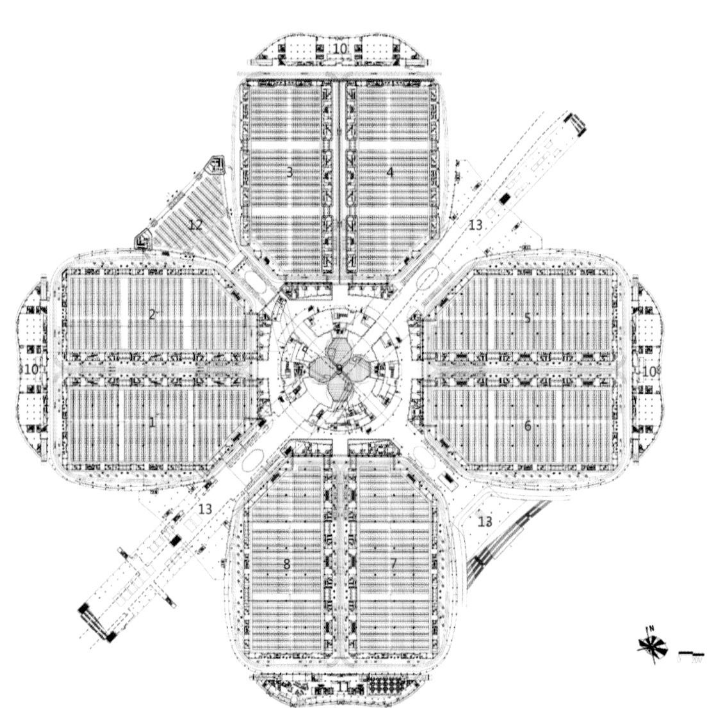

一层平面图

二层平面图

以幸运草原型打造空中地标

项目在设计中考虑了飞机起降时的视觉效果。在乘坐飞机时，乘客就能从高空俯瞰国家会展中心（上海），四叶草能从周围环境中脱颖而出，“万绿丛中一点红”。白天呈现的是银色四叶建筑体科技感十足；到了夜间，在光影的投射下，又是另一番不夜城的视觉震撼。

引领会展绿色典范

遵循可持续发展理念，在绿色低碳技术应用方面，运用三联供能源系统，电梯超级电容和回馈系统，管道垃圾收集系统，全 LED 白光照明技术等多重节能环保理念的运用，也将让建成后的国家会展中心（上海）成为中国规模最大的绿色三星建筑，将为申城的绿色会展业提供有益的参考和借鉴。

2
3

2. 俯视
3. 中心广场鸟瞰

4. 南侧主入口局部
5/6. 三层室外平台

7. 廊柱
8. 办公正立面
9. 二层室内平台

Victoria Dockside

中国，香港

设计公司：Kohn Pedersen Fox（KPF）、吕元祥建筑师事务所（国际）有限公司（执行建筑师）
主持建筑师：Bill Louie、 Paul Katz、Forth Bagley、胜野一起

建筑师团队：ARUP 奥雅纳工程咨询有限公司（结构设计）
WSP 科进集团（设备设计）

设计周期：2011 年 6 月—2018 年 9 月
建造周期：2009 年 1 月—2019 年 2 月
总建筑面积：324,078 平方米
主要建造材料：混凝土、铝合金、玻璃、石材、不锈钢等
获奖情况：2020 年美国《酒店设计》杂志大奖入围设计（香港瑰丽酒店活动场地）
2020 年 SPACE CTBUH 高层建筑奖优秀奖；
2020 年亚洲酒店体验与设计大奖入围设计（香港瑰丽酒店，新建项目类）
2019 年香港绿色建筑委员会 (HKGBC) 和专业绿色建筑委员会（PGBC）绿色建筑奖（联合国可持续发展目标大奖及特别奖——新建筑类别：已完成项目——商业建筑）
2019 年亚洲国际房地产大奖 (MIPIM) 金奖（香港瑰丽酒店最佳酒店及旅游发展）
2019 年美国 *surface* 杂志旅行大奖入围设计（香港瑰丽酒店大型国际酒店）
2019 年新兴市场城市景观奖入围设计（休闲和酒店项目奖）
2019 年新兴市场城市景观奖中高层住宅入围设计（K11 ARTUS）
摄影：维吉尔 · 伯特兰（Virgile Bertrand）、瑰丽酒店（Rosewood Hotels）、新世界发展有限公司（New World Development）

总体规划图

Victoria Dockside 位于九龙半岛的南端、尖沙咀海滨核心位置，是一个充满活力的综合开发项目。综合体集酒店、办公、文化设施及室外公共空间和花园为一体，为滨水公共区注入活力，并重塑了香港标志性的城市天际线。

项目旨在打造充满活力的生活方式及文化区，将不同业态的建筑表达相融合。其中，多层商业中心包括零售商店和餐厅，可俯瞰香港标志性港湾。各业态相互融合，与重新焕发活力的室外公共空间、花园和餐厅露台无缝衔接，形成舒适宜人的社区氛围。

265 米高的地标塔楼包含瑰丽酒店、瑰丽府邸及 K11 Atelier 甲级办公大楼。建筑采用阶梯式造型和不规则体量，从香港的不同地点看，建筑呈现出不同的形状。设计采用大石柱，让人想起古典的大宅。石柱之间是超宽的全景窗户，酒店客人在客房就可一览无余香港天际线和维多利亚港的绝佳景色。

14 层的豪华酒店式公寓 K11 Artus 建筑采用蜿蜒的动态造型，波浪状的弧线形阳台为建筑注入充满动感的新鲜视觉体验。所有客房设有室外露台，住客可体验当代香港独特的室内外氛围。这座建筑的标志性空间——充满活力的空中大堂连桥，悬挂在星光大道和下方的商业建筑之上；连桥之上的不锈钢吊顶结合动态灯光效果，令这独特的空间在晚上亮光闪闪。

10 层的 K11 Musea 商业裙楼，包含高端体验式商业、文化、艺术和餐饮设施。其外墙是世界上最大的绿植墙之一，室内和室外空间拥有超过 4645 平方米的绿化。建筑体量以水平方向的语言为主，配以充满活力的视觉通廊，将九龙闹市区和维多利亚港连接起来。

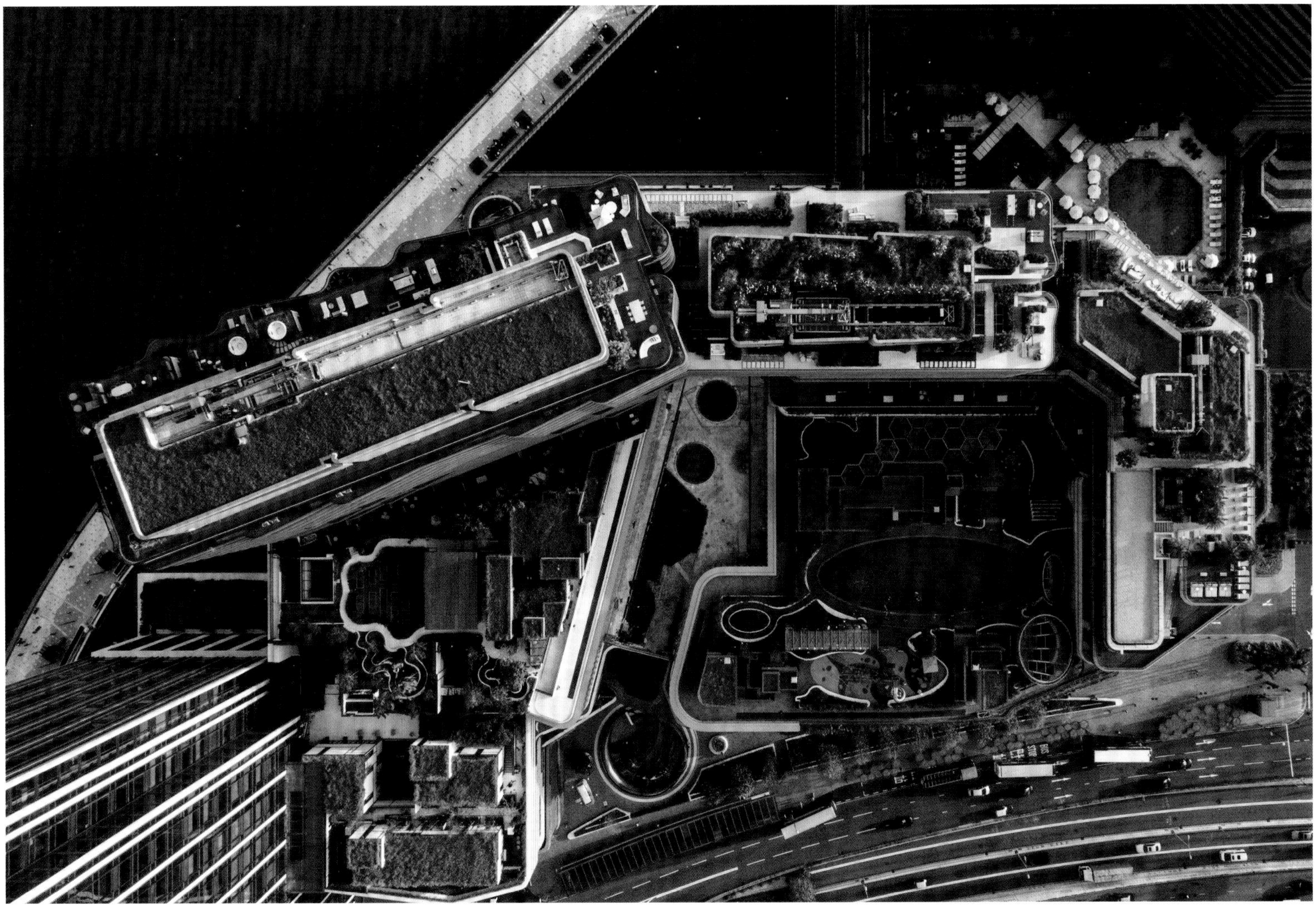

1
2

1. 总平面
2. 立面

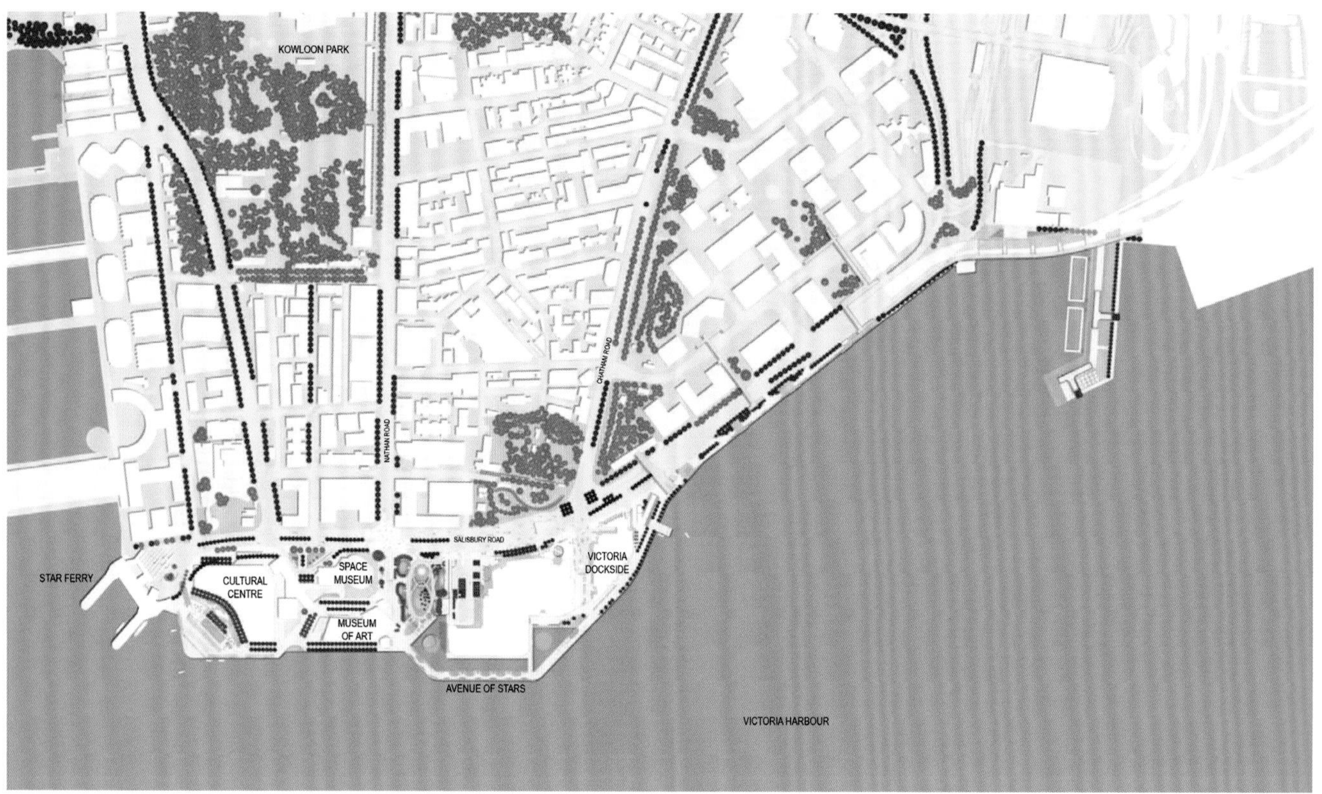
KOWLOON PARK
NATHAN ROAD
CHATHAM ROAD
SALISBURY ROAD
STAR FERRY
CULTURAL
CENTRE
SPACE
MUSEUM
MUSEUM
OF ART
VICTORIA
DOCKSIDE
AVENUE OF STARS
VICTORIA HARBOUR

总平面图

立面图

3
4

3. 地标塔楼
4 商业裙楼及 K11 Artus 酒店式 公寓

5. 商业裙楼立面
6. 地标塔楼立面
7. 酒店无边际泳池
8. 商业裙楼

K11
MUSEA

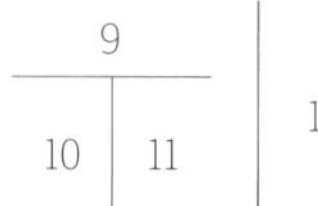

9. 酒店落客区
10. 商业入口
11. 酒店大堂
12. 商业中庭

福州数字中国会展中心

福建，福州

设计公司：北京市建筑设计研究院有限公司
主持建筑师：刘方磊

建筑师团队：马国馨（设计指导）、焦力（项目经理）
耿建行、赵璐、戴言、王学浩、林楠、白小鹏、强淼、王朝
结构设计：甄伟、张猆华、张磊、张慧、宋俊临
设备设计：王毅、于雯静、赵彬彬、梁娜
电气：余道鸿、张建辉、王志松、高诗洋

设计周期：2017 年 11 月—2018 年 5 月
建造周期：2018 年 1 月—2019 年 3 月
总建筑面积：115,903.40 平方米
工程造价：15.4 亿元
主要建造材料：钢结构、石材、金属板、纤维增强硅酸盐板
获奖情况：中国勘察设计协会主办的 2019 年第十届“创新杯”建筑信息模型（BIM）应用大赛，文化体育类第一名
2019 年北京市优秀工程勘察设计奖建筑信息模型（BIM）设计单项奖三等奖
2019 年度金五星优秀会展场馆奖
摄影：杨超英、福建光影传媒有限公司（航拍图）

项目位于福建省福州市长乐区滨海新城大东湖旁，区域内为统筹数字福建云计算中心及产业园研发楼。建筑将作为大型“数字中国”建设峰会永久会址使用。

建筑功能空间共设有主会议厅、数字展厅、高端会议厅（可满足 100 人超大型领导人圆桌会议）、分论坛会议室，建筑属一类高层建筑。

从城市规划布局及总体设计理念出发，充分体现数字科技精神与传统地域特色，建筑造型为水平向体量，“船头”微微起翘，建筑东侧 100 米高酒店为竖向体量，在两者体形关系整合下，呈现出汉代福船形态，象征福船扬帆起航，使城市轮廓线更加优美、丰富，整体契合“数字福船，乘风远航”的设计理念。

由于项目的高端使用定位及时间紧的急迫需求，全专业采用 BIM 协同平台，在设计及施工过程中充分利用可视化模型优势，有效地规避了错漏碰撞问题，合理地优化了吊顶管线及净高需求，优化了大空间马道与桁架及管线的碰撞问题；通过计算机技术对建筑光环境、风环境、热工性能、火灾危险性等进行分析模拟，指导方案及大空间性能调整，使设计更加节能、合理；采用了装配式建筑，加快了项目建设。

环境关系图

总平面图

1. 航拍实景
2. 西立面全景

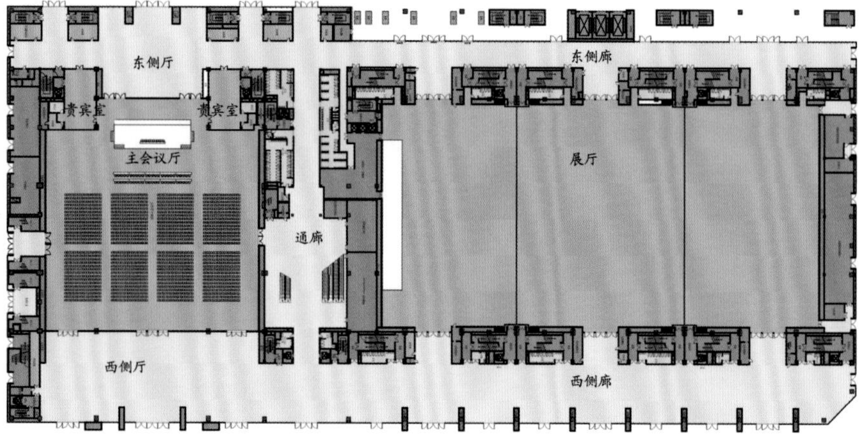

一层平面图

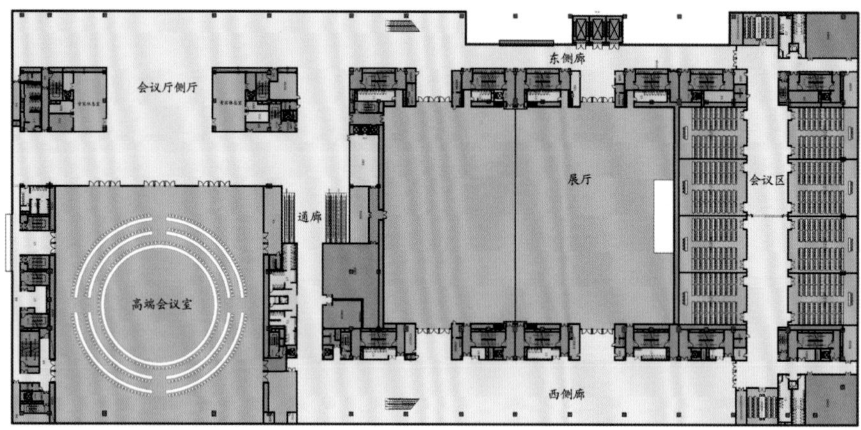

二层平面图

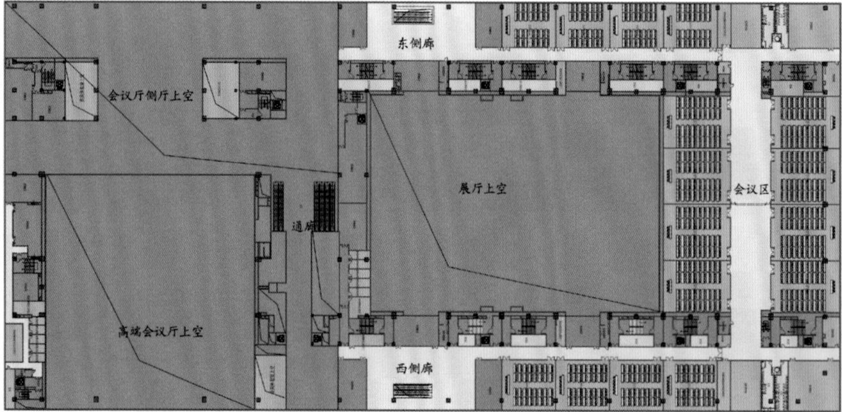

三层平面图

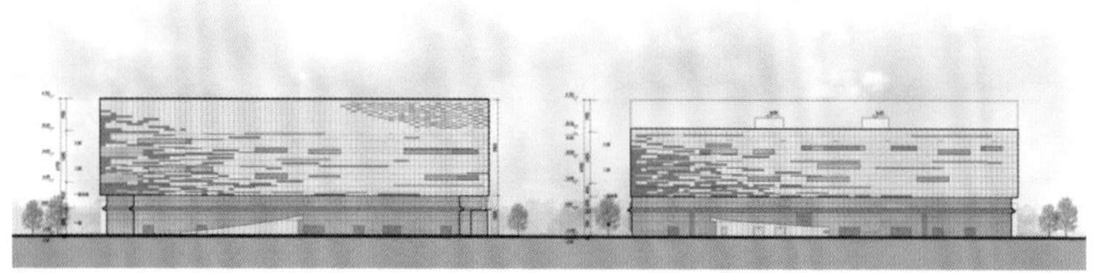

南立面图　北立面图

东立面图

3. 西北角人视实景
4. 东南角人视实景

5 | 6 | 7 | 8 | 9 | 10

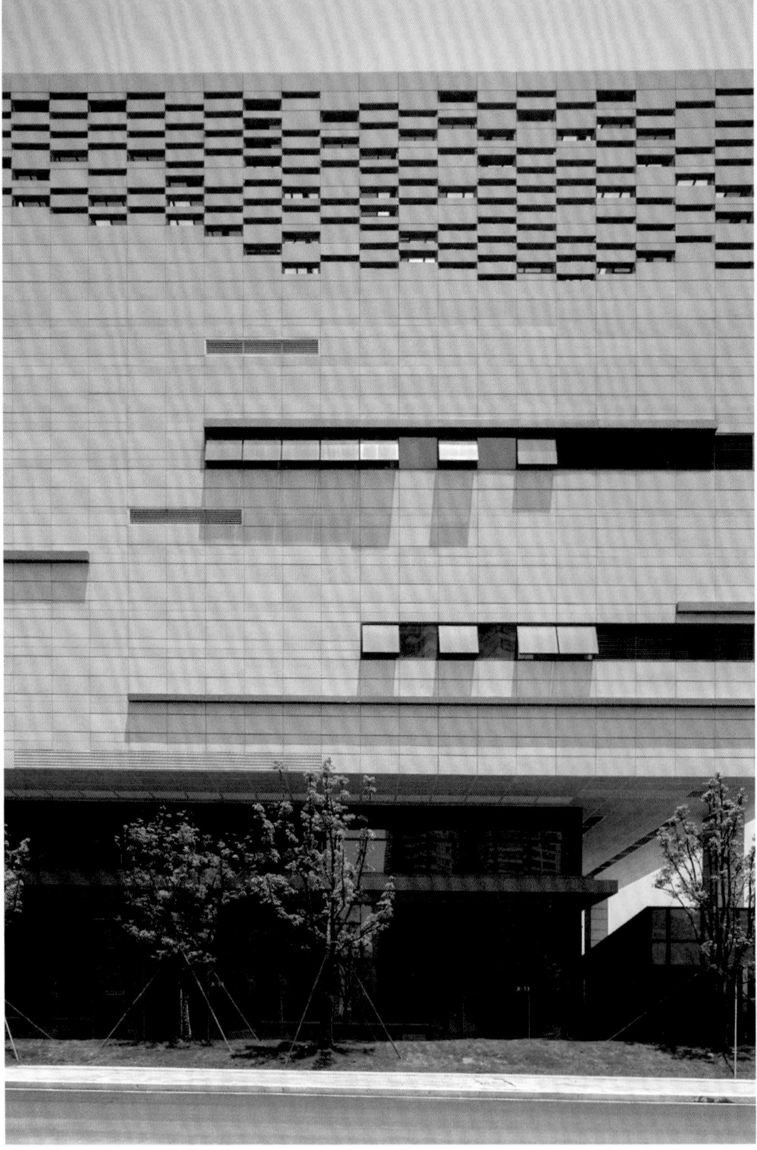

5. 主立面局部实景
6. 东北角人视实景
7. 侧立面局部实景
8. 西前厅室内
9. 高端会议厅室内
10. 数字展厅室内

凯迪拉克品牌空间（中国）

中国，上海

设计公司： Gensler 建筑咨询有限公司
创意总监： John Bricker

建筑师团队： Brian Vitale、Edward Chao、Eunjung Chung、Hyesook Auh、Jonathan Tyler、Kathleen Jordan、朱旼、Molly Murphy、Richard Chang、 Sarah Pokora、Scott Hurst、William Hartman
结构设计： 同济大学建筑设计研究院（集团）有限公司
设备设计： 同济大学建筑设计研究院（集团）有限公司

设计周期： 2013 年 11 月—2016 年 6 月
建造周期： 2016 年 6 月—2019 年 3 月
总建筑面积： 6400 平方米
主要建造材料： 玻璃、不锈钢幕墙
获奖情况： 2019 年美国建筑师协会上海分会卓越设计奖

由 Gensler 建筑咨询有限公司设计，位于上海浦东金桥的凯迪拉克品牌空间（中国），总建筑面积 6,400 平方米。凯迪拉克品牌空间（中国）在讲述凯迪拉克品牌故事的同时，展现了其对中国文化的自如运用。项目的建筑设计风格受到其内部功能和公司视觉品牌语言的影响。定制不锈钢立面展现出与汽车制造商相匹配的运动感和品质感。建筑圆润的外部线条呼应了汽车的造型设计，不锈钢立面反射着一日中天空的颜色变化，成为视觉焦点。通透的水池环绕建筑，打造出建筑漂浮在水面上的视觉效果。凯迪拉克的品牌标识雕刻在入口立面上，并在夜晚发出柔和的光线，为建筑提供醒目的品牌标识。

项目表达了“凯迪拉克世界”的内向视角，探讨了公司的过去、现在和未来，和“世界上的凯迪拉克”，以其全球形象为重点的外向视角。凯迪拉克品牌空间（中国）打造了主题化的、3 个维度的访问之旅，其中一层是欢迎层，二层是文化互动层，三层是尊享空间。随着参观者从低层到高层的体验深入，与品牌故事的互动程度也不断加深。文化空间、数字体验和材料展览、品牌互动以及个性化时刻创造了整个体验之旅。

建筑的每层空间都由独特的“门槛”定义，从公共到个人，从开放到私密过渡。一层设置咖啡厅 / 酒吧、休息厅和品牌售卖，中央舞台剧场举办活动并放映短片。二层为全景文化体验空间，打造沉浸式的互动体验，以 VR、数字丛林以及 3D 自定义打印，呈现品牌的创新科技与工艺品质。三层设置一个双层挑高 VIP 画廊以及 VIP 休息室、VIP 会议室和接待区。一个巨大的旋转楼梯连接三层空间，成为空间的视觉焦点。内部升降机可让汽车驶入并进入建筑的不同楼层。

凯迪拉克品牌空间（中国）已获得 LEED 白金认证，系统被无缝嵌入建筑与结构中。屋顶铺设太阳能电池板，仿佛闪闪的皇冠镶嵌在建筑屋顶。大面积的开窗将自然光线引入建筑物，在一层打造与水景的亲密关系，在旋转楼梯上部的天窗营造出几何美感。

凯迪拉克品牌空间（中国）以进取的表达方式，用沉浸式、定制化的访客体验来体现其“不断向前”的品牌内核，试图与中国新兴的创意阶层消费者建立多维度的深层次的情感共鸣。

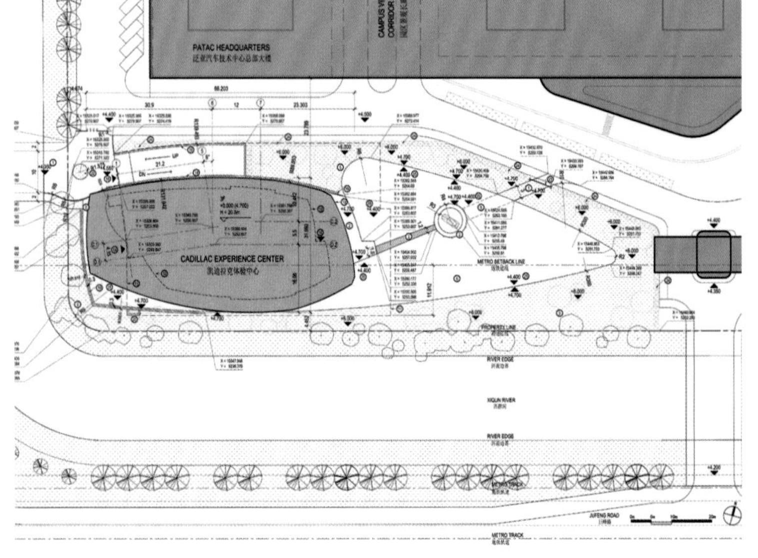

总平面图

1. 鸟瞰
2. 平视

一层概览

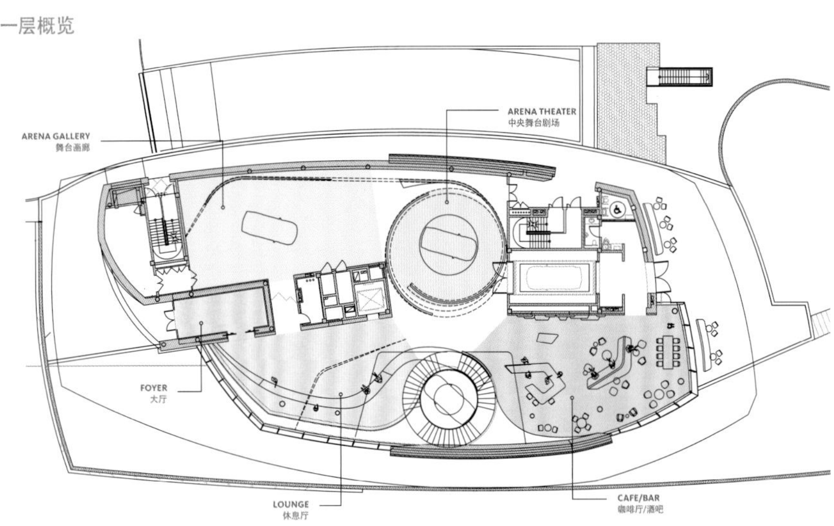

一层平面图

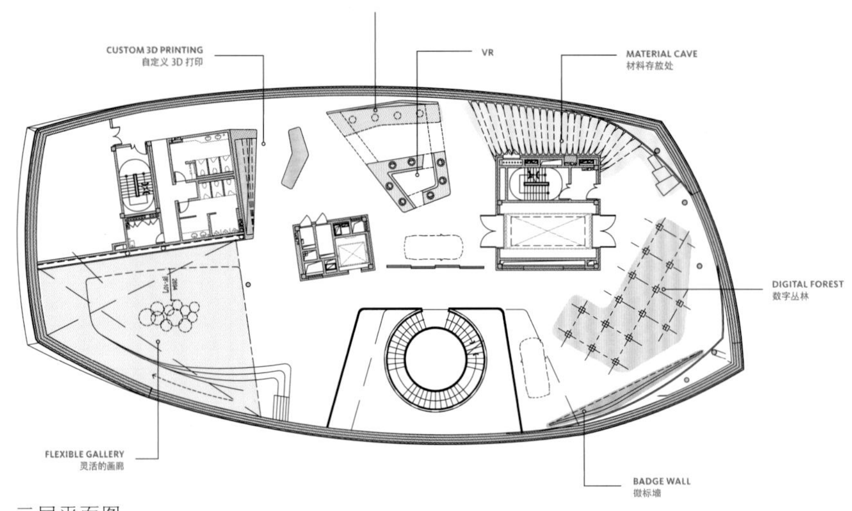

二层平面图

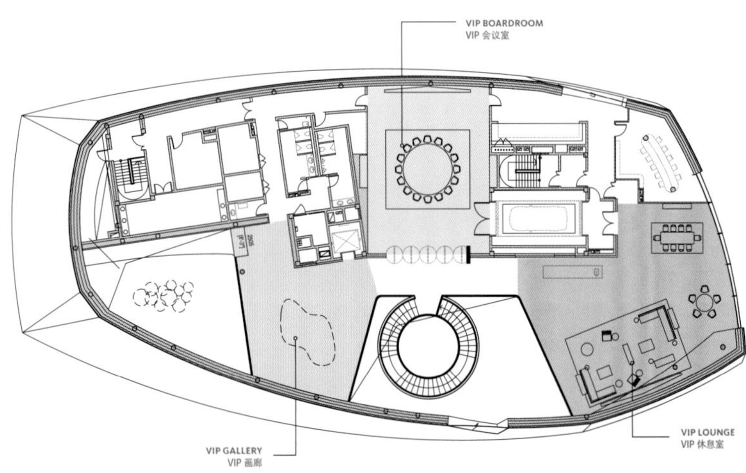

三层平面图

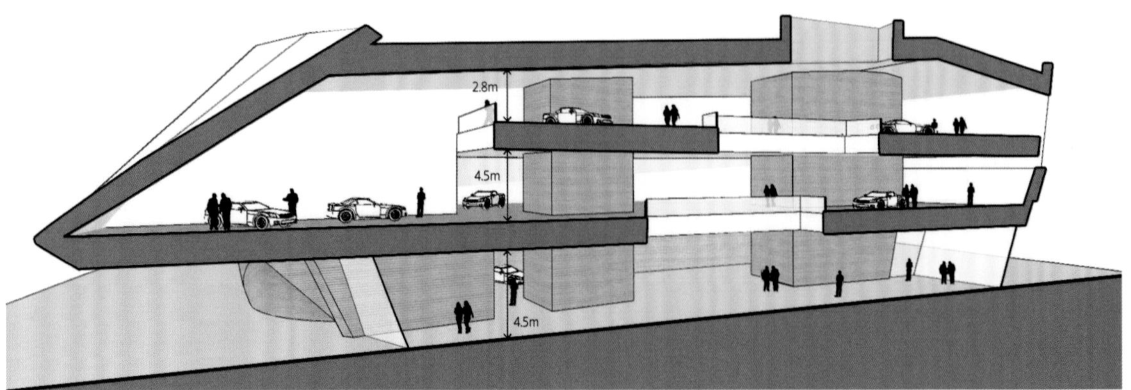

剖面分析图

3. 鸟瞰
4. 建筑水景
5. 建筑外观

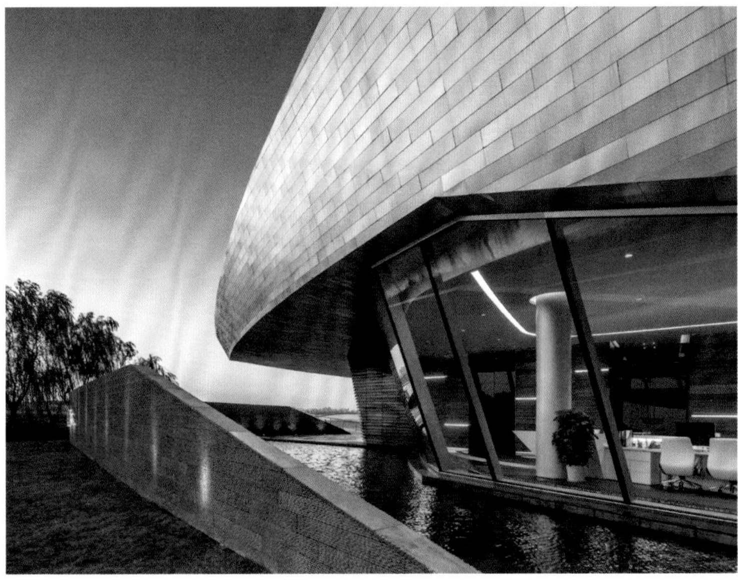

6 | 7 | 8

6. 建筑外部效果
7. 入口
8. 中央舞台剧场

1964
1941

9. 二层数字丛林
10. 入口数字体验
11. 一层空间
12/13. 旋转楼梯

世茂前海大厦

广东，深圳

设计公司： Gensler 建筑咨询有限公司
项目负责人： 李晓梅

建筑师团队： Shamim Ahmadzadegan、刘经彦、Roland Gunnesch、丘晟、张苳、沈江涛、曹子劼、袁杨、彭媛媛、林煌闵、Elizabeth Michalska、陈岚、杨媛媛、Ryan Choe
结构设计： ARUP 奥雅纳工程顾问公司、筑博设计股份有限公司
设备设计： ARUP 奥雅纳工程顾问公司、筑博设计股份有限公司
施工图设计、BIM 顾问、绿建顾问： 筑博设计股份有限公司

设计周期： 2014 年 7 月—2016 年 12 月
建造周期： 2015 年 9 月—2019 年 10 月
总建筑面积： 19.4 万平方米
主要建造材料： 钢筋混凝土、钢材、铝材、玻璃
摄影： Blackstation

近 300 米高的世茂前海大厦，采用自下而上的收分式设计，实现外幕墙和结构外框柱同时扭转的形态。

项目地块是不规整的 L 形，建筑在向上逐渐收分的同时旋转了 45 度。这一造型不仅打造了建筑的地标性，而且符合当地强劲的风环境。看似复杂扭转的造型，旨在将强风沿外立面打乱，从而降低其对建筑的风荷载，大大减轻结构荷载，减小结构尺寸，有效地提升建筑整体使用效率。参数化设计的应用，确保了复杂的玻璃幕墙板块的精确设计。

项目的总体规划理念以人为本，与地上地下公共交通系统连接。通过行人天桥与社区进一步连通。这座超高层塔楼充分展示了多重功能的商业综合体如何同时满足公共、私密、开放又安全的商务办公及商业空间的要求。

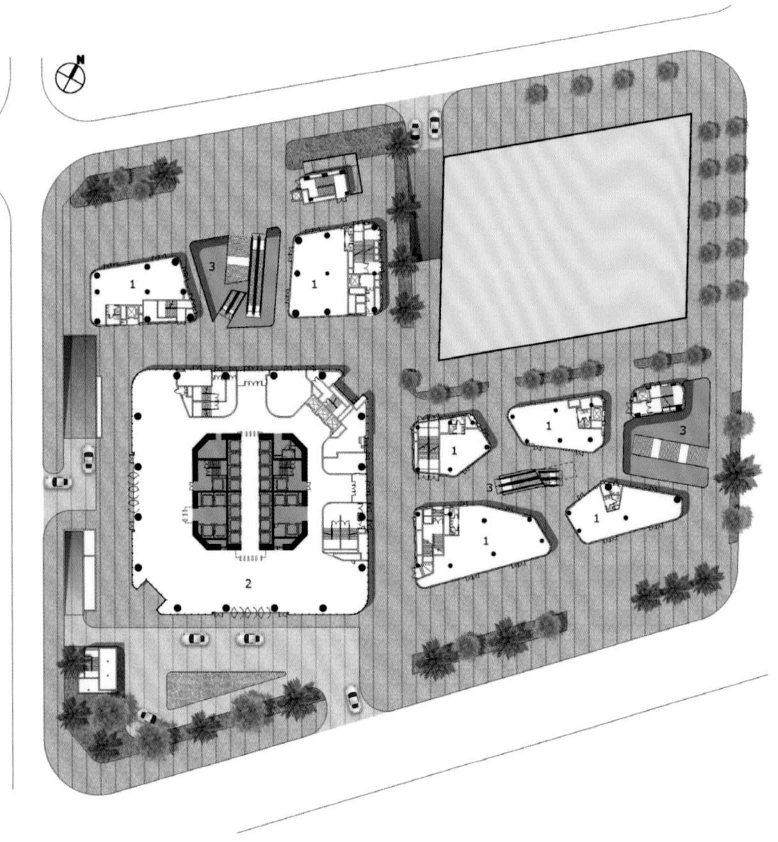

总平面图

1

1. 鸟瞰

世茂
HFC

2 | 3 / 4

2. 天际线
3. 塔冠
4. 幕墙细节

5 | 6/7

5. 平视角度
6. 仰视角度
7. 入口

沣东文化广场及东里西里商业

陕西，西咸新区

设计公司：中国建筑西北设计研究院有限公司
主持建筑师：赵元超

建筑师团队：王敏、王东、惠倩楠
结构设计：王洪臣、卢骥、姚尧
景观设计：王东、惠倩楠

设计周期：2014 年 2 月—2016 年 7 月
建造周期：2016 年 6 月—2018 年 9 月
总建筑面积：66,633.72 平方米
工程造价：29,372 万元
主要建造材料：钢筋混凝土框架结构
饰面材料：青砖、铝板、玻璃幕墙
获奖情况：2020 年度陕西省优秀工程设计一等奖
2017 年度中建西北院优秀方案二等奖
2019 年度中建西北院优秀工程二等奖，
2020 年度中国建筑优秀勘察设计奖优秀（公共）建筑设计二等奖；
摄影：王东（叁山影像）

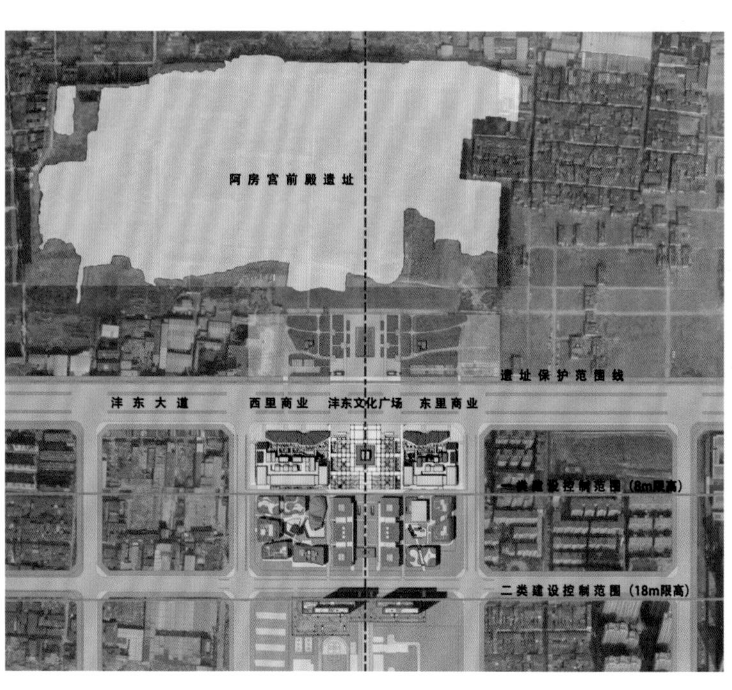

沣东自贸新天地板块位于西咸新区沣东新城，阿房宫遗址广场正南。整体格局保留南北轴线，布局基本对称。其中沣东文化广场和东里西里商业位于板块北部。

沣东文化广场

沣东文化广场整体设计以“虚无”的手法营造纪念性场所，与隔路相望的阿房宫遗址广场南北呼应。广场中心以抽象的“鼎”形式呈现，立面形式以纯净的电致调光玻璃构筑，周边以水面烘托，玻璃表面在白天隐现秦岭山水，夜间则变身光影屏幕，成为广场活力之源。“鼎”的构筑既为地下的文化商业带来了自然采光和令人震撼的室内空间，也与周边对称分布的 6 组九宫格式景观，一同构成了“秦灭六国、天下一统”的主题。

东里西里商业

在东里西里商业的设计中，为解决场地 8 米限高的难题，将场地由外至内渐次下沉 1 ~ 1.9 米，由此在场地内部形成了多样的高差关系，丰富了商业空间体验。西里东里商业、沣东文化广场，在地下通过总长 300 余米的商业街相连，地下还与地上连通互动，营造了浓厚的商业氛围。建筑力求通过简洁的语汇给遗址一片平和的背景。面向阿房宫遗址广场一侧曲折的坡屋顶建筑与古文明对话，内部建筑体块则严格遵循规整的方格网，隐喻场地曾经作为秦代礼仪广场的气势，也与秦汉高台建筑产生意象上的关联。建筑材料以青砖为主，辅以铝板、玻璃幕墙等的穿插，延续传统建筑文脉的同时，表现与时俱进的时代感，同时将典型秦砖汉瓦的四联方图形抽象作为母题，在建筑细部及景观中重复运用，营造了浓郁的主题特色。

项目在建成后，与阿房宫遗址公园一同构成了城市客厅，为公园旅游服务及区域商业发展提供重要的配套和支撑；同时，项目未来还将与文创街区、文创大厦共同承担起沣东新城文化传承和对外交往的重任，成为陕西自由贸易区的重要文化增长点。

1. 南向北鸟瞰
2. 沣东文化广场

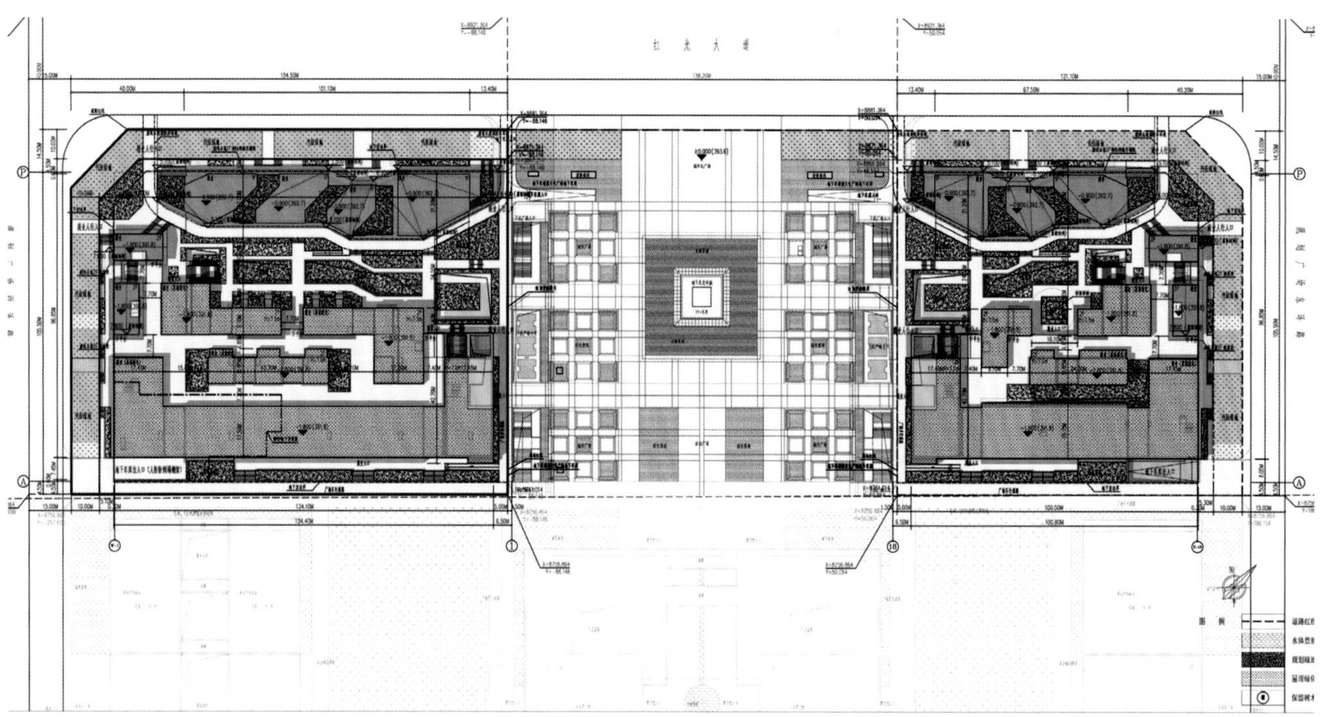

总平面图

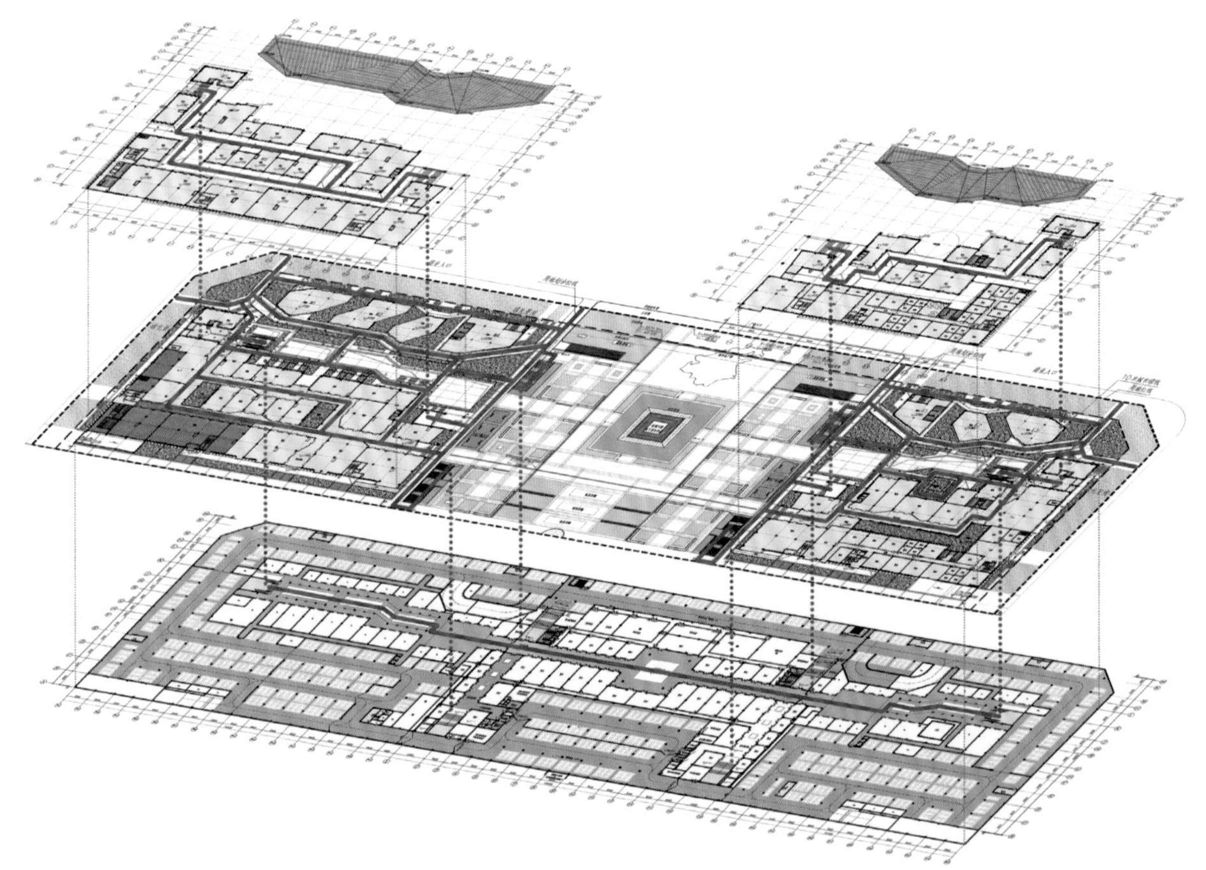

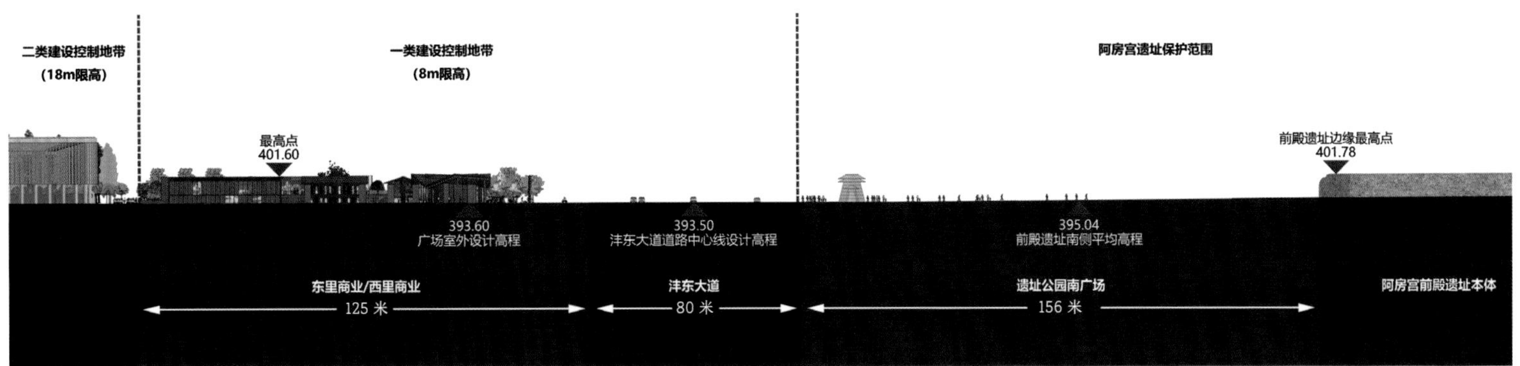

场地位于 8 米限高区内，在此区域内进行商业开发，建筑高度成为首要难题

按照一般商业层高 4800 ~ 4500 毫米及女儿墙高度，建筑总高将突破限高

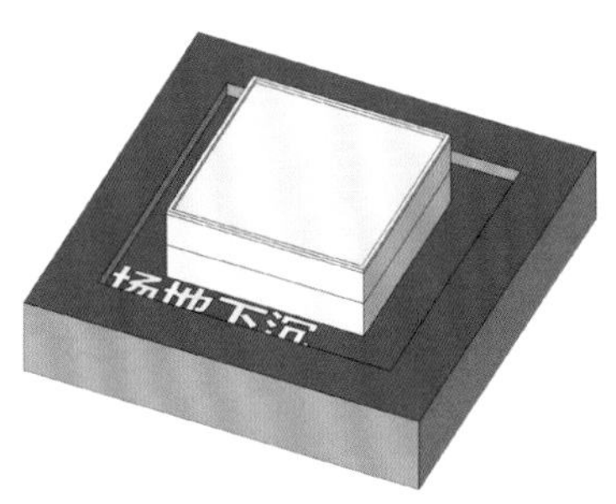

将场地整体下沉，化解建筑超高问题，同时在场地周边形成丰富的高差关系，丰富商业体验

立面图

新天地
文化自贸窗口
双创服务平台

3	6
4	7
5	8

3. 从东里西里商业望向沣东文化广场
4. 商业内街
5. 商业内街
6. 沣东文化广场
7. 沿沣东大道街景
8. 商业内街

9	11
	12
10	13

9. 折板建筑空间
10/11/12/13. 地下商业空间

西安丝路国际展览中心一期

陕西，西安

设计公司：同济大学建筑设计研究院（集团）有限公司
主持建筑师：汤朔宁

建筑师团队：邱东晴（项目经理）、林大卫、徐烨、张泽震、孙宏楠、刘依朋、李姗姗、刘洋、李阳夫、魏娜、罗益飞
混凝土结构设计：万月荣、朱圣好、井泉、李冰、李文、毛俊杰、江慧、金良、张葳、化明星、张璐
钢结构设计：丁洁民、张峥、李璐、黄卓驹
暖通：刘毅、周谨、朱伟昌、张华、叶耀蔚、张昊、贾琼
给排水：杜文华、施锦岳、王文清、张恺
电气：包顺强、陈水顺、徐建栋、张逸峰、武攀、周程里、朱轶聪、施国平
BIM 设计：吉久茂、陈烨、赵琦、姚郁雅等
方案设计：gmp 国际建筑设计有限公司
景观设计：WES 魏斯景观建筑

设计周期：2016—2018 年
建成时间：2020 年
总建筑面积：486,678 平方米
工程造价：50 亿元
主要建造材料：Low-E 中空玻璃、铝板、天然石材
结构形式：钢筋混凝土框架结构、钢结构屋盖
摄影：是然建筑摄影

建设用地分界线
多功能展厅
标准展厅
中央廊道
二期展厅
登陆厅

总体布局示意图

项目概况

西安是中国西部地区重要的中心城市，是历史上丝绸之路的起点，同时也是新丝绸之路的重要基石之一。西安丝路国际展览中心一期位于西安市浐灞生态区欧亚经济综合园区核心区，作为陕西省贸易和产业发展的核心项目，打造了一个以展览、交流、交易为主题的大型会展平台。

项目位于西安市浐灞生态区锦堤二路以西，锦堤三路以东，香槐一路以北，并以香槐二路为界分为南北两个地块，南临灞河，东临会议中心，西临进口博览馆，北接展览中心二期。项目总用地面积 25.1 万平方米，总建筑面积约为 48.7 万平方米。其中，地上部分建筑面积 16.3 万平方米，地下部分建筑面积 32.4 万平方米。主体建筑地上 1 层（局部设置二层），地下 2 层，建筑高度 37.65 米。

总体布局

展览中心一期包括登录厅、2 个多功能展厅、4 个标准展厅、中央廊道及相关附属功能。登录厅和 6 个展厅的中央设置了联系各个主体空间、南北贯通的观众步行轴线，轴线最南端为登录厅，各个展厅依次对称分布在轴线的东西两侧。南侧主入口设有宽阔的多功能广场，既可作为重型机械的室外展览场地，也可作为大型车辆临时停放场地。中央廊道北侧与即将建设的展览中心二期相衔接，待一、二期共同建成后，可提供 2 个多功能展厅、6 个标准展厅以及 4 个重型展厅，共计 13 万平方米的室内净展面积。

登录厅

展览中心一期建筑群以古典对称、大气庄重的建筑语汇表达了对丝绸之路以及中国传统建筑文脉的诠释与传承。位于地块南端的登录厅建筑高度 37.35 米，室内面积约 9000 平方米，立面采用通透的鱼腹式索桁架玻璃幕墙，同时错叠出挑的屋面由室内延伸至室外，并由高达 30 米的锥形十字柱支撑，再现了“城门”这一具有西安特色的文化符号，使来访者从远处即可定位入口。登录厅作为展览中心的主入口，其外观的通透性及结构的巧妙性极其重要。这里选择了吊挂式的鱼腹式索桁架体系，通过间距 18 米的鱼腹式索桁架支撑起巨大面积的玻璃幕墙，既保证了建筑立面效果的轻盈通透，同时也能够抵御强大的风荷载。整个登录厅的立面钢结构总重量约 40 千克 / 平方米，钢材消耗量仅为同类建筑立面钢结构的 50%。支撑登录厅屋盖的立柱采用了高 34 米的巨型混凝土十字柱，自下而上逐步收细，柱顶采用抗震球型钢支座与屋盖铰接，形成了一种纤巧的外观效果。

1
2

1. 展览中心一期鸟瞰
2. 展览中心一期鸟瞰（东侧为会议中心）

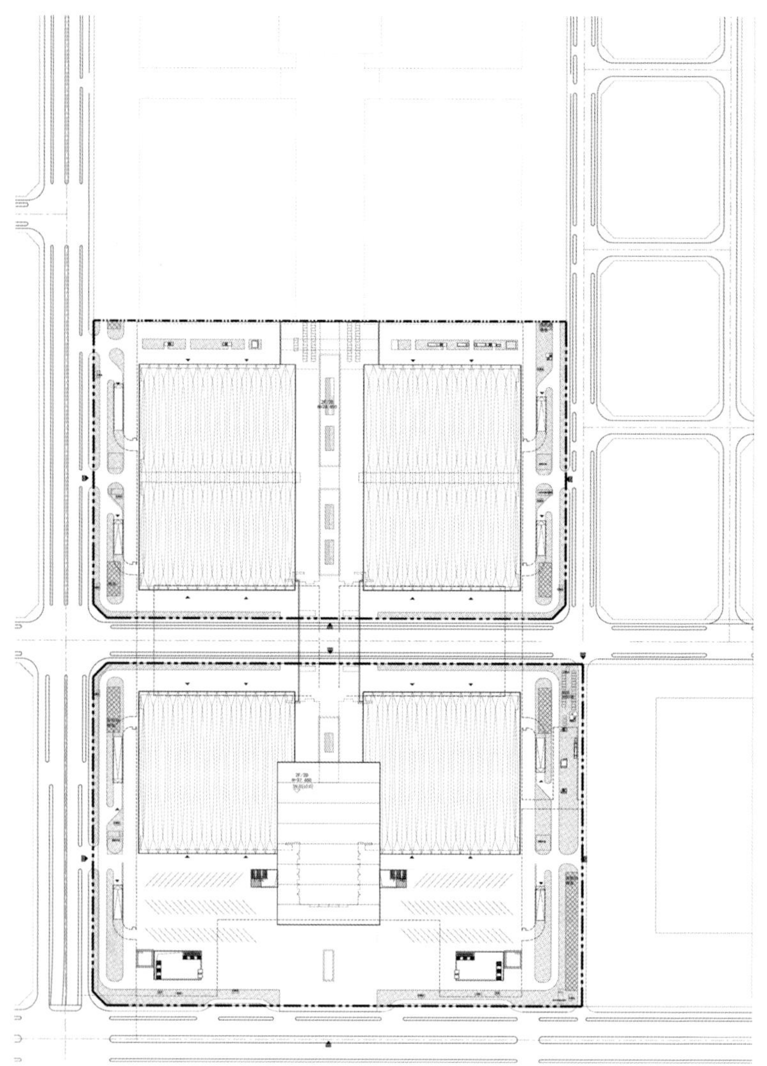

总平面图

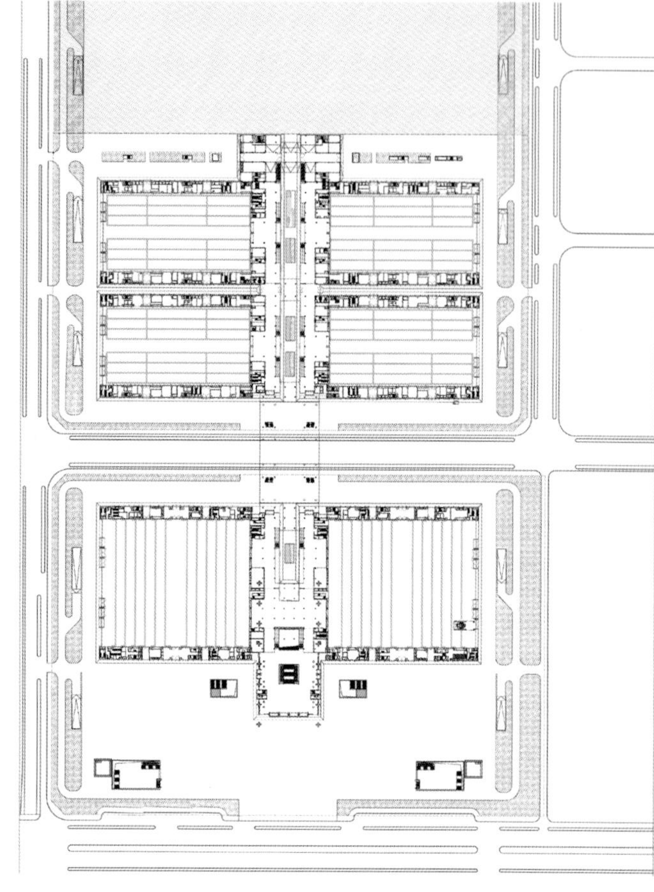

一层平面图

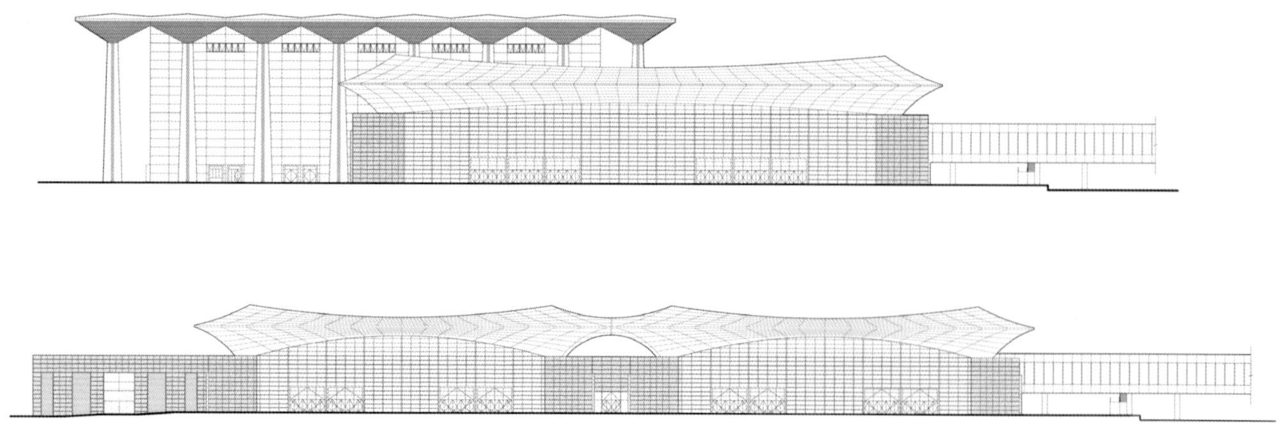

立面图

展厅

6 个展厅位于登录厅以北，以中央步行轴线为轴对称分布在东西两侧，其中包含 2 个净展面积 1.6 万平方米的多功能展厅及 4 个净展面积 1 万平方米的标准展厅。多功能展厅平面尺寸 114 米 ×135 米，室内净空最低处 16 米，最高处 18.85 米。标准展厅平面尺寸 70.6 米 ×135 米，室内净空最低处 13 米，最高处 17.9 米。

展厅屋盖支承于设备带框架柱顶，沿跨度方向布置平面桁架作为屋盖主受力结构，沿长边方向布置的次桁架，每个支座上方的钢柱、主次桁架构成了一个屋盖单元，每个展厅屋盖结构由 16 榀屋盖单元沿长度方向排列组合而成，形成屋顶起伏层叠的流线形态。

展厅的屋顶呈起伏层叠的流线形态，设计灵感来源于轻盈的丝绸，流线型屋盖的下方是由石材幕墙构成的坚固基座，整体造型具有很高的标志性和可识别性，同时与西安历史文化相呼应。

展厅沿长边两侧设置了两条 9 米宽的设备带空间，所有展厅的空调机房、配电室、风管、喷淋以及桥架集中于此。同时顺应金属屋盖的支座造型，通过 BIM 辅助设计，综合考虑混凝土梁、钢结构杆件、屋顶管线走向，使得各种风管“钻进”结构与造型内部，避免对室内、室外建筑效果造成不利影响，既达到了展厅空间的最佳空调环境，又将管线、建筑与结构整合为一体。

中央廊道

中央廊道串联起登录厅和各个展厅，提供舒适、高效、便捷的观众流线，同时设置了会议、贵宾休息、餐饮、商业、办公等辅助功能，为展会的举办提供全方位的配套服务。

3. 登录厅外立面
4. 登录厅外立面灯光效果
5. 登录厅正面

6	9
7	10
8	11

6. 标准展厅外立面
7. 多功能展厅外立面
8. 多功能展厅外立面细节
9. 多功能展厅室内
10. 标准展厅室内
11. 登录厅室内

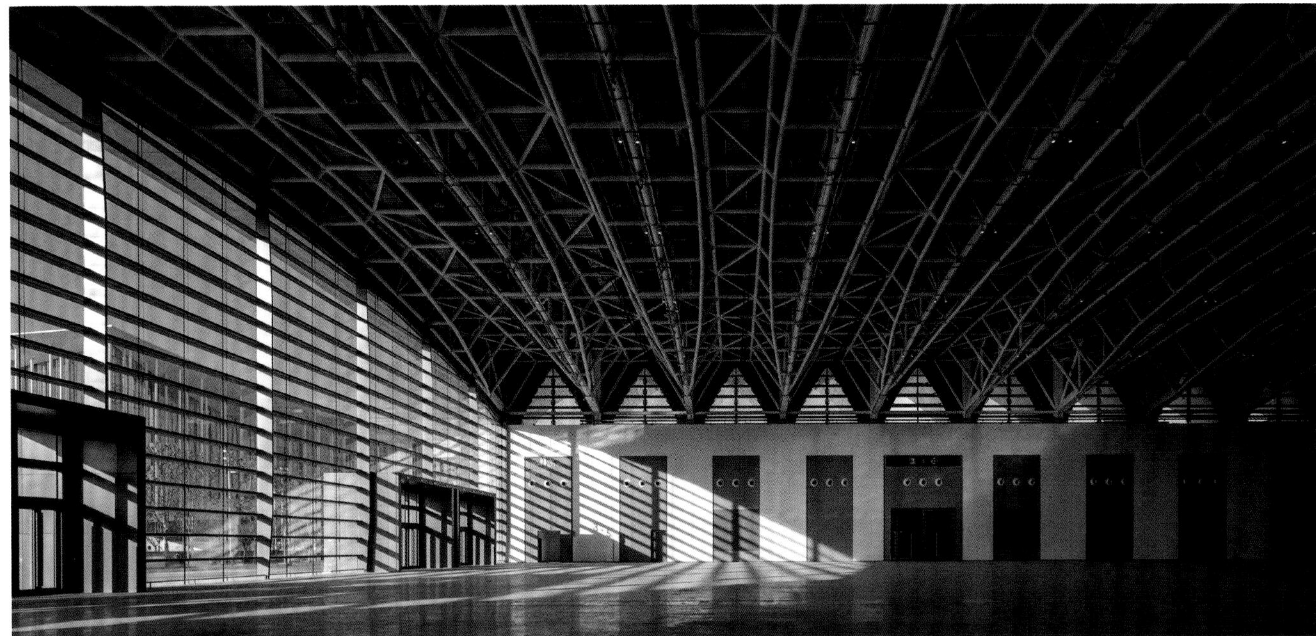

万科红梅文创园

辽宁，沈阳

设计公司：沈阳新大陆建筑设计有限公司
主持建筑师：郭旭辉、杨鹏

建筑师团队：代小敏、刘欣、高众、周威
结构设计：董启灏、吴宏娟、张季、回峰、连兴华
设备设计：唐卫红、李红英、赵健

设计周期：2018—2019 年
建造周期：2019 年 3 月—2019 年 10 月
总建筑面积：45,000 平方米
工程造价：2 亿元
主要建造材料：红砖、玻璃、铝板、玻璃砖、U 形玻璃
获奖情况：深圳建筑设计奖金奖
工程建设项目绿色建造奖二等奖
辽宁省土木建筑科技创新奖（建筑创作）二等奖
摄影：沈阳万科集团

项目位于沈阳市铁西区卫工街北三路交叉口，原址为沈阳红梅味精厂旧址，园区占地 6 万平方米。厂区内留存的建筑年代可以追溯到 1939 年，一些当时用于工业生产的机械设备也得以保留。

项目以历史保护建筑为依托，集合办公、展览、观演、餐饮、教育、旅游等功能，旨在服务当下的前提下，唤醒人们的记忆，激发城市的活力，赋能未来的发展。

厂区内原有建筑的年代不同，当时的使用功能也不同，因此所展现的年代特征、空间形态、结构形式也各不相同。本着修旧如旧、尊重历史的设计方针，从建筑立面上尽量恢复其原貌，甚至将有些建筑现有的状态原封不动地保留了下来。有的砖墙进行了加固或者落架重砌；有的木构架无法满足承重要求，进行了钢结构的替换；个别位置还采用了玻璃砖及 U 形玻璃。

设计过程中，探索出了一条各级文保类建筑如何在现阶段各类规范的约束下，真正让改造后的各种功能及空间，实际有效的投入到人民生产生活及商业经营中去的一条道路，同时达到了安全、高效、节能、可持续发展的目的。设计中期，多次开展了各学科各领域国家级专家参与的专家论证会，通过学习研讨、调研考察，积累了丰富的实践经验，并充分融入设计当中。将历史建筑的“保护”与“再利用”以成本控制为前提，达到了二者的完美平衡。

万科红梅文创园作为万科北方区域首个文创项目，将着重搭建多元化的文化传播及交流平台，通过区域资源整合来重塑沈阳的文化产业形象，从而建立东北文化创意高地，打造工业精神新领标、工业旅游新热点。文创园集合了众多公共服务及商业业态，未来将提供约 4000 个就业岗位。

总平面图

1 / 2

1. 主入口广场中央的发酵罐
2. 傍晚的原料库正门

北三西路
车行入口
餐饮美食
内街商业
红梅中心
艺术书店
地下停车入口
红梅设计公社
文创商业
红梅艺术中心
次入口
主入口
学校操场
阳光草坪
红梅秀场
卫工明渠
规划路

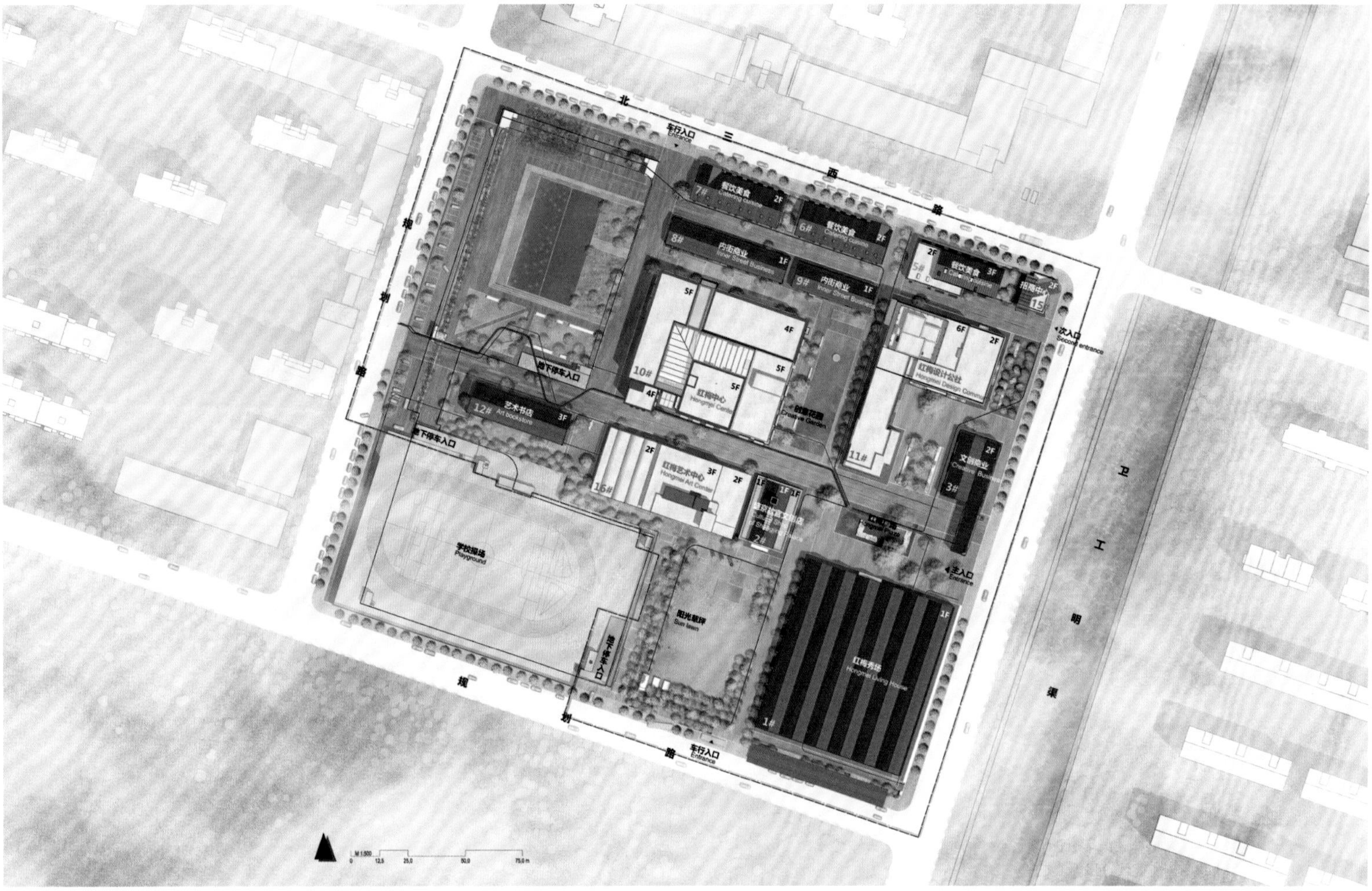

总平面图

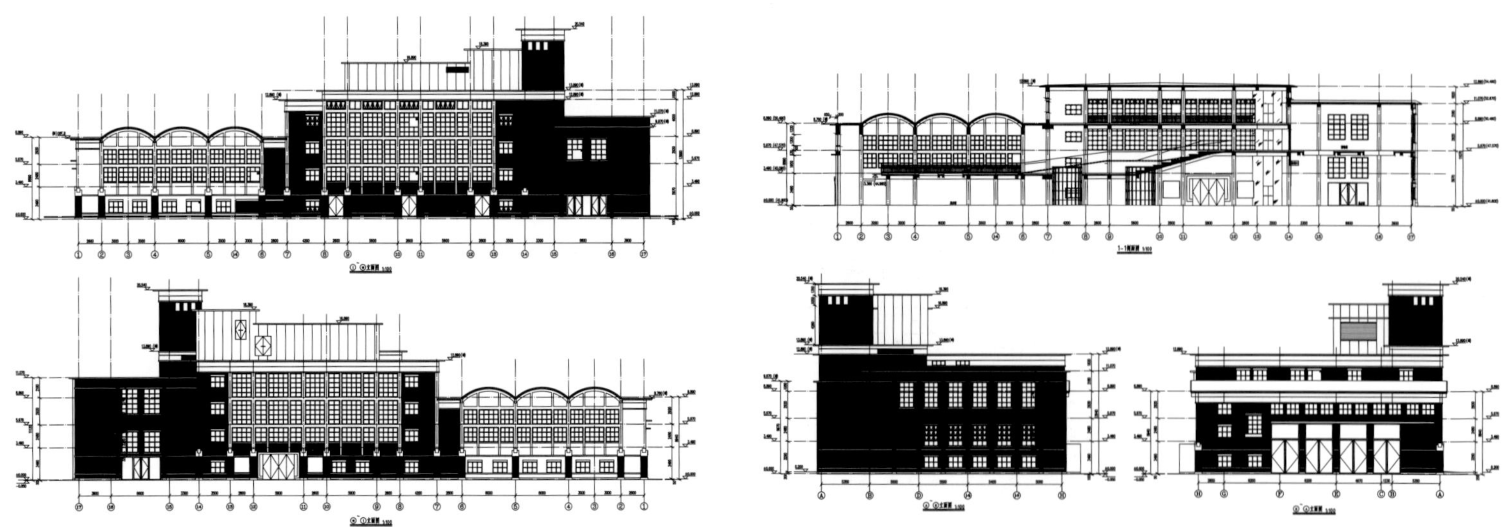

剖立面图

3. 老红梅的主楼
4. 曾经的发酵厂房，现在的发酵艺术中心
5. 草坪广场

红棉

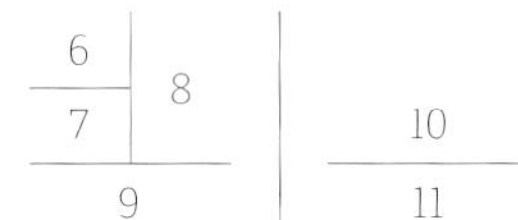

6. 原料库入口门厅
7. 发酵厂房内部完好地保留下来
8. 粗糙与细腻的碰撞
9. 工业空间到展示空间的转换
10. 发酵艺术中心展厅局部
11. 楼梯的尽头，展示时空的扭曲

厦门宝龙一城

福建，厦门

方案设计公司：美国捷得建筑设计事务所（JERDE）
主创建筑师：塔米 · 麦凯罗（Tammy McKerrow）
主持建筑师：倪峰

方案设计：Derek Chao、艾琳 · 皮内特（Erin Pinette）、奥列格 · 基塞列夫（Oleg Kiselev）、荣琨、汪淑靓
施工图设计公司：同济大学建筑设计研究院（集团）有限公司
建筑设计：孙黎霞、朱佳、高磊、余颖、何庆、王承华、金涤菲、黄周、倪若韵
结构设计：苏国维、顾炜、邹公力、贾远林、孟欢、杨文健、朱伟平
设备设计：李村男、骆泽彬、刘鸿洋（暖通）
冯国善、张荣平、王琳（给排水）
蒋成竹、柯朝俊、孙家南（电气）
景观设计：美国捷得建筑设计事务所（JERDE），塔米 · 麦凯罗（Tammy McKerrow）

设计周期：2015—2016 年
建造周期：2015—2020 年
总建筑面积：400,000 平方米
工程造价：34 亿元
主要建造材料：石材、玻璃、金属
获奖情况：2020 年上海市优秀工程勘察设计奖一等奖
GBE 最佳综合体大奖——2019 最佳 TOD 综合体奖
摄影：马元

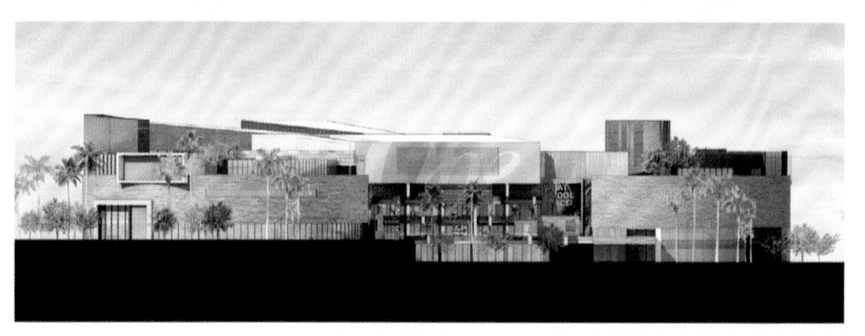

立面图

厦门宝龙一城，是宝龙集团旗下最高端的产品，集购物中心、写字楼、酒店于一体的大型城市 TOD 综合体。同济大学建筑设计研究院（集团）有限公司，历时 5 年完成项目一期和二期的全过程设计，成功打造出极具有厦门亚热带气候特点的商业流量中心和时尚风向标。整个设计将跨城市道路多个地块，不同功能有机整合，结合当地气候特点，为协调解决城市多元功能、复杂地形与城市公共交通资源三者所引发的各类设计矛盾给出具有探索精神的答案，补充并创造了岛屿风格的城市级综合体，呈现出鲜明的唯厦门不可，浪漫唯美文艺格致的都市精神领地。

项目用地随东侧城市道路金山路北高南低，高差 6 米。西侧城市道路金云路与西侧商业二层平面同高。东西两侧城市道路为项目二层平面设计地面入口系统带来机会。设计创造了一个完全无缝的室内外综合体空间，其中包括 23 米和 29 米两个首层地面入口系统，一处中央蓝宝石湖，以及一处集合餐饮服务、零售、休闲娱乐、艺术文化的屋顶商业街区。整个项目，流畅婉转的时尚外观，流动优雅的室内外空间，成为该地区最受欢迎的目的地之一。

设计致力创造一个可持续的休闲环境。建筑设计最大限度地使用当地可回收的材料，屋顶平台采用耐旱景观，有效使用雨水回收和灌溉系统，用于 23 米入口层室外中心的蓝宝石湖的微生态循环系统的技术支持。三处中庭，在屋顶处的可开启天窗，成功实现购物中心的自然通风，使项目充分利用亚热带气候和凉爽的微风，并尽量减少空调的使用。植被和露天花园为城市间提供了禅意的休闲空间。

厦门宝龙一城，贯彻始终“场所体验”的设计理念及态度，为应对科技智能消费时代的挑战，做足功课。将大众的场所体验由内向外延伸发展，丰富且多元。整个设计概念从城市的角度出发，在整合城市公共资源的基础上，统筹实现商业建筑的可持续性设计美学。

1

1. 整体鸟瞰

和盛大厦

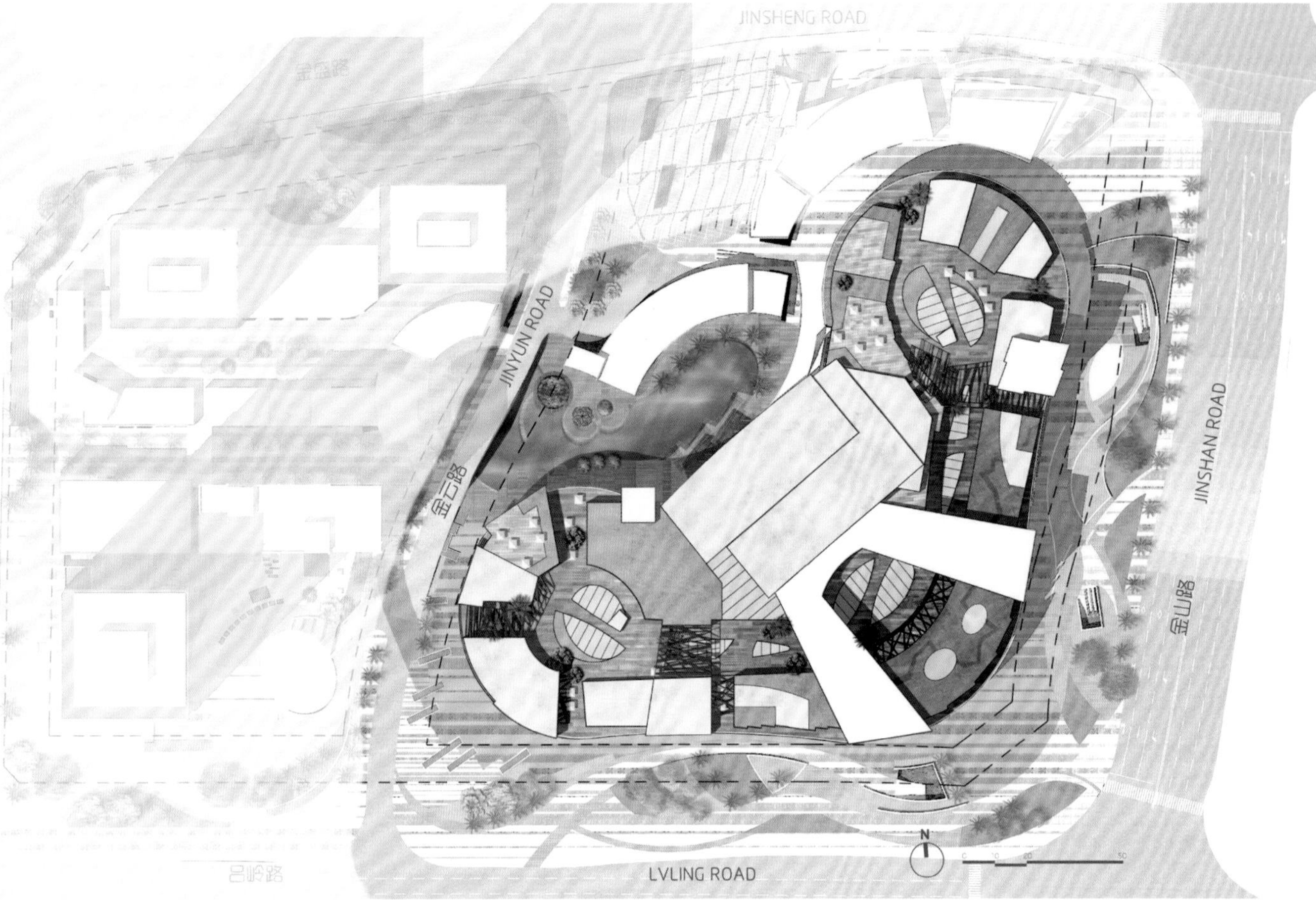

总平面图

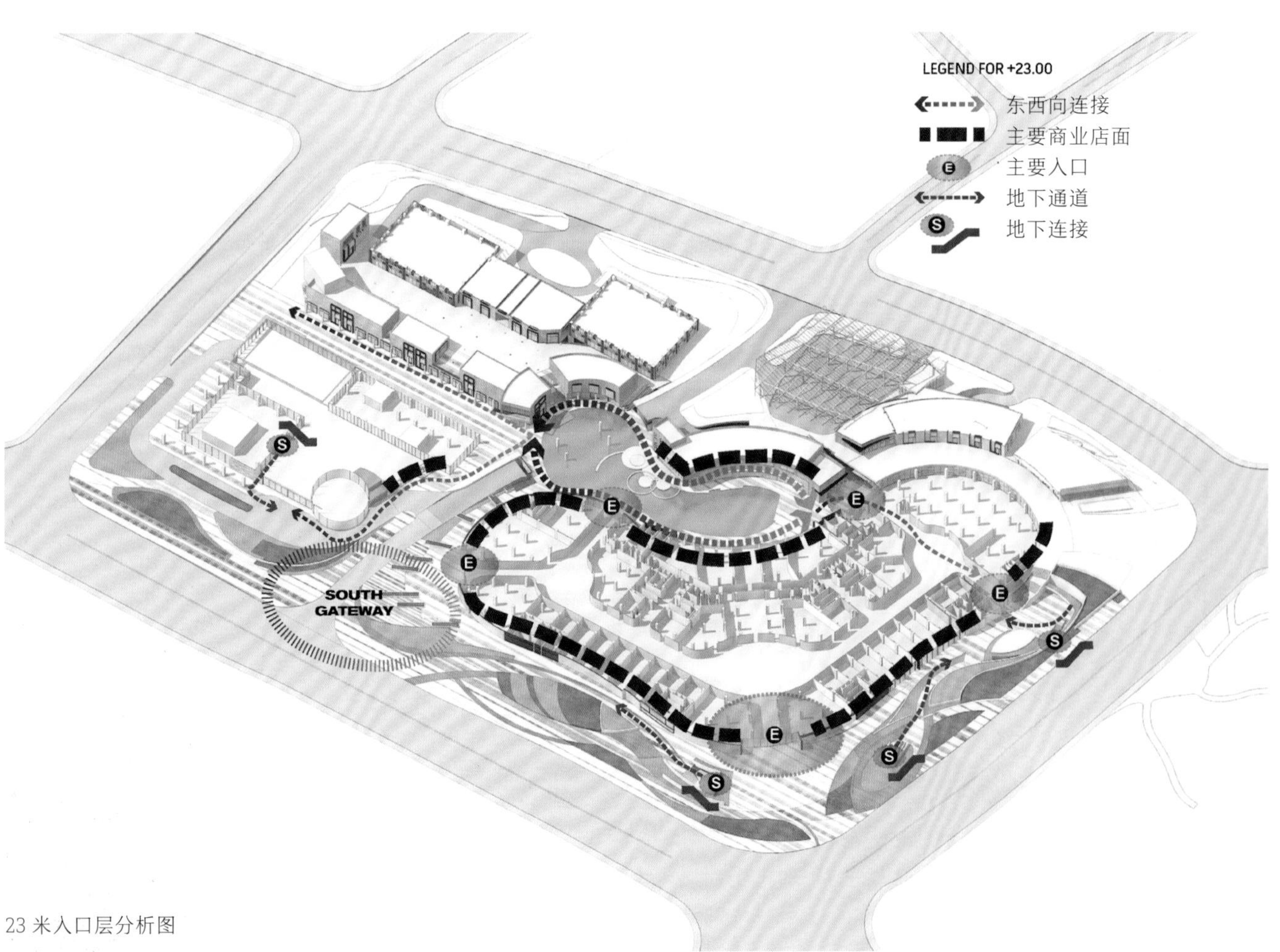

23米入口层分析图

2\. 主入口
3\. 建筑入口

4 | 5
6

7 | 8
9

4. 屋顶美术馆
5. 屋顶局部
6. 室外中央水景
7. 中庭天窗
8. 室内中庭
9. 室内水景鸟瞰

圣地河谷金延安北街

陕西，延安

设计公司：中国建筑西北设计研究院有限公司
主持建筑师：赵元超、卢颖

建筑师团队：陈丹、潘婷、许彬彬、郝恺、杨龙攀
结构设计：王洪臣、郭东、张涛、郜京锋

设计周期：2016—2017年
建造周期：2017—2018年
总建筑面积：80,852平方米
工程造价：32,957万元
主要建造材料：钢筋混凝土框架结构、木构、青砖、石片瓦、陕北砂岩、夯土等
获奖情况：2020年度陕西省优秀工程设计一等奖
2018年度中国建筑勘察设计奖二等奖
2017年中国建筑西北设计研究院优秀工程设计一等奖
2016年中国建筑总公司优秀建筑方案一等奖
2015年中国建筑西北设计研究院优秀方案设计一等奖
2013年中国建筑西北设计研究院规划类方案一等奖
摄影：陈澍

圣地河谷金延安街位于距老延安城约5千米的北部，占地约1平方公里，规划总建筑面积约80万平方米。项目针对延安老城风貌无法恢复的现实，依托老城丰富的革命遗产，借助周边革命遗址，通过一系列老延安建筑写意性的重建和老延安城整体氛围的营造，表现延安丰富的革命历史、民俗文化和乡土风情。通过空间回望时间、往事和人物。

整个规划尊重现有地形，利用延河防洪堤成为金延安的城墙，采用自然形成的高差创造性地建立了“人车分流”的立体城市概念。通过街道和车道的不同标高，使金延安在满足现代舒适的情况下形成一个完全步行的城市。

钟鼓楼核心文化区作为整个金延安城的制高点，连接南街及北街地块，形成宽街窄巷的空间关系。从新延河大桥进入南门，步入老街，如同走进那个激情燃烧的岁月，唤起人们对历史的深深记忆以及对老城亲切宜人的体验感。南街主街宽12米，表现了20世纪三四十年代老延安城，新华书店、邮局、老戏台、教堂等特色老建筑穿插其中，结合适宜的街道和建筑尺度，让人们能够体味到当时的记忆，引发情感共鸣。北街结合延安的历史风貌和边塞风情，彰显北宋时期质朴、自然、粗犷的延州印象。北街将街区尺度缩小至6～8米，以一条主街、两条下沉内街为架构，主街中间采用陕北特色“骑街楼”的建筑形式构建北街标志性建筑——凯歌楼，与钟鼓楼遥相呼应。北街以北宋延安为蓝本，穿插大车店、书院、兵器博物馆、经略府等具有时代特征的特色建筑，这些建筑蕴含传统陕北窑院及窑上房等空间形态，体现老延安建筑特色和陕北生活风情。建筑材料的选用结合地域特色，采用砖、石、草、泥、木、瓦等传统建筑材料，以及空花砖墙、夯土墙、石片瓦屋面、干摆石等具有当地特色的传统建筑营造方式，表现延安的历史和民俗文化，再现老延安的记忆。

内街立面

1

2

1. 凯歌楼上鸟瞰金延安北街主街，与远处的钟鼓楼遥相呼应
2. 经略府入口处，采用青砖、石材、木头、夯土、瓦片等多种传统建筑材料

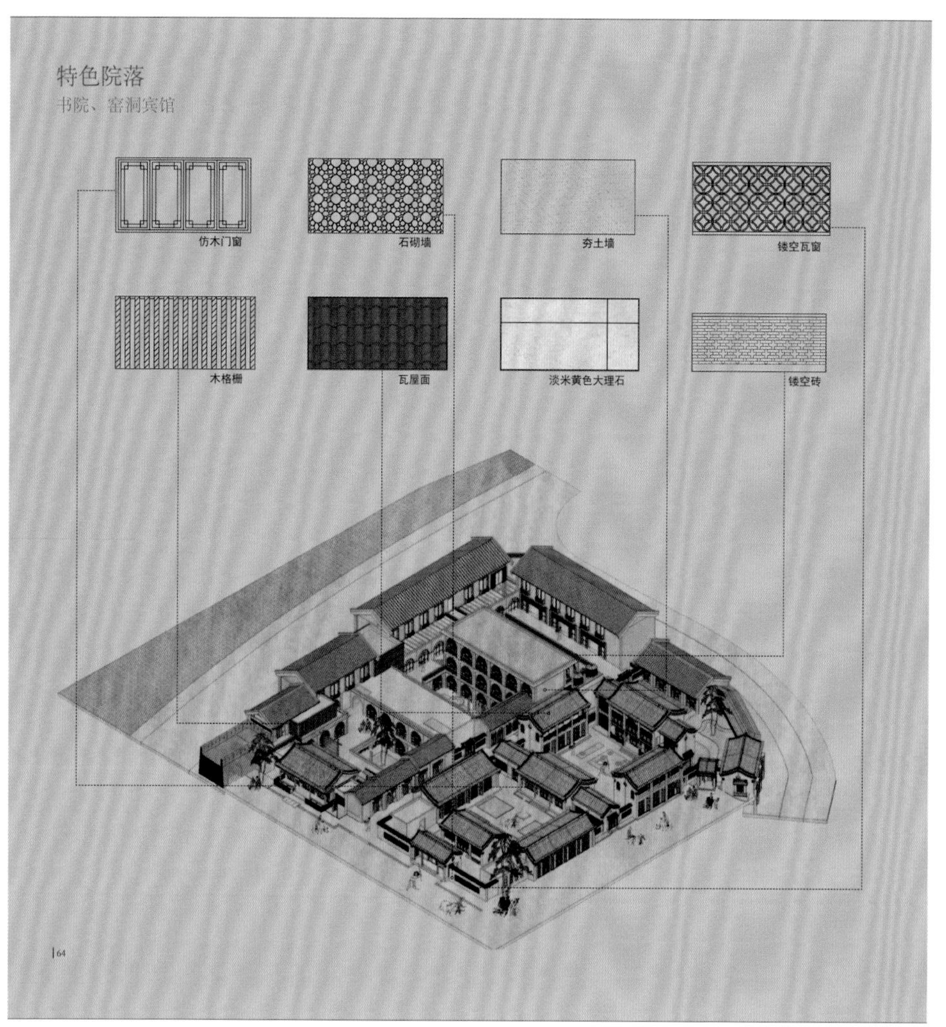

书院及窑洞宾馆院落分析

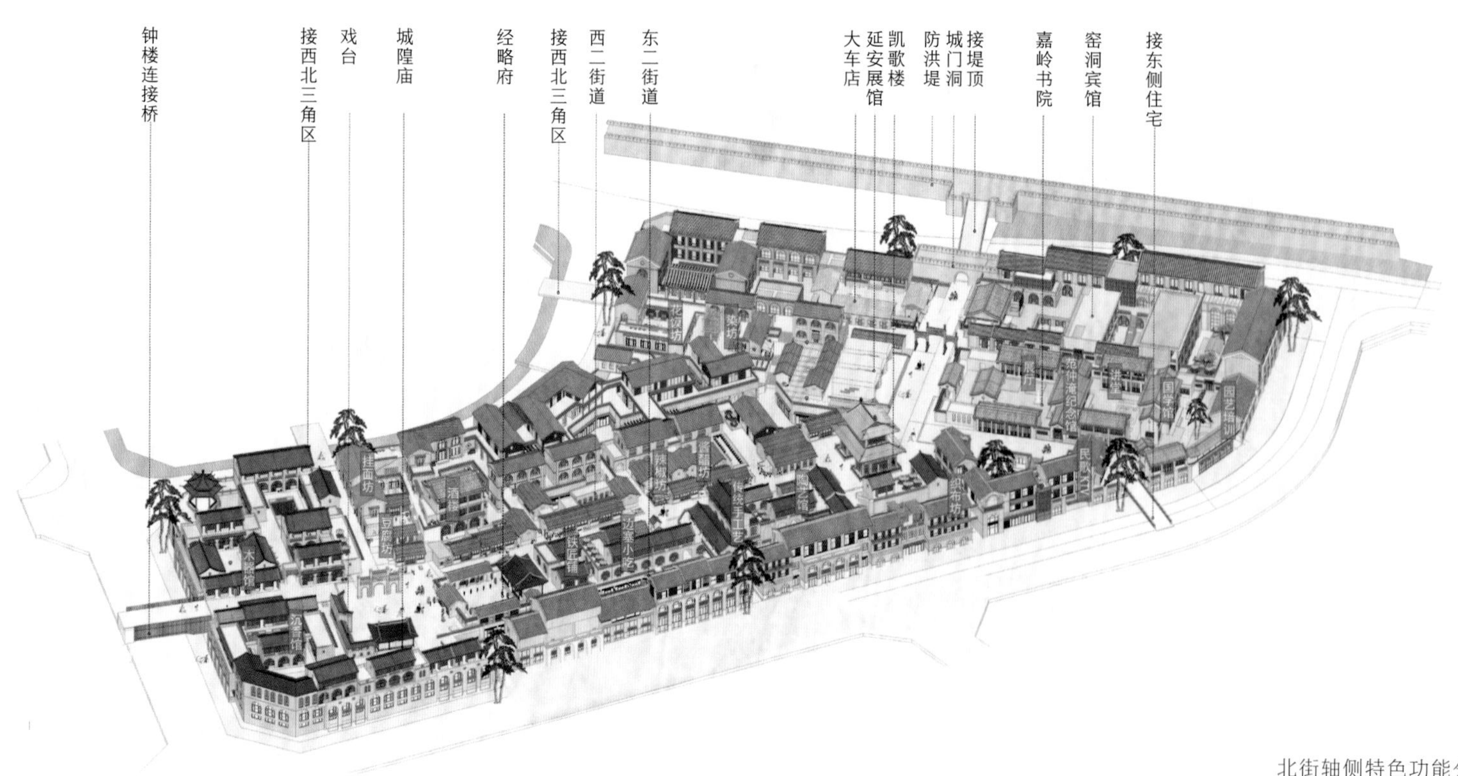

北街轴侧特色功能分析

延安的建筑特色是中西合璧、土洋结合，延安精神实质是实事求是，包括马列主义在黄土地上落叶生根，就是一个与此时此地结合的伟大实践。金延安设计通过一系列时空转换、新老穿越试图给人一个完整的老延安的精神体验，让更多的人阅读延安、认同延安，在黄土地上书写红色传奇。总之，我们希望这个项目的建设能够给人们提供一个延安文化认同范本，一个体验基地，创造一个城市和环境相协调，人和人相和谐的环境，以此共同缅怀延安这一特定的时代！

3

3. 从钟鼓楼广场行至北街主街

4	7
5	8
6	9 | 10

4. 大车店
5. 兵器博物馆
6. 东二道街，采用石片瓦、干摆石等传统营造方式
7. 北街主街商业，尺度宜人
8. 夯土建筑
9/10. 陕北特色骑街楼式木构建筑“凯歌楼”

一口香浇汤面

郑州欢河阅城

河南，郑州

设计公司：上海天华建筑设计有限公司
主持建筑师：荆哲璐

建筑师团队：刘聪军、谭亮亮、戴越、朱自立
景观设计：JTL Studio Pte.Ltd, Singapore
室内设计：上海东卡萨装饰设计工程有限公司

设计周期：2017 年 3—10 月
建造周期：2017 年 11 月—2018 年 10 月
总建筑面积：约 3900 平方米
工程造价：1500 万元
主要建造材料：陶板、陶土砖
摄影：是然建筑摄影

郑州欢河阅城项目示范区整体用地面积约 11,000 平方米，售楼处建筑面积约 3900 平方米，是河南荣田公司在郑州本地落地的第一个示范区。考虑到后期售楼处的功能为儿童的教育培训，建筑的整体风格上考虑为学院风，与印象中复古的学院风所不同的是，立面采用简洁的设计语言形成强烈的韵律感。在喧嚣的闹市中营造一种静谧轻松的学习氛围，并通过陶板幕墙以及多孔砖的材料组织，呈现精致的生活语言。

总平面图

1 ―― 2

1. 鸟瞰
2. 沿街面

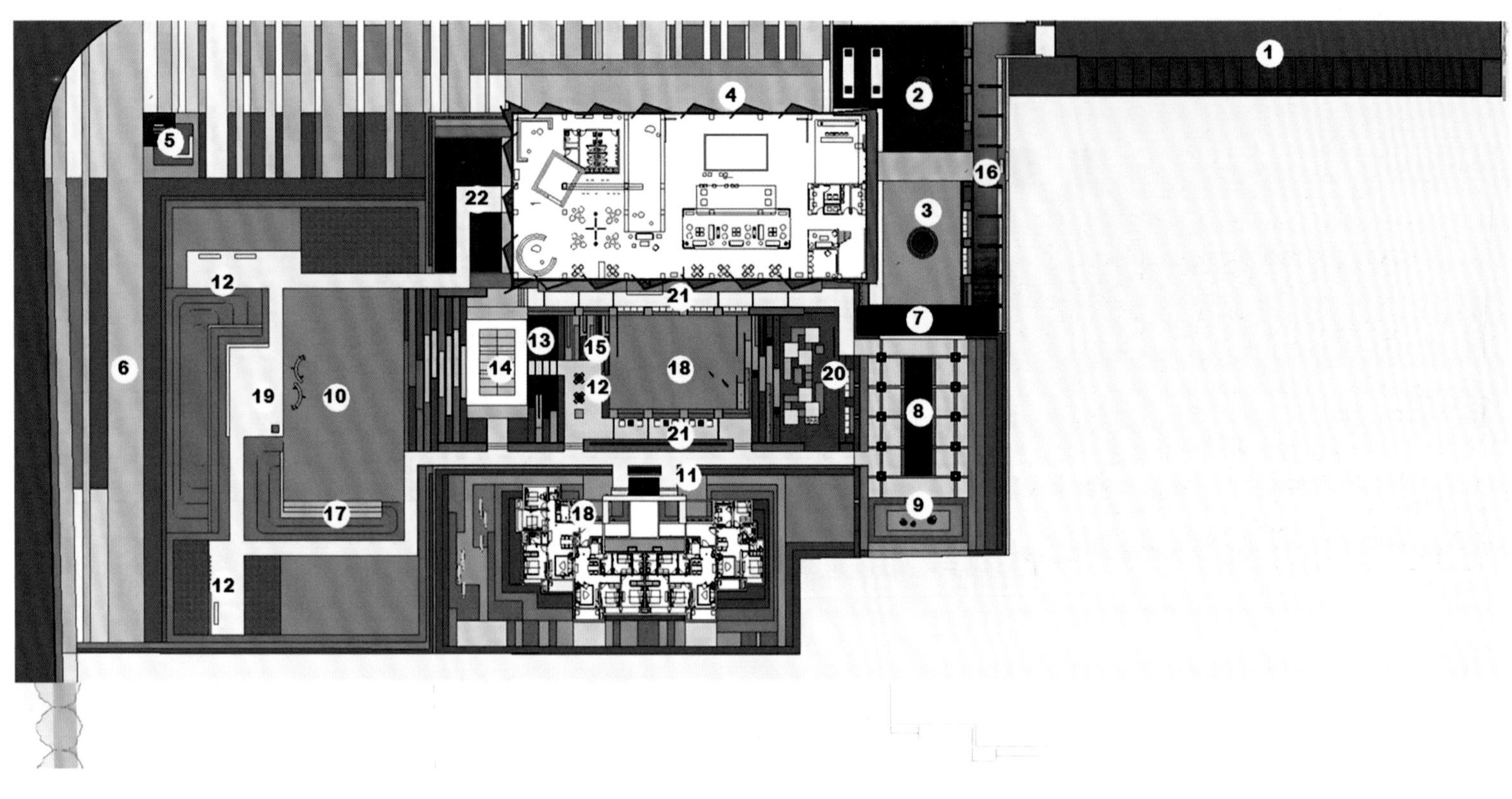

一层平面图

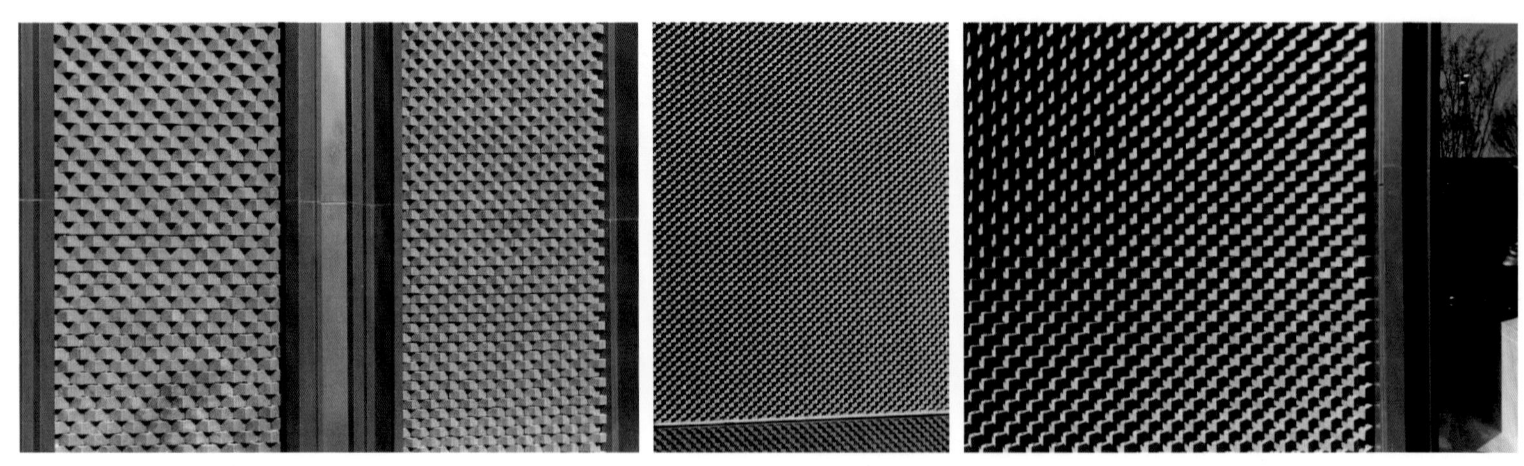

3 | 4
5

3/4/5. 立面效果

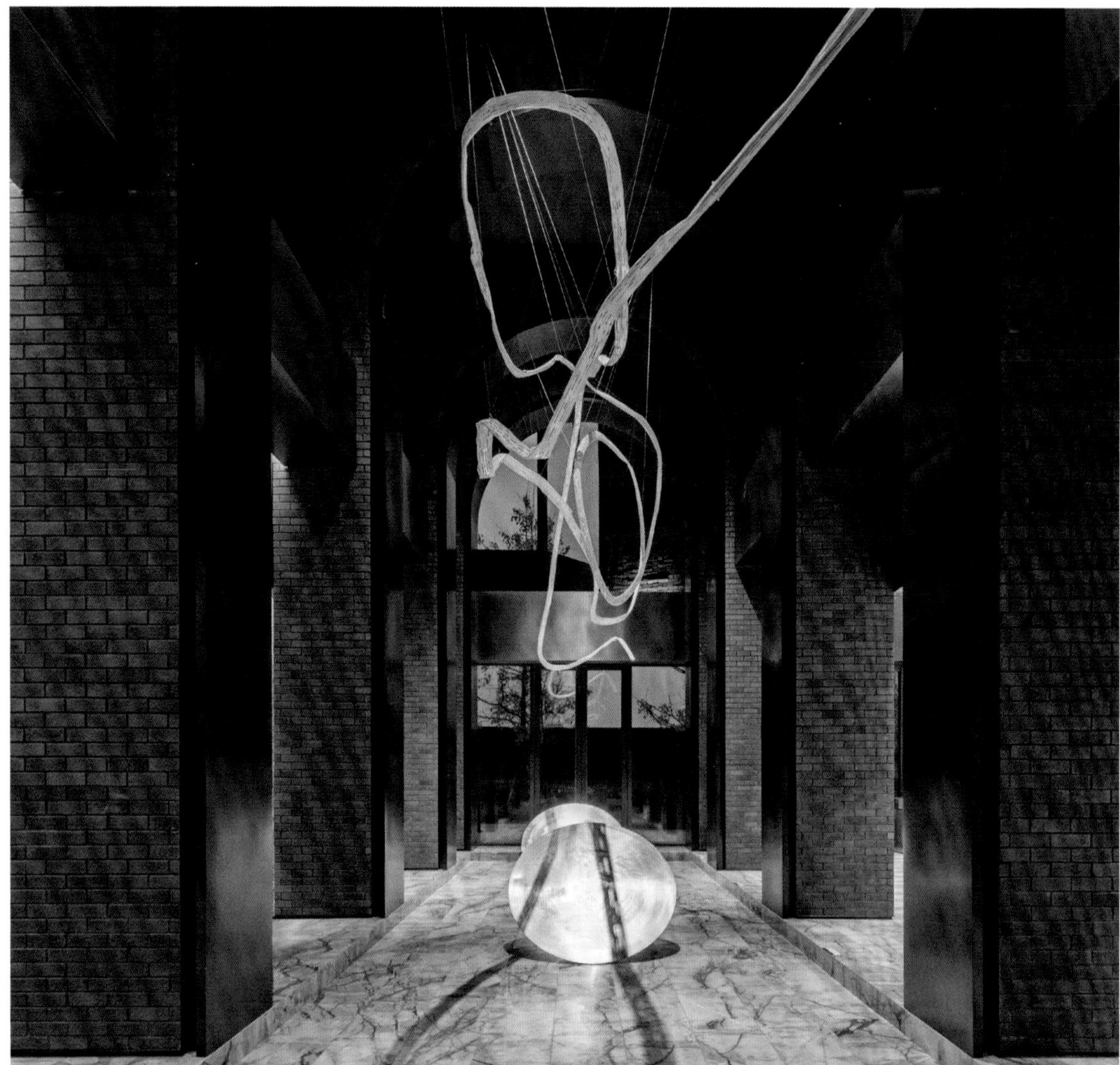

6. 门廊
7. 大堂
8. 沙盘
9/10/11. 接待区

唐家第二工业区升级改造

广东，珠海

设计公司：广东省建筑设计研究院有限公司
主持建筑师：洪卫

建筑师团队：蔡淳镔、陈敬烨、施晓敏、胡诗文、吴少贤、潘颖
结构设计：过凯、李欣、区铭恒
设备设计：黎洁、潘旭丹、林致强、周锷、周君

设计周期：2015 年 10 月—2016 年 1 月
建造周期：2016 年 3 月—2019 年 1 月
总建筑面积：约 14.3 万平方米
工程造价：2.7 亿元
主要建造材料：水泥纤维板、穿孔铝板、铝板、玻璃、涂料
获奖情况：国家城市设计试点城市珠海优秀项目
摄影：珠海星嘉文化传媒有限公司

唐家第二工业区建造于 20 世纪 80—90 年代，改造前由厂房、临时建筑和烂尾楼等组成，主要业态为低端劳动密集型加工产业（纸皮生产、机械加工等），沿街利用临时建筑作为商业。2015—2019 年完成改造。

项目位于珠海市唐家湾核心位置，紧临港湾大道，占地面积约 9.2 万平方米，总建筑面积约 14.3 万平方米，共有 32 栋建筑，破败的区内环境严重制约了唐家湾的城市环境。

项目建成后受到社会及各级政府的认可，吸引了国内和省内多个重要科创企业入住，运营情况十分理想，活化利用的效益也日渐显现，具有良好的社会效益和经济效益。

为适应新一轮的城市发展和产业升级， 本次更新改造从城市设计和业态定位出发，明确更新目标，将园区杂乱无章的交通和环境进行结构性调整，形成外通内达的园区交通组织，打造园区绿芯公园，制定适应性改造策略，丰富了园区业态，形成一个激发城市活力的，具备科技产业、酒店、展示、商业为一体的广东省首批智能产业园区。

项目作为唐家湾第一个城市更新的标杆工程，以点带面引领珠海北部片区的城市环境和产业结构再升级，主要特色如下。

项目总投资控制在 2.7 亿元，包括市政、道路、景观、灯光、建筑外立面、检测、加固、公共区的装修等方面的全方位改造，具有低成本高效率的城市更新示范效应。

从城市设计入手，在功能定位、交通组织、空间形态和业态定位等方面进行了广泛研究，并作为更新改造的依据，为后期招商运营提供了保障。

根据建筑质量，量化分区更新目标，细分改造等级，不同区域采用对应改造技术，实现多元、多组团式的综合布局，有效地控制了改造效果。

通过材料的对比应用、极简安全的构造措施、精心的设计和精细化项目管理，在延长建筑的生命周期、修复城市环境、织补城市功能、激活片区经济等方面表现突出，同时也经受住了极具破坏性的台风考验。

1. 临港湾大道航拍
2. 夜幕璀璨港湾

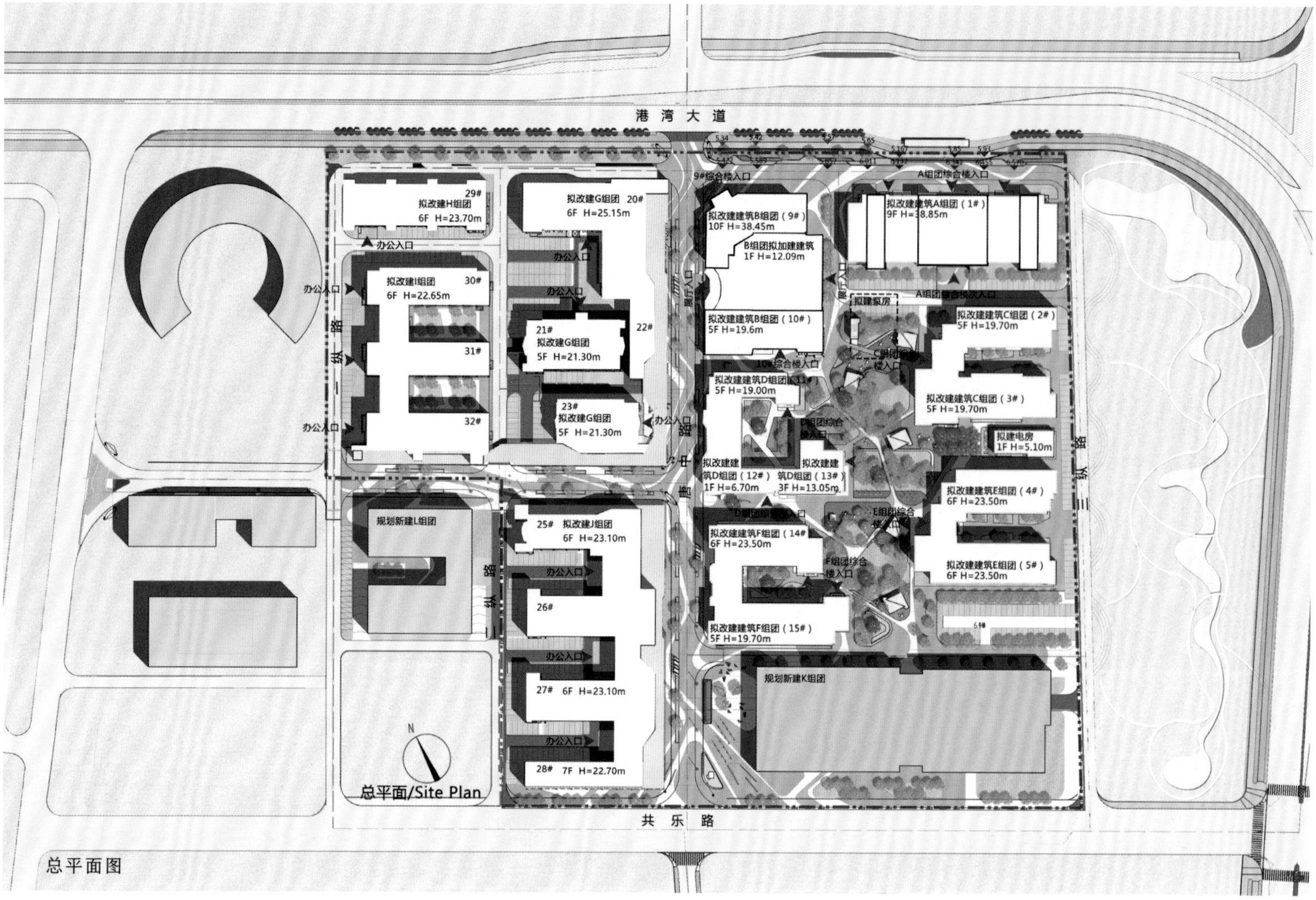

总平面图

3. 高新建投总部办公楼夜景
4. 建筑幕墙细部
5. 三期 I 组团改造

3

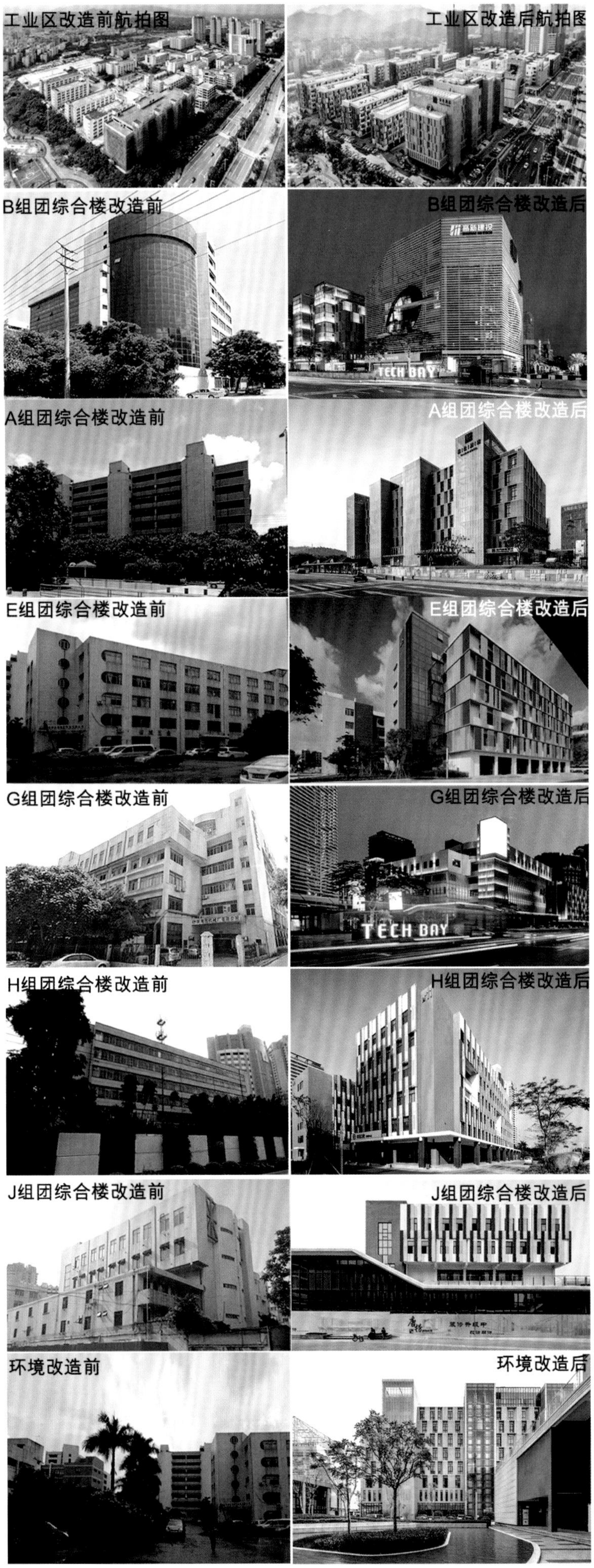
工业区改造前航拍图
工业区改造后航拍图
B组团综合楼改造前
B组团综合楼改造后
TECH BAY
A组团综合楼改造前
A组团综合楼改造后
E组团综合楼改造前
E组团综合楼改造后
G组团综合楼改造前
G组团综合楼改造后
TECH BAY
H组团综合楼改造前
H组团综合楼改造后
J组团综合楼改造前
J组团综合楼改造后
环境改造前
环境改造后

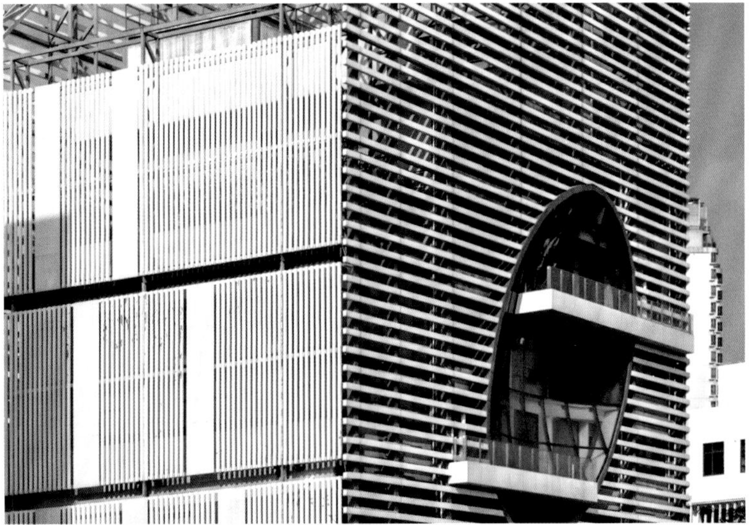

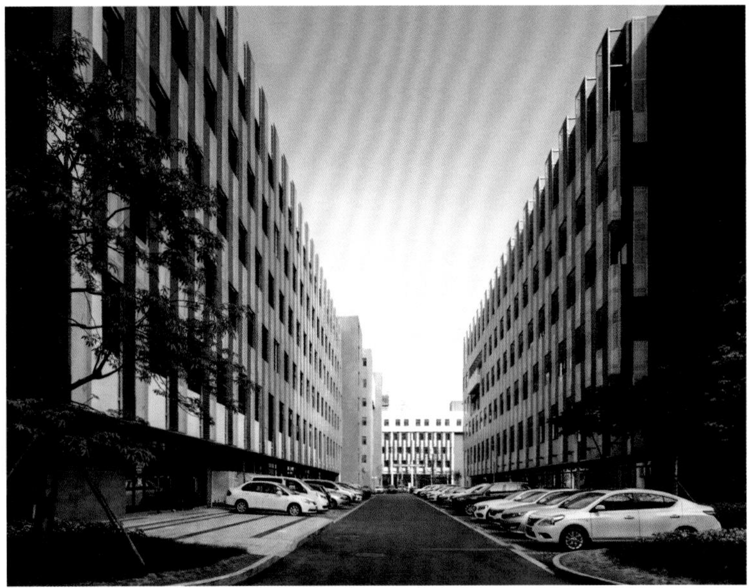

4
5

在结构加固技术应用，在绿色建材应用、减少拆除、自然通风采光、遮阳技术等节能环保措施应用方面进行了专门研究，实现建筑的健康建造。

项目的成功更新改造，将低端破败的既有工业园区，改造为科技创意产业园，活化了唐家湾片区的区域经济，有效延长了建筑的生命周期，提升了唐家湾片区城市设施及环境，提供了一个低成本工业区改造的成功范例。

6
7
8
9 10

6. 改造后唐邑酒店
7. 从中央花园通往唐邑酒店
8. 二期 C、D 组团庭院
9. 中央花园看 C 组团
10. 园区服务中心

11 | 12 / 13

11. 酒店立面细部
12. 中央花园看 B 组团
13. 中央景观花园

中国医科大学附属盛京医院产后康复中心

辽宁，本溪

设计公司：中国建筑东北设计研究院有限公司
主持建筑师：张铁

建筑师团队：周乐实、王发龙、曲雅婷、路晓澜、李倩、张抒

设计周期：2016 年 12 月—2017 年 6 月
建造周期：2017 年 5 月—2019 年 2 月
总建筑面积：3.7 万平方米
获奖情况：辽宁省优秀建筑科技创新奖三等奖
摄影：王翱宇

项目地处沈溪新城北部，坐落在本溪市高新区歪头山松木堡村。基地内现状地形以自然山地为主，总体地势南低北高。其中南区平坦开阔，北区山谷分为东西两部分，中部地区为人工修建的蓄洪水库。大部分用地坡度在 8% 以下，适宜建设。周边群山环抱，风景秀丽，自然条件得天独厚。

项目占地约 4.5 万平方米，总建筑面积 3.7 万平方米。布局充分考虑与南侧河流和北侧山体的衔接，致力于打造建筑与自然环境和谐相融的感官体验；并用优美的自由曲线与灵活的体量组合，来表现建筑所具有的空间层次、艺术美感和视觉张力；同时着重推敲建筑的虚实关系，使得建筑外观具有优雅的韵律美感。

本案青山绿水环抱，可以让宝宝和母亲回归生命伊始的自然与纯净。同时基于“月子”文化千百年来的传承，注重在饮食方式、生活方式、休养方式等多方面提供贴心的服务，从而让每一位产褥期的母亲感受到生理乃至心理上的细致关怀，为她们营造了一处山谷之中的世外桃源。

整体景观更富自然与生态性，植物配置与组合造景相结合，使两岸野趣横生，鸟语花香，芦苇摇曳，充分体现人与自然的和谐共生。

医疗空间的设计，最大限度地满足人的行为方式，体谅人的情感，力图创造一种人与人之间相互交流的场所，着重从医疗空间的布局、建筑色彩与材料的运用、以及无障碍设计等方面体现人文关怀与时代需求。

设计考虑到为每一位“参与者”提供专业化、系统化、人性化的体验，身在其中无论是休养、陪护、探望还是就餐、会客、办公，都会深切地感受到建筑在使用上的便捷与舒适。项目落成后，收获了来自使用者、管理者及广大业内人士的诸多好评。实现了打造一座东北乃至全国范围内，产后康复疗养领域标杆示范项目的愿景。

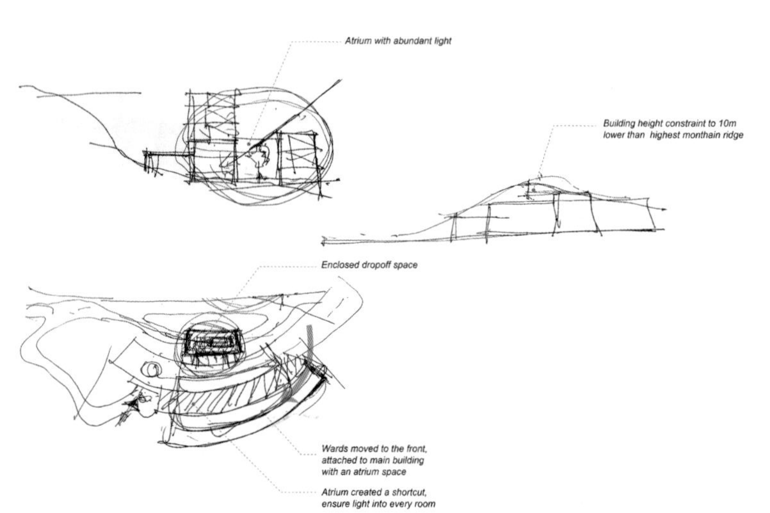

草图

1
2

1. 建筑选址背山面水，符合传统文化“负阴抱阳”的传统文化精神意识，营造出自然舒适的场所感
2. 建筑依山而建，与优美的山景、水景浑然一体，自然的亲密联系对使用者的健康带来积极影响

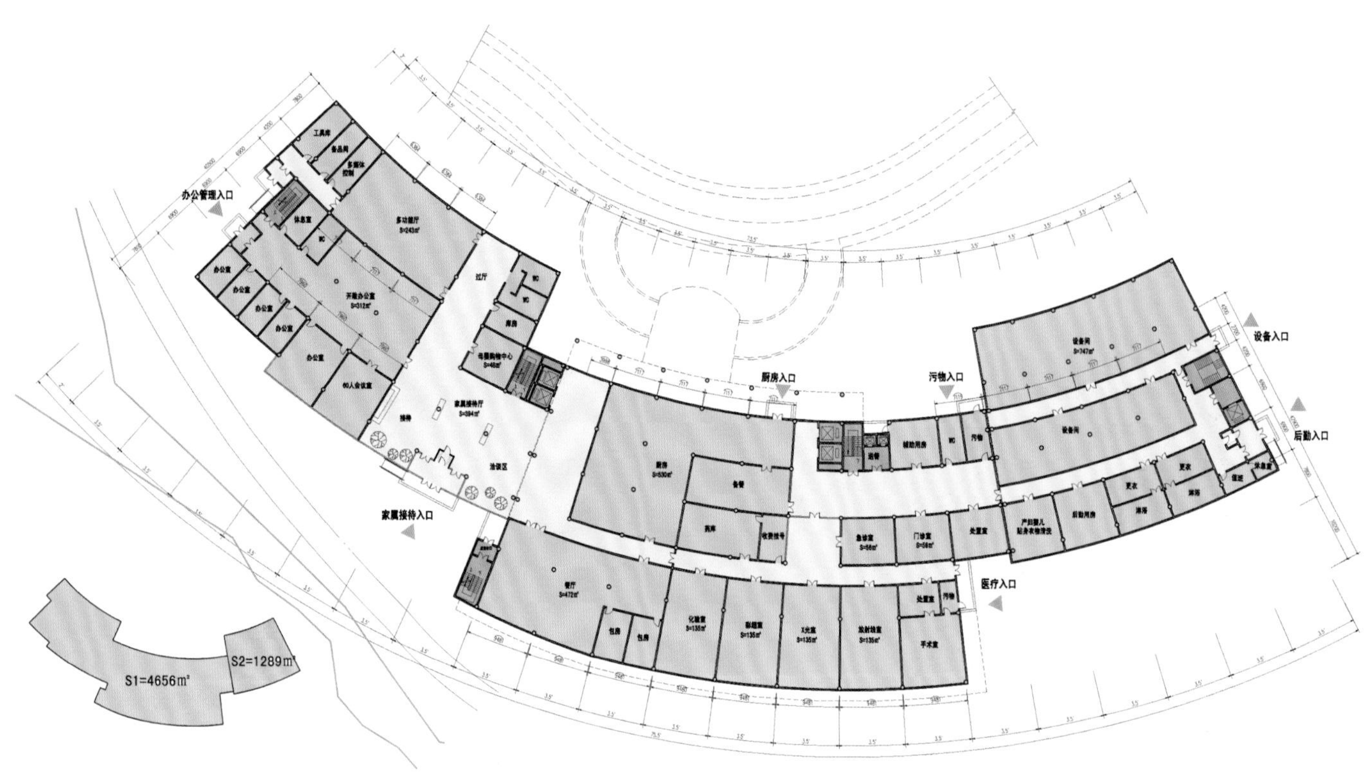

一层平面图

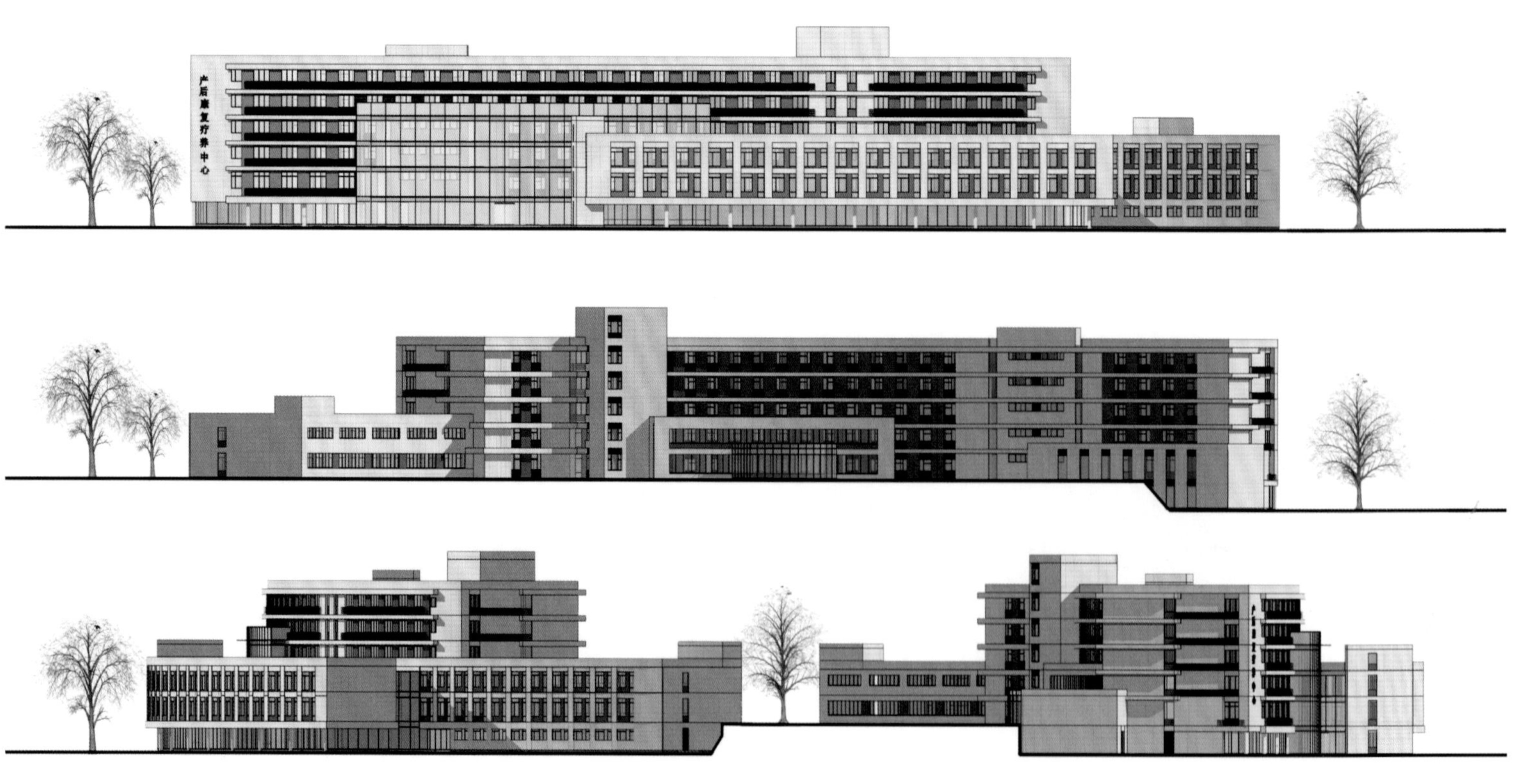

立面图

3
4

3. 建筑的展示面沿南向展开，通过退台的建筑形式形成较丰富的开敞景观空间，内部交流空间与外环境形成纽带，内外环境有机互动
4. 建筑采用自然曲线的布局形式，与山体形成和谐的环境秩序，削弱建筑棱角对自然环境的破坏感

重庆巴南体育场外立面改造

中国，重庆

设计公司：都市架构（北京）建筑与规划设计咨询有限公司
主持建筑师：纪玉戟

建筑师团队：郑纲、魏熙、高世鑫、冯冰
结构设计：重庆源道建筑规划设计有限公司
设备设计：重庆源道建筑规划设计有限公司

设计时间：2017 年
建造周期：2018 年—2019 年 9 月
总建筑面积：21,000 平方米
工程造价：2 亿元
主要建造材料：玻璃、铝板、不锈钢
摄影：金伟琦、Urbantect

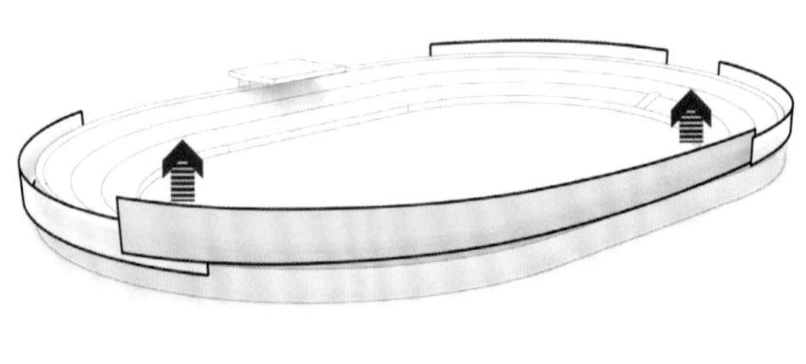

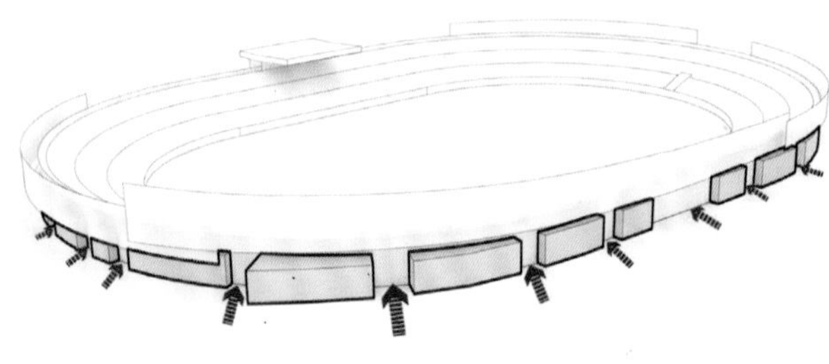

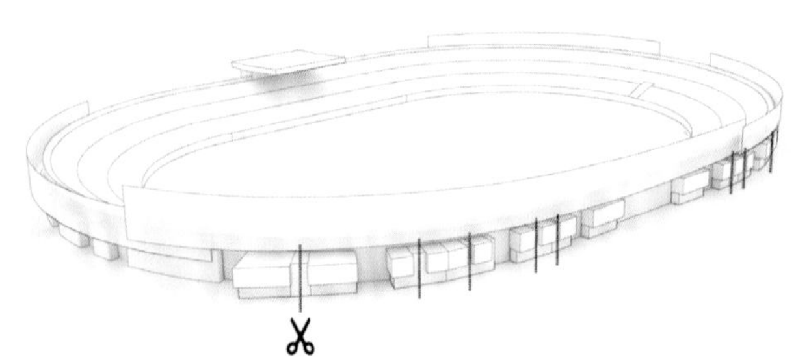

巴南体育场曾经是重庆市巴南区的重要地标之一，但是后来几近闲置，甚至完全被遗弃，导致体育场以及周边区域空间品质的恶化。项目翻新重建的初衷，就是让体育场及其周边场所重新成为巴南区市民生活和活动的中心。

主要面临的设计挑战是，在确保不改变体育场主体结构的情况下，实现将地标性建筑尺度与街区生活尺度相结合；既满足当下相互矛盾又充满活力的需求，又要保留住重庆巴南这一重要建筑的历史特征。

从整个区域的城市设计角度思考，在体育场、体育馆之间创建一条主要的步行街。以此为出发点，设计上首要的反馈是将建筑物外围切割为两部分：东南侧面向步行街部分回应建筑的标志性与生活性需求，西北侧回应对建筑物历史价值的保留。

在东南侧，将立面分为两部分。上部使用穿孔铝板表皮包裹体育场，形成大尺度特点，并以便放置体育场标牌，和隐藏设备管道。东南角的铝板表皮尽可能抬高，使之成为体育场建筑形象的视觉焦点。下部商业和零售空间被切割成若干小块，一方面满足商业空间的小尺度需求，另一方面为体育场分离出公共交通和疏散出入口。整个东南侧附加部分结构完全独立于体育场原有结构，附加空间与内部原有空间相互衔接，构成一个完整的多功能性商业空间。

商业部分的首层外立面由玻璃幕墙构成。二楼添加的走廊作为公共交通空间，同时提供了良好的观景视角。彩色金属盒子作为商业空间部分最引人注目的元素，区分出了不同的店面空间，并设置广告牌放置位置。每个彩色盒子的形体都切割出倾角，在面向街道方向形成倾斜的镜面不锈钢哈哈镜，成为一个与行人互动的装置。

体育场西北侧，在保留原有主体结构的基础上尽可能做最低程度的翻新：清理原有的墙面，重新涂刷深灰色的外墙涂料；新的凸窗用来替换原有老旧的窗户，设备管道都被允许外露。

在完成外部的修复和翻新之后，同样对场内设施进行了粉刷、座椅换新等整理修复工作。建筑内部空间除了根据新的功能要求配备设备设施以外，则保持开放的状态，等待未来的商户根据各自不同需求进行独立设计。

1

1. 东南侧鸟瞰

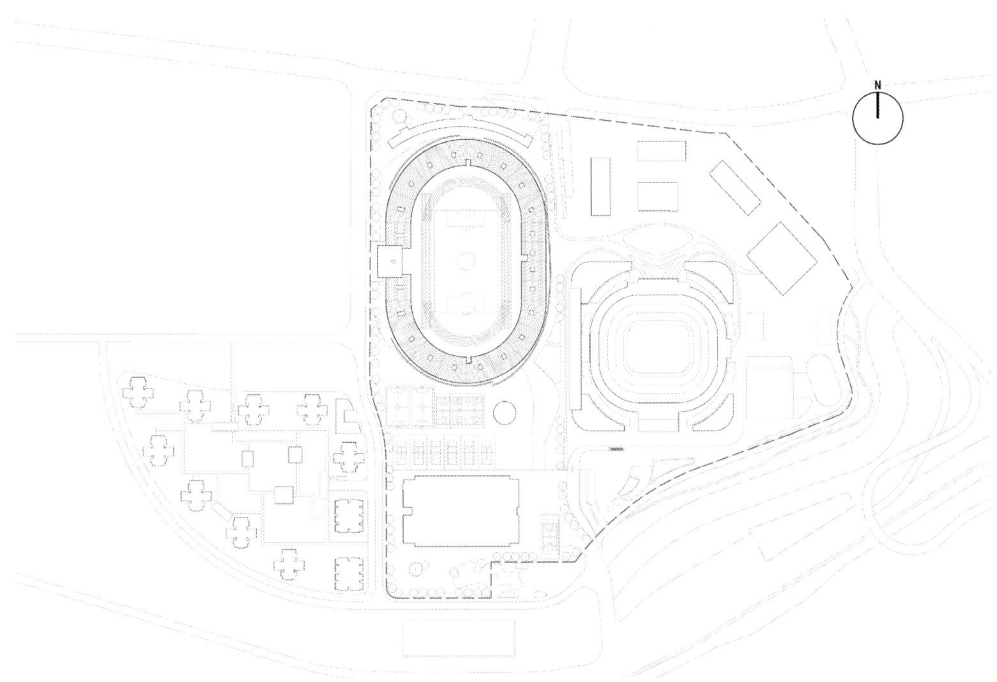

总平面图

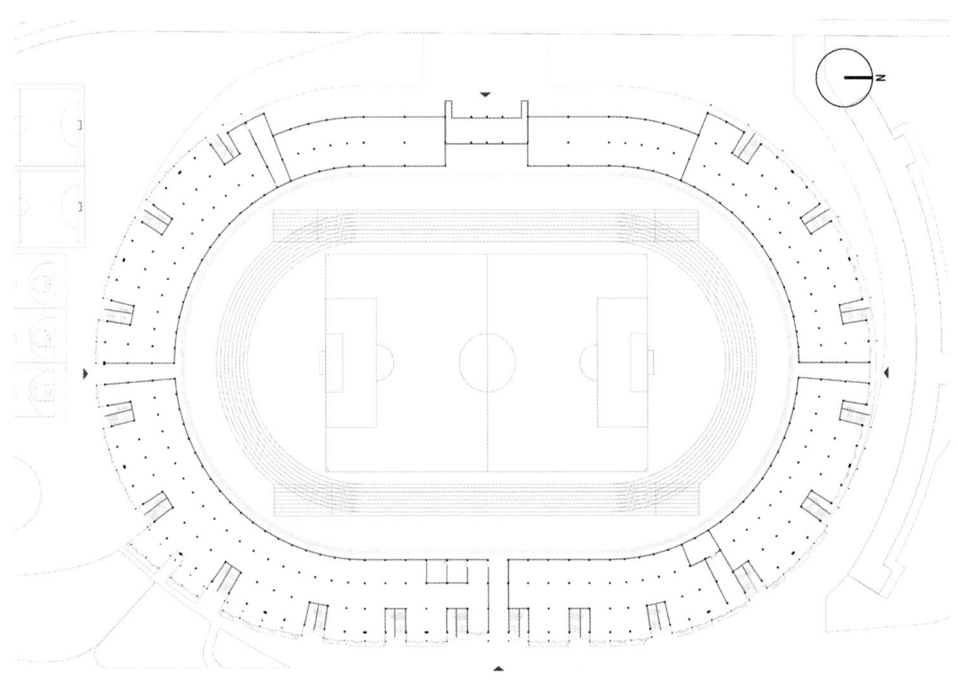

一层平面图

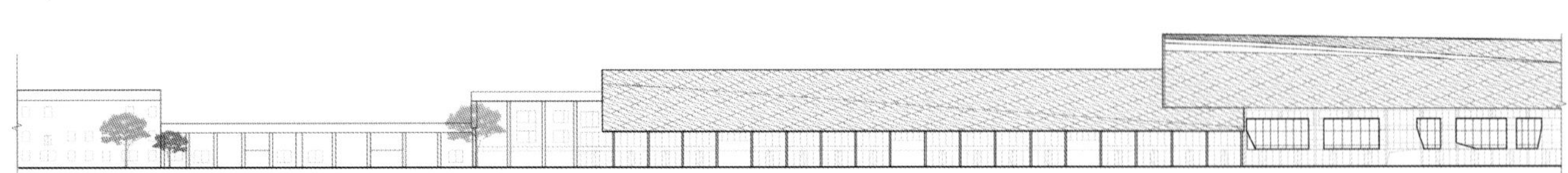

立面图

2 / 3

2. 东南侧平视图
3. 外立面细节

在项目完工以后，体育场的功能被重新激活。随着商户的陆续入驻，逐渐形成了具有生活气息的商业步行街。彩色金属盒子、镜面不锈钢哈哈镜吸引着大量路人驻足。巴南体育场的形象正在重塑，她也重新成为巴南地区重要的生活场所。

项目的出发点关注于建筑未来的具体使用，和人们在空间中发生的行为。建筑空间作为一种承载着诸如社区体育、餐饮、购物、工作、培训、表演等多样化的活动及生活方式的场所而存在。以此为出发点，通常体育建筑完整的大尺度的身份特征，被重新定义为具有不同尺度、不同形式的多重特性。不同的空间尺度呼应不同的建筑功能；不同的建筑形式呼应未来的具体使用和设施的需要；最后，不锈钢哈哈镜装置为路人制造了小小的惊喜。

4
5 6
7

4. 东南侧透视
5. 局部透视
6. 东侧透视
7. 外观细节

杭州临平体育公园配套工程

浙江，杭州

设计公司：杭州中联筑境建筑设计有限公司
主持建筑师：殷建栋、朱祯毅

建筑师团队：彭永雷、倪方文、戴笠森、葛毅、张烜、冯超
结构设计：陆俊、金卫明、孙会郎
设备设计：杨迎春（给排水）、杜成锴（暖通）、李鹏展、唐霖（电气）、王刚
幕墙设计：王刚、曾军辉、杨德林

设计周期：2017 年 6—9 月
建造周期：2017 年 12 月—2019 年 12 月
总建筑面积：7900 平方米
工程造价：6000 万元
主要建造材料：钢、玻璃幕墙、GRC 板材、阳极氧化铝
摄影：杭州中联筑境建筑设计有限公司

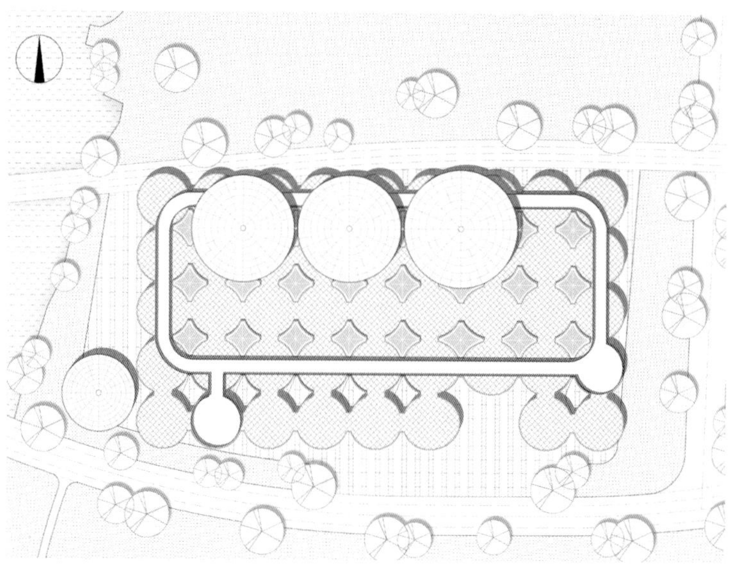

屋顶平面图

项目位于浙江省杭州市临平体育公园，旨在为新建成的公园提供配套设施，项目包含了健身中心场馆、室内综合球馆以及休息驿站等建筑。

设计理念

延续体育公园生态、开放、景观化的场所特征，将它以“晕染”的方式向建筑过渡，使建筑与公园形成柔性交接。因此选择了伞状结构作为建筑的基本单元。单个伞状单元体量感弱且偏景观化，形态鲜明；圆形顶棚形成的底部空间，与环境高度融合。多个伞状单元相连接，亦可构成连续的特点鲜明的内部空间。

健身中心场馆

健身中心场馆面积约 3800 平方米，由 49 个包裹白色 GRC 板材及灰白色铝板的伞状单元构建而成，场馆轻盈通透，开放自由，如同一片凝固的树林，公园的绿化、广场、跑道晕染到其中，与场馆功能复合共享。建筑与自然相互渗透，市民可以从四面八方自由地穿行到其中。为提升建筑的标识度，我们在建筑中植入了 3 个直径为 20 米的大型伞单元，并以其中一把伞为支点设计了连接地面与屋顶的螺旋楼梯。市民的活动经由螺旋楼梯从地面延伸到了屋顶环形跑道，市民在这里观景或是运动，获得了一种漂浮于公园之上的全新体验。

综合室内球馆

综合室内球馆面积约 4100 平方米，由 10 个基本伞状单元和一个矩形球馆组成。受限于室内网球馆对无柱大空间的要求，球馆主体仍采用空间网架结构。而建筑面朝公园中心景观侧暨主入口一侧，我们设计了 10 个伞状单元切入景观与大体量场馆之间，形成缓冲空间，使场馆与建筑柔性交接。这片“林”也为球馆的室外活动提供了庇护。为了进一步消解大体量场馆对环境的压迫，建筑表皮选用了反射率较高的阳极氧化铝板，在映射下，建筑不再是焦点，而是自然的延伸，最后消失在环境中。

结构选型

项目工期紧凑，预算有限，如何构建伞状基本单元成为项目成败的关键。一开始我们判定伞状单元必以混凝土结构现浇而成，后经深入了解，如采用混凝土现浇为主体结构，面临工期延长、成本上升、施工图精度不易控制等诸多问题。最终，我们选择了“钢结构 + 外挂 GRC 板材”的模式去构建伞的基本单元；钢结构易加工，落地快，GRC 板在工厂里通过模具浇筑完毕，精度高，养护条件好，运到现场后组装方便快捷。事实证明，这种模式在满足业主预算和工期要求的同时，也基本满足了设计师对建筑效果的要求。

1

1. 健身中心灰空间夜景

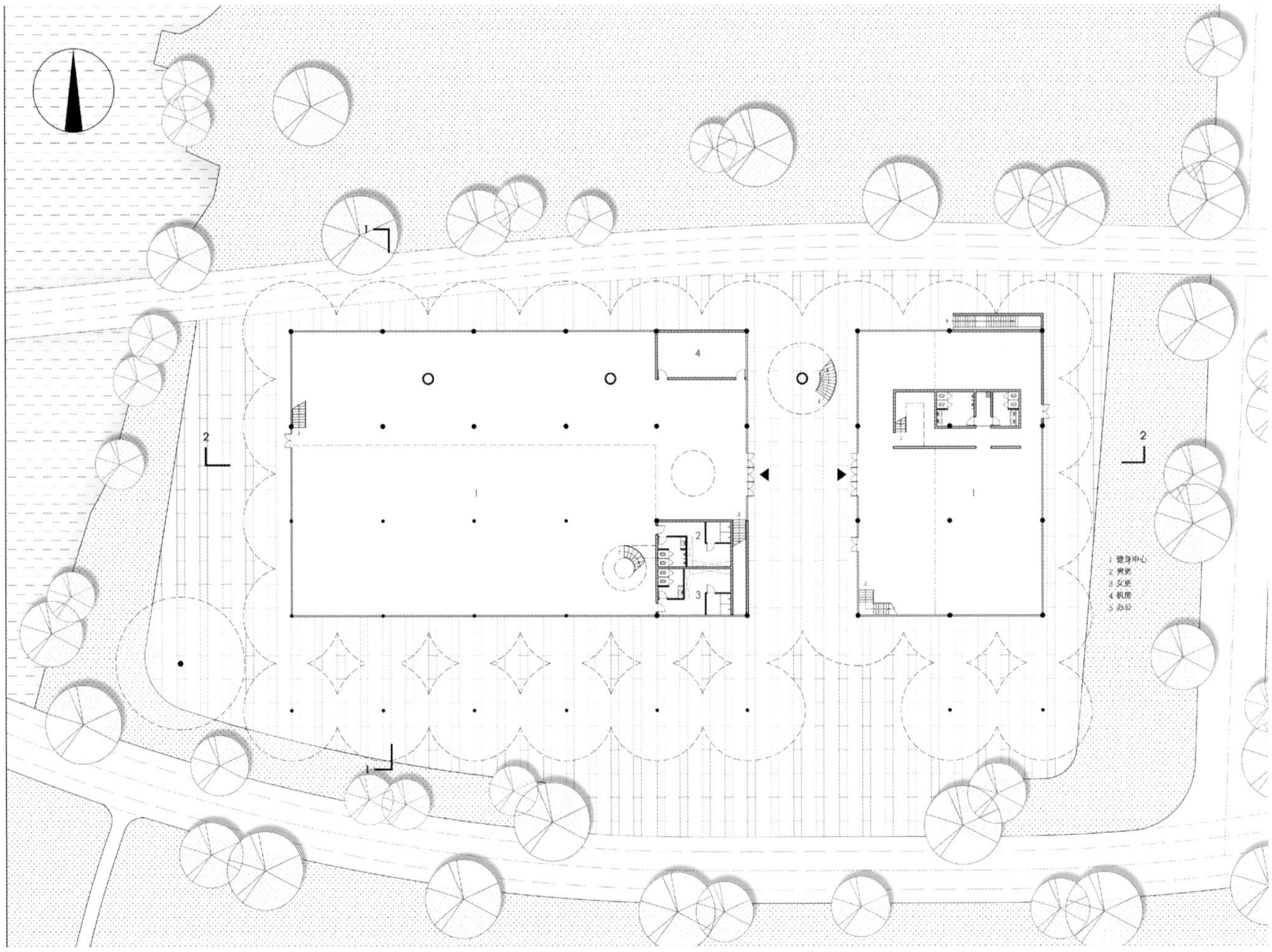

一层平面图

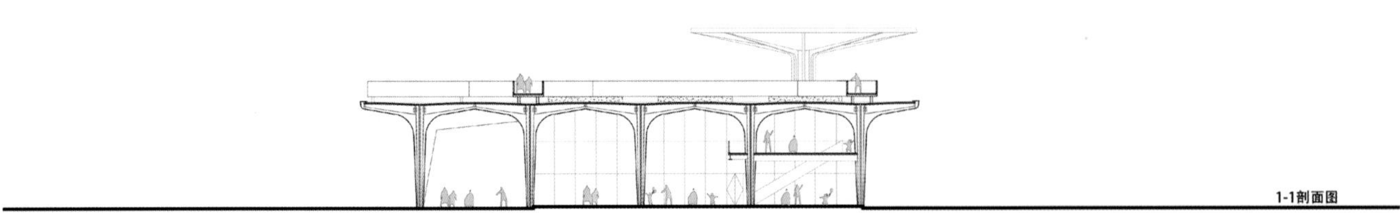

剖面图

2
3 | 4

2. 从河边远望健身中心
3. 从底层开放空间看屋顶跑道
4. 伞状结构庇护下的开放空间

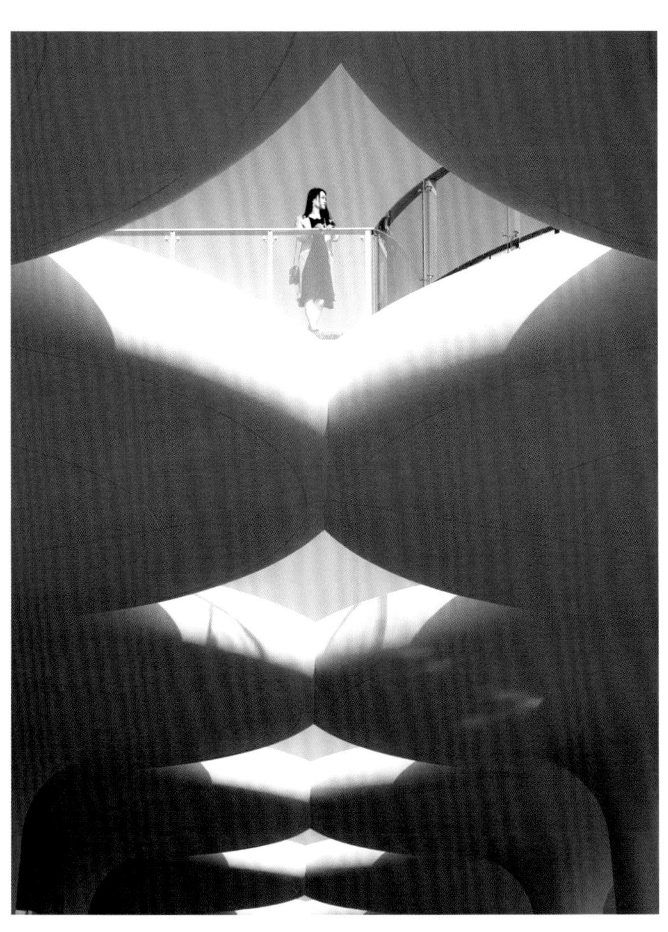

5 | 6/7

5. 跑道穿过健身中心
6. 沿河一侧的开放空间
7. 公园与网球馆通过灰空间柔性连接

国家体育总局冬季训练中心及配套设施

中国，北京

设计公司：杭州中联筑境建筑设计有限公司、北京首钢国际工程技术有限公司
主持建筑师：薄宏涛

建筑师团队：高巍、蒋珂、张志聪、郑智雪、张朝芳、马文飞、邢紫旭、谭晰睿
结构设计：侯俊达、王兆村、陈罡、李慧、袁霓绯、邓尤贵、贾玉鑫、郭法成、吴伟亮
设备设计：张诚、张悦、刘克清、王洪兴、王静、陈喜雷、周乐、孙岳、于明松、李颖

设计周期：2016 年 10 月—2017 年 9 月
建造周期：2017 年 1 月—2019 年 4 月
总建筑面积：31,309.2 平方米
工程造价：29,211 万元
主要建造材料：钢材、钢筋混凝土、混凝土挂板、劈开砖、幕墙等
获奖情况：2020 年度杭州市建设工程西湖杯奖（优秀勘察设计）二等奖
摄影：杭州中联筑境建筑设计有限公司

项目坐落于北京市石景山区长安街西延北侧，新首钢高端产业综合服务区内。是作为国家冬季训练中心的配套服务设施，包括运动员公寓、网球场及配套设施。

工业机理的延续

设计保留了基地内的水处理车间，将其改造为运动员公寓。新建网球馆采用坡顶红砖的建筑形态，体现整个园区的工业风格特色。

建筑与自然的对话

由水平廊道将几组建筑连为整体，将石景山自然景致纳入庭院中，充分考虑庭园的对景和步随景移的视线关系，使建筑融入自然。

传统文化的融合

通过首层水平向的连廊形成建筑的基座，体现传统建筑水平向延展的空间特性。穿筋空斗砖的细节处理，彰显东方韵味的建筑美学特质。

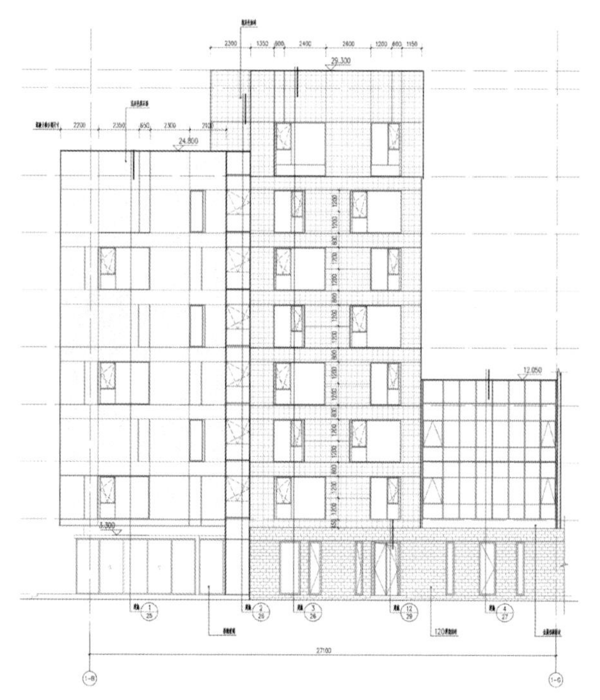

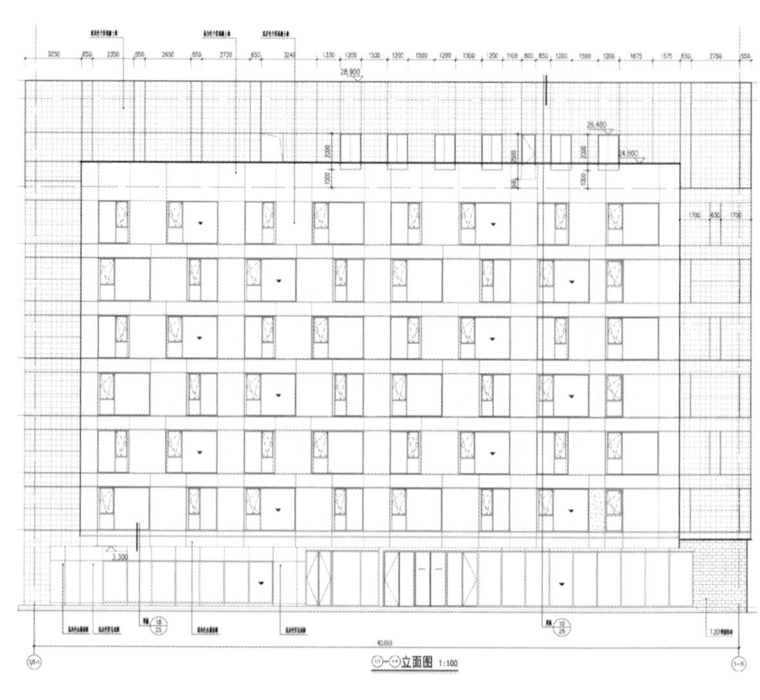

立面图

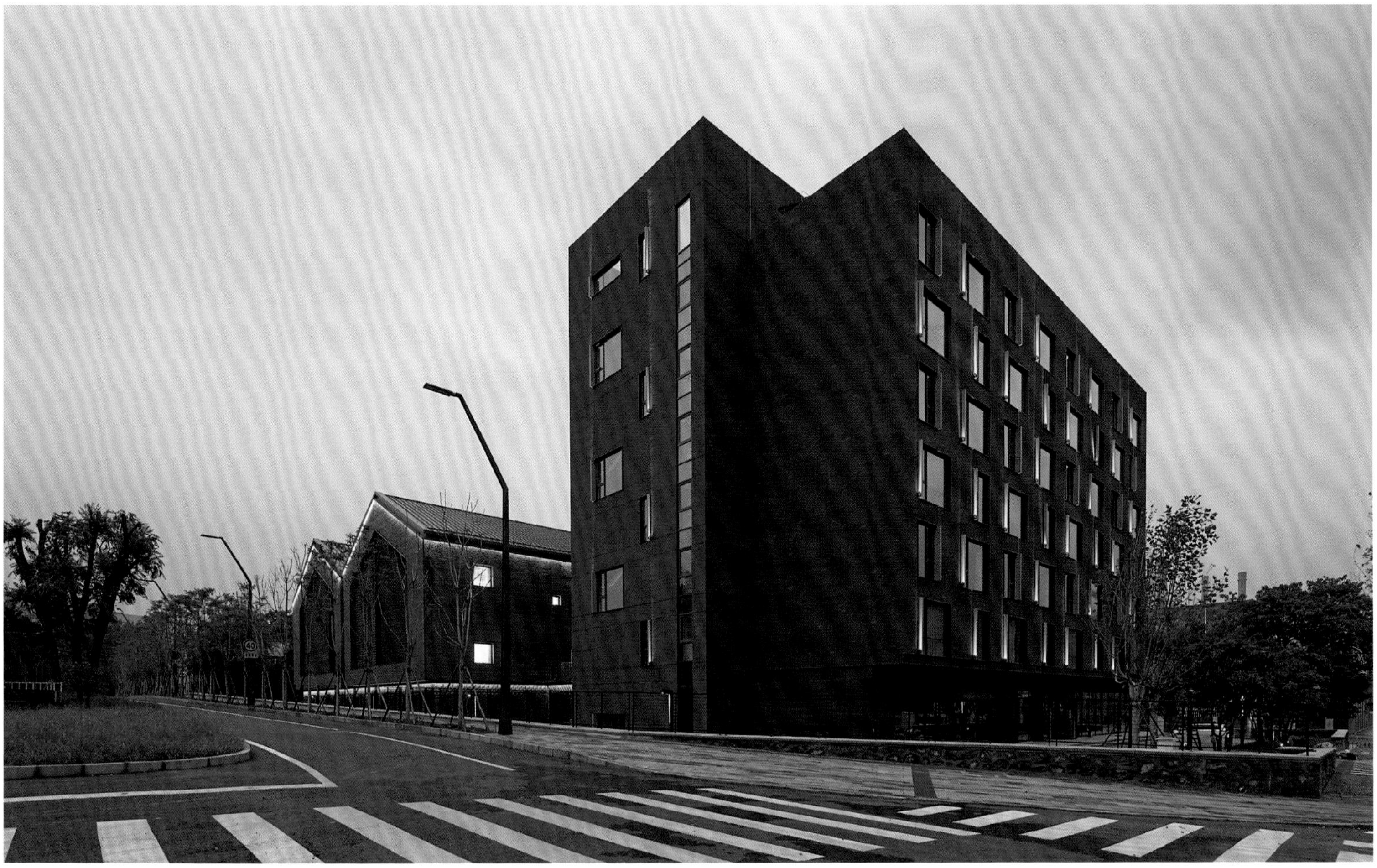

1　1. 网球场及配套楼西南透视
2　2. 网球场及配套楼东立面

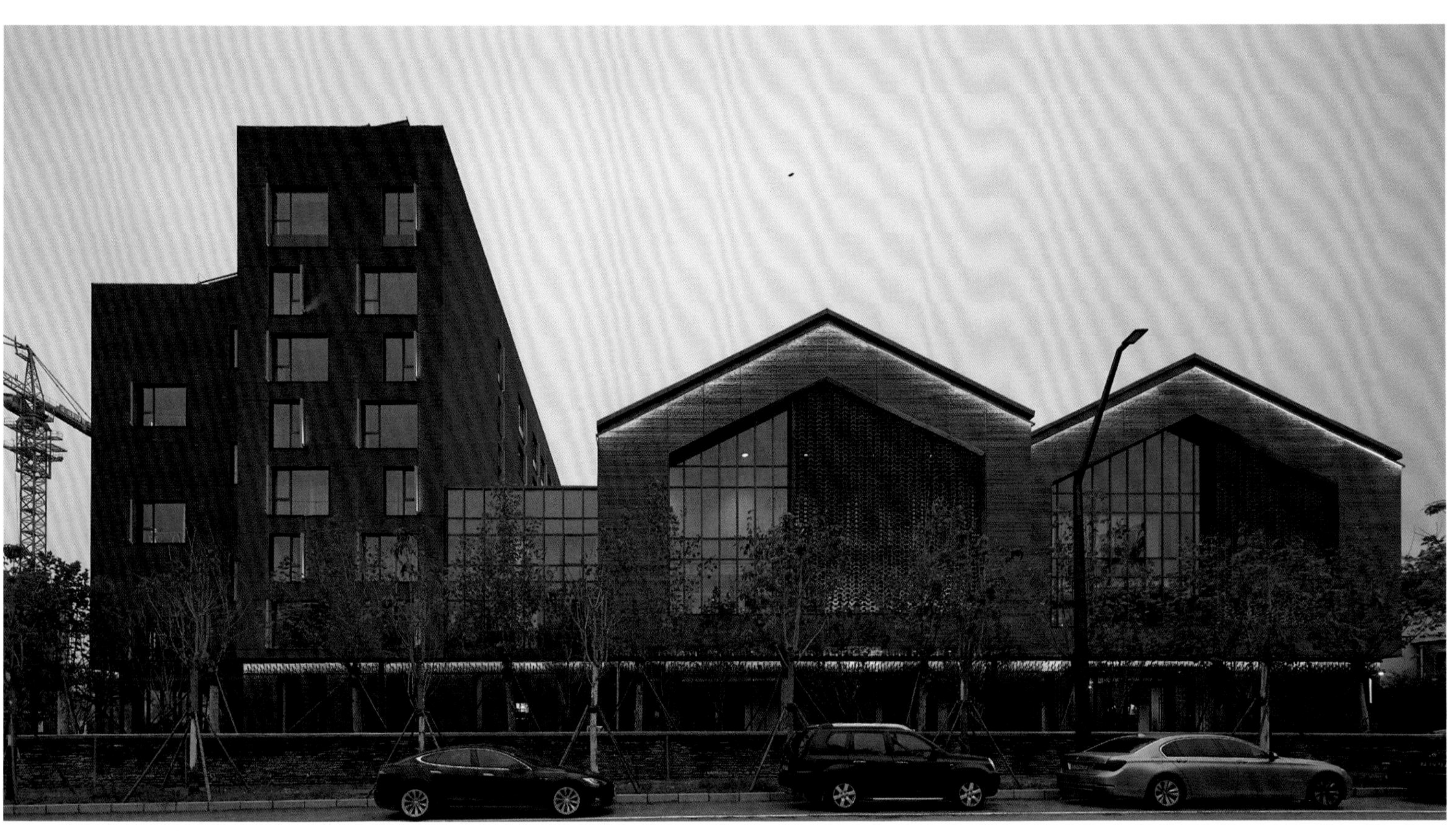

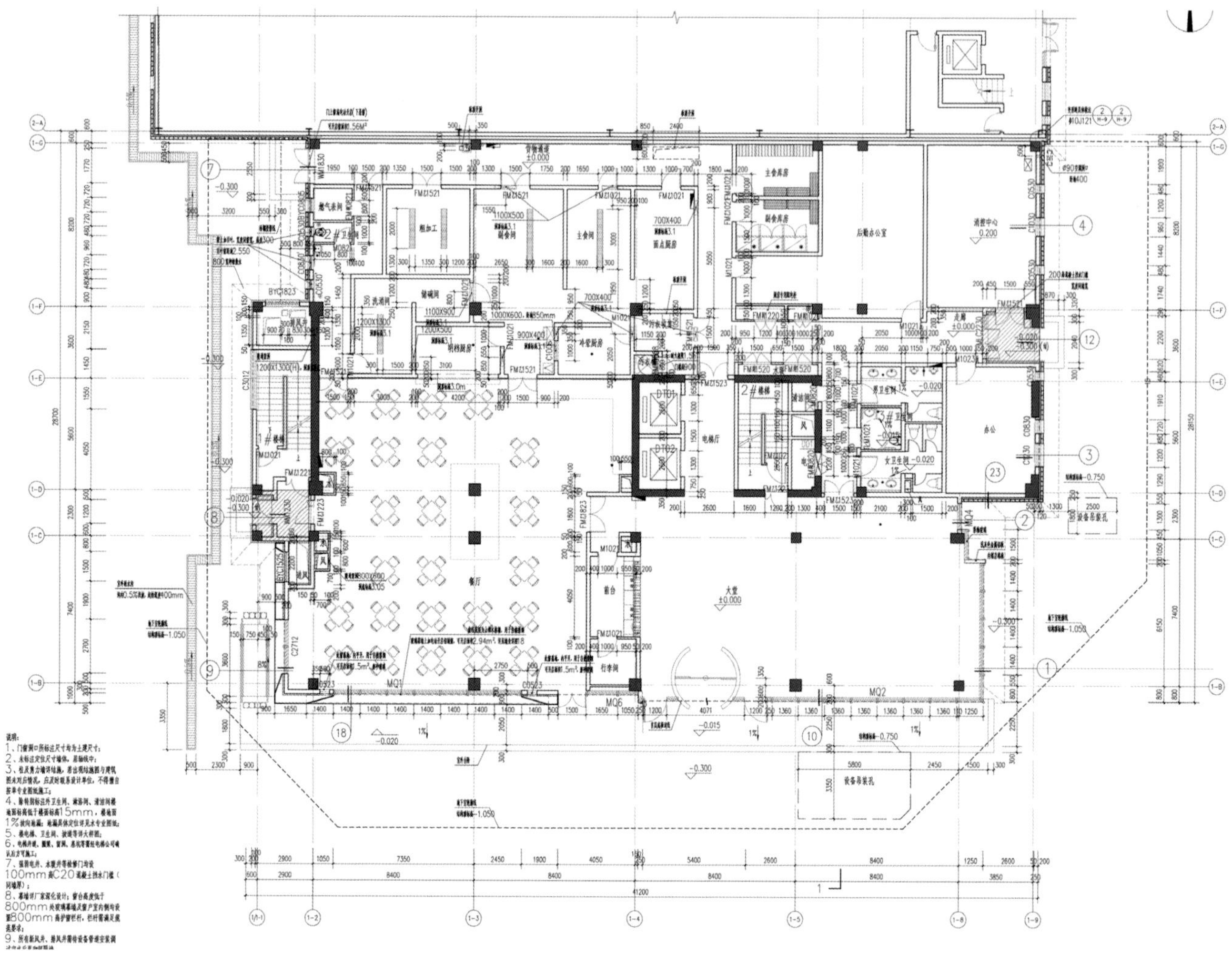

公寓首层平面图

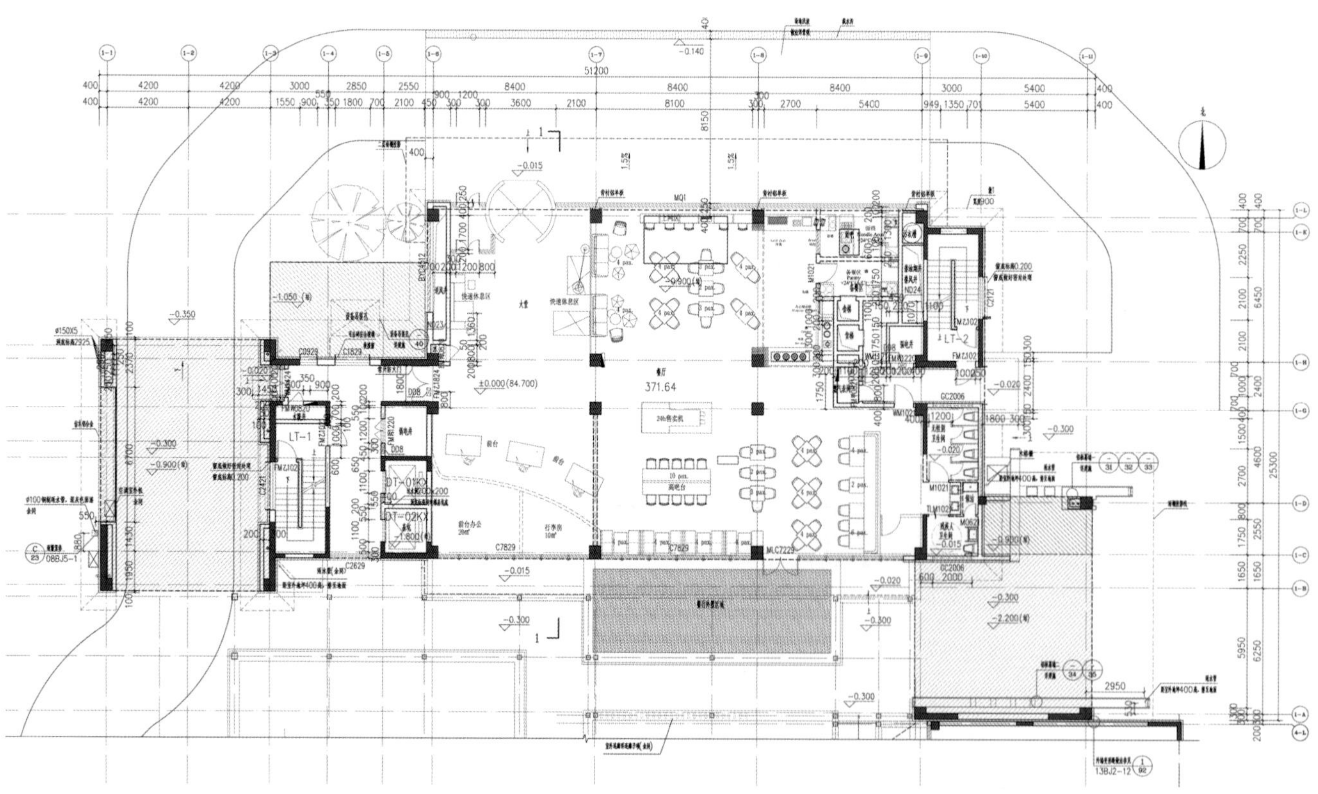

训练场首层平面图

3
4

3. 网球场西透视
4. 网球场配套楼南立面

5
6 7
8
9

5. 训练中心公寓全景
6. 训练中心公寓内院
7. 基地内保留的树木
8. 训练中心公寓庭院内游廊
9. 廊道下的光影空间

郑州奥林匹克体育中心

河南，郑州

设计公司：中国建筑西南设计研究院有限公司
主持建筑师：李峰

建筑师团队：蒋玉辉、徐卫红、梁哲、刘亚伟、金蓓、王絮梅、陈露、刘德成、钱聪、彭涛、袁振华、肖锐、姜筱凌、黄珂、吴昊琪、李红霞、陈翥、余选、张恒业
结构设计：冯远、王立维、张彦、刘翔、杨现东、向新岸、张蜀泸、张琦、欧阳池毅、郭洋、马燕杰、邱添、陈迪、赖程刚、许京梦、张志军、陈峰
给排水设计：李波、王建军、谭古今、张海燕、翟善龙、郝缙、刘冀霞
暖通设计：戎向阳、莫斌、魏明华、李翔、蒋志祥、文玲、杜燕鸿、杨文辉、董丽娟、雷智勇、裴蕾、熊小军、革非、任星晔、张若晗
建筑电气设计：杜毅威、朱彬、吴寰、郑宇、敖发兴、李俊男、杨海波、邱玉、徐建兵、李慧、张伟、雷兰、赵子文、杨祝涛、赵乾丞、聂抗、丁佳、崔永杰、袁泉、张军、马帅、柏林、张杰
建筑智能化设计：吴寰、王少伟、熊泽祝、杨异、唐伟、余强、杜毅威
幕墙设计：董彪、殷兵利、蔡红林、张国庆、王进、罗建成、陈昭焕、刘贤军、崔志明、陈红松、冼庆军
建筑技术设计：冯雅、钟辉智、高庆龙、南艳丽、窦枚、李慧群、刘东升

设计周期：2015—2017 年
建造周期：2016—2019 年
总建筑面积：584,105 平方米
工程造价：71.6 亿元
主要建造材料：穿孔铝板、石材幕墙、玻璃幕墙、聚碳酸酯板
获奖情况：2020 年度河南省优秀勘察设计奖一等奖
2015 年度中国建筑西南设计研究院有限公司优秀方案设计一等奖
2018 年度全球 AEC 卓越 BIM 大赛第二名
2019 年度第十三届第二批中国钢结构金奖工程
2019 年度河南省工程建设优质结构工程
2020 年度河南省建设工程“中州杯”省优质工程
2020 年度郑州市建设工程“商鼎杯”市优质工程
2020 年度中国建筑集团有限公司“中建杯”优质工程金质奖
摄影：存在建筑摄影

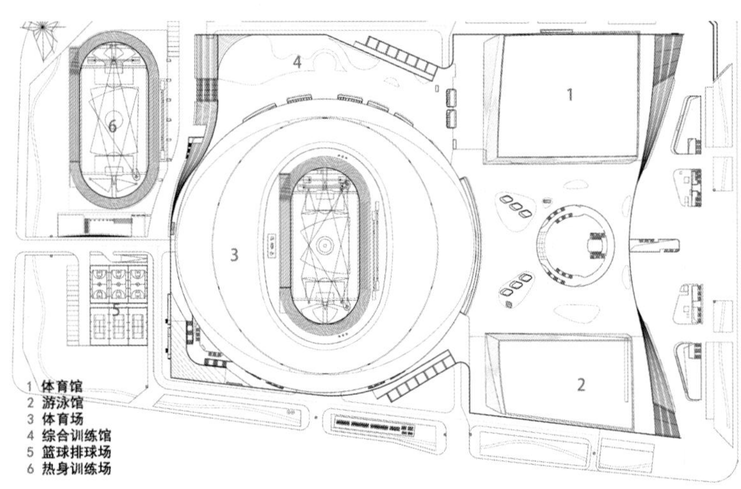

总平面图

郑州奥林匹克体育中心位于郑州市郑西新区核心区，总用地面积约 32.2 万平方米，总建筑面积约 58.4 万平方米，是一座是集体育竞技、体育健身、体育产业为一体的多功能体育综合体。

项目包含一座 6 万座体育场、1.6 万座体育馆、3000 座游泳馆等具有国际一流水准的新型体育场馆，具备承办全国综合性运动会及国际 A 级单项比赛的条件，同时兼具全民健身、演艺、休闲娱乐、购物等多种功能。

设计提出“24 小时体育产业圈”理念，对场馆的功能空间进行重组，将体育建筑的高大空间与非赛事房间有效转换为公共服务空间，形成资源整合、功能互补、全天候运营的体育产业集群，将市民生活融入建筑，激发城市活力，以此改善大型体育设施的运营能力，节约日常维护成本。

建筑设计灵感源自中原文化中“天圆地方”的理念，以简洁有力的形体表现体育建筑的运动感，以对称有序的布局呼应城市的空间轴线。场馆的结构顺应建筑形体，整体结构轻巧美观，体现了建筑美学与结构功能的和谐统一。

作为河南省最大的综合性体育赛事中心，郑州奥林匹克体育中心尝试着建设成为新一代的体育综合体，从城市关系的融入、多元复合业态的引入、有限用地的空间集约利用，结合结构技术的合理选用、参数化技术的介入干预等，实现了较为理想的工程建造，实际的使用中也完成了大型赛事的检验，成功举办了 2019 年第十一届全国少数民族传统体育运动会，同时也为河南省未来体育事业的发展提供了平台和窗口。

在不远的将来，通过一系列高质量的体育赛事及大型城市活动的举办，市民将不断被吸引到奥体中心，在沉浸于热烈的观演氛围的同时，逐渐培养出一种更为积极、健康、绿色的生活方式，也使奥体中心可以真正成为充满活力的城市健康客厅。

1. 夜景鸟瞰
2. 白天实景鸟瞰

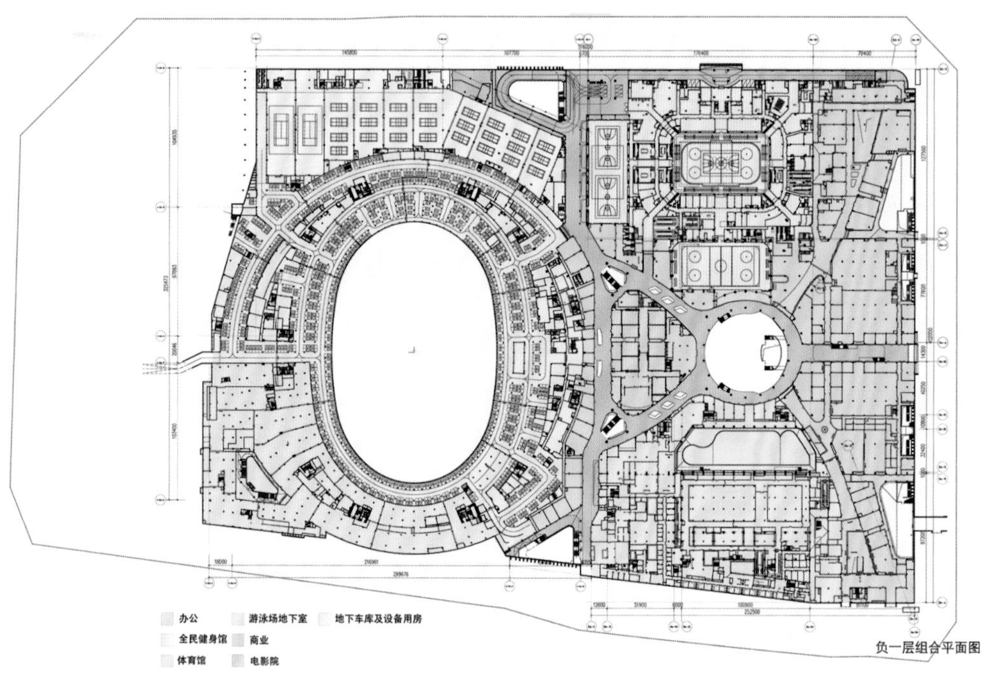

负一层平面图

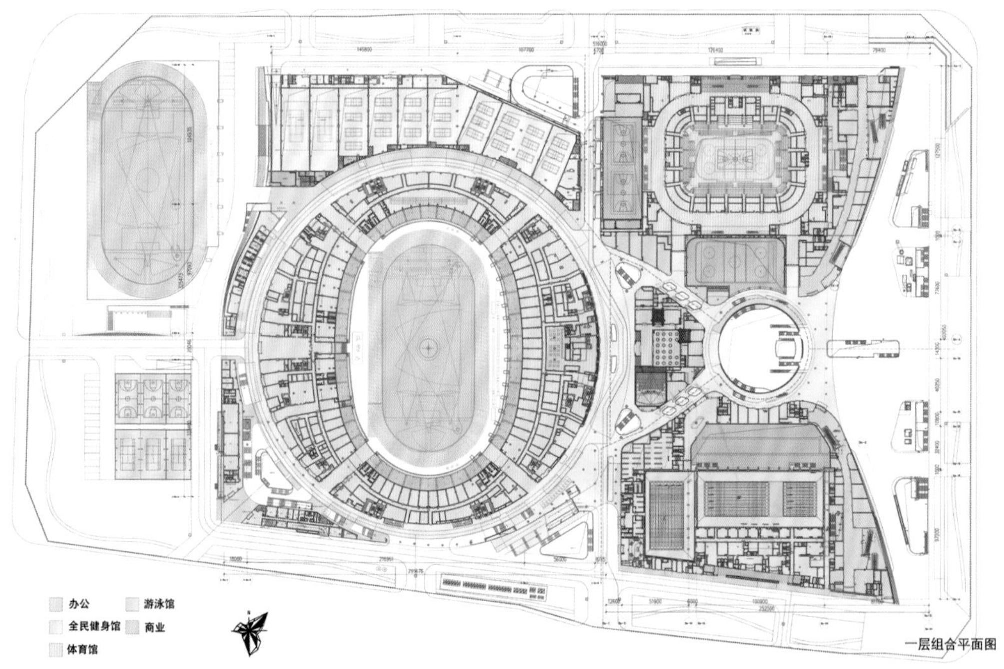

一层平面图

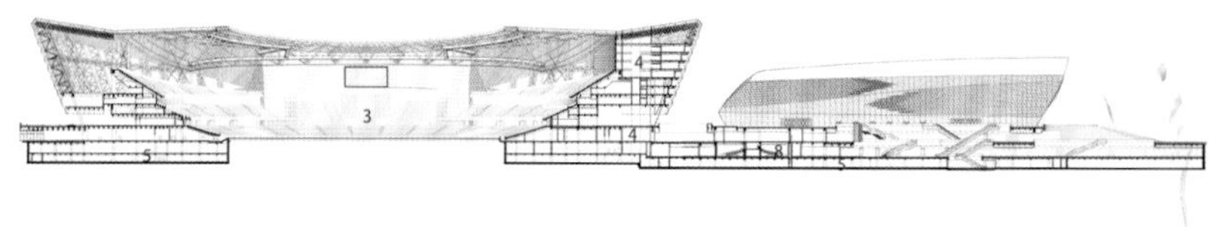

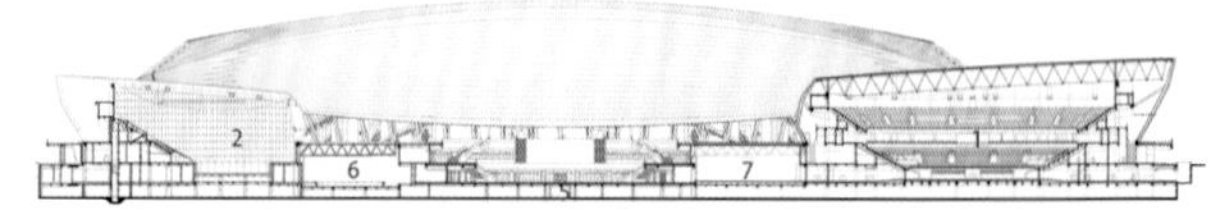

组合剖面图

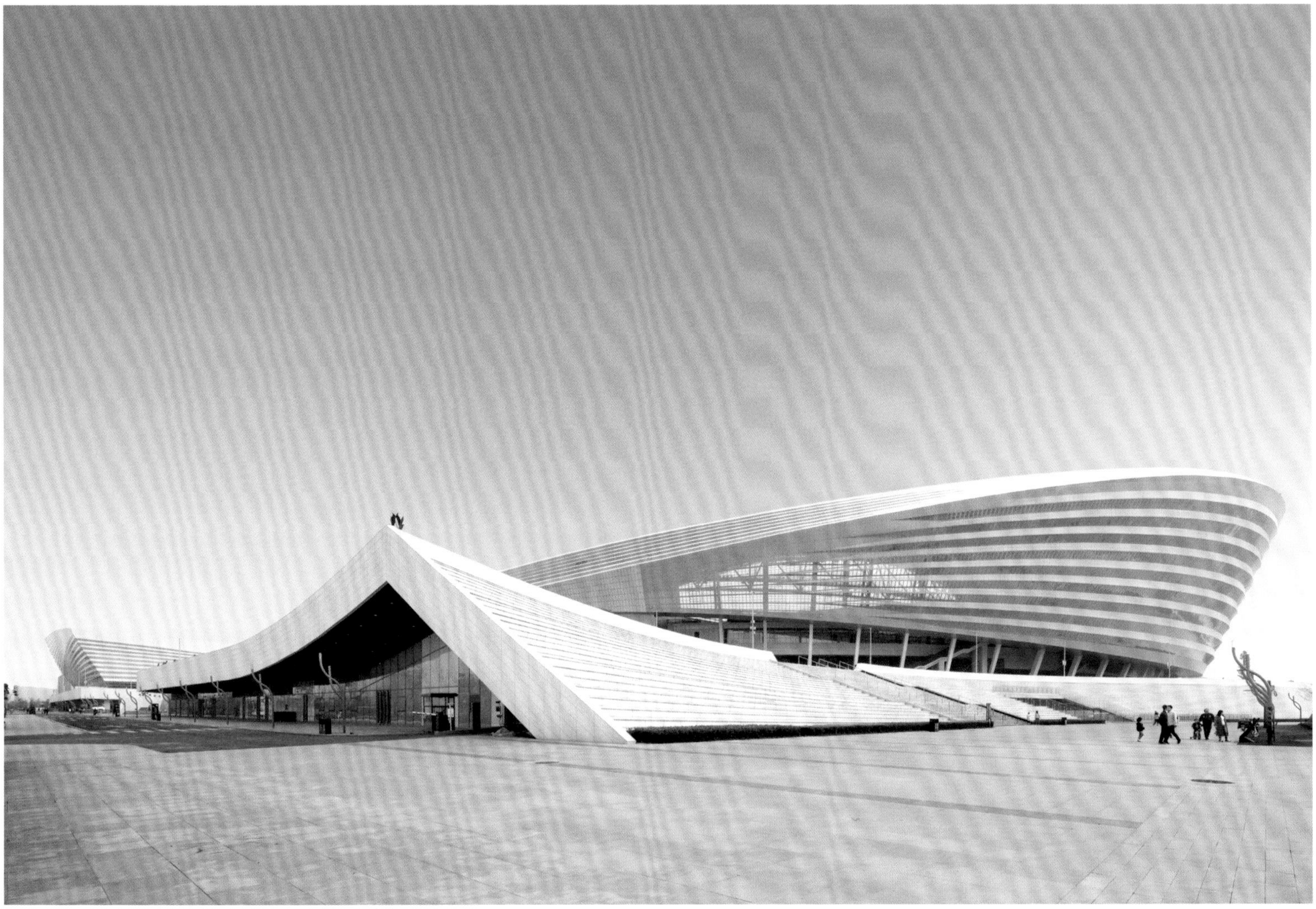

3
4

3. 体育场西北侧实景
4. 体育场北侧实景

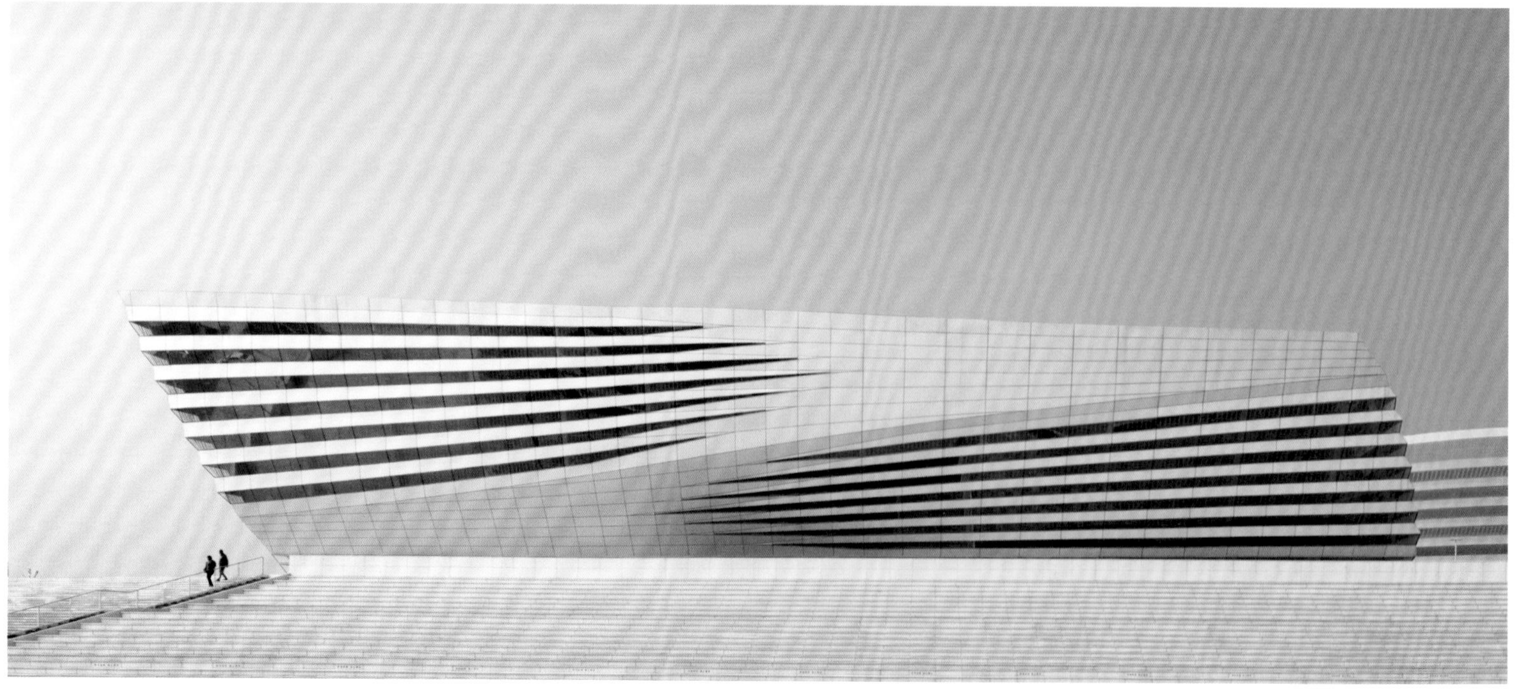

5	8	
6		
7	9	10

5. 平台上建筑群体实景
6. 体育馆实景
7. 游泳馆实景
8. 体育场内场实景
9. 游泳馆比赛厅实景
10. 游泳馆训练厅实景

杭州奥体博览城主体育场

浙江，杭州

设计公司：CCDI 悉地国际设计集团（竞赛阶段、全程全专业设计）、NBBJ（竞赛阶段、建筑方案深化）

建筑师团队：罗伯特·曼金（Robert Mankin）、Beom-Seok Suh、Hu Wei（NBBJ）
刘慧、初腾飞、江兵、秦笛、籍成科、胡志亮、刘诗扬、朱丹、杨守迎（CCDI 悉地国际设计集团）

结构设计：傅学怡、杨想兵、朱勇军

设备设计：程新红（暖通）、姜明军（给排水）、汪嘉懿（电气）、兰海明（智能化）

设计时间：2008 年

建成时间：2019 年

总建筑面积：248,983 平方米（地上建筑面积 179,697 平方米，地下建筑面积 69,286 平方米）

主要建造材料：空间管桁架、弦支单层网壳钢结构

摄影：上海 LOTAN 摄影工作室

杭州奥体中心的“有机”造型设计灵感源于自然界的花朵，这些“花朵”在基地内自由的生长，暗示着城市未来的各种机遇。场馆的造型以花瓣为母题，而半透明白色花瓣的肌理又源自丝绸编织的纹理。主体育场更是犹如盛放于钱塘江边的白莲花，而内部的红色装饰恰似莲花的花蕊。花瓣状的外表皮被分解成一系列互相联系的部分，既是维护结构又是承重结构，实现了形式与功能的有机结合。

杭州奥体中心项目可谓 CCDI 悉地国际设计集团对于过往体育建筑设计经验的一大集成。体育事业部的建筑师们将过去数年中，在建筑概念、结构设计和材料运用上的心得，集中反映在项目中。例如，“花瓣”叶片之间的开口，是吸取了国家网球中心对于光影处理的手法；结构上则沿用了济南和福州两座奥体中心体育场的“开孔金属板 + 复杂钢结构杆件”的建构体系，两者互相作用，使得杭州奥体中心体态轻柔，如江南丝绸般具有细腻的编织肌理。主体花瓣材质采用直立锁边铝镁锰金属板，金属板质感有力塑造了花瓣的造型。立面部分进行穿孔，穿孔率从下部的 30% 在肩部过渡到屋面不穿孔，立面的过渡化穿孔满足内部空间通风排烟需求的同时，使立面富有光影变化。

体育场的二层平台作为花瓣的基座发挥重要的人流集散功能，既是赛时观众疏散平台，又可在赛后作为体育中心休闲广场的一部分。西南侧和西北侧分别设有 38 米和 33 米宽的观众疏散大楼梯，西侧通过 3 个 37 米、32 米、23 米连接桥和奥林匹克大道相连，满足观众的入场和紧急疏散需求。二层平台南北及东侧分布着重要的竞赛用房和群文及民俗中心。在体育场内部，看台及场地采用紧凑布置方式，体育场看台为三层连续看台并在北侧朝向钱塘江处的二层和三层看台切 40 ~ 60 米开口，使体育场内面向钱塘江有良好的空间渗透和视觉景观。出于特殊的莲花造型的影响，看台斜度也更具人体视线标准而进行了调整和优化，以达到观看赛事的最佳体验。

结构之美

杭州奥体中心体育场按特大型特级体育建筑标准建设，主体结构设计使用年限为 100 年。看台区上覆完整的环状花瓣造型钢结构悬挑罩棚，罩棚外边缘南北向长约 333 米，东西向 285 米，罩棚覆盖宽度 68 米，悬挑长度 52.5 米，罩棚顶标高 60.7 米。罩棚由 28 片大花瓣和 27 片小花瓣构成，采用了“空间管桁架 + 弦支单层网壳钢结构”体系。

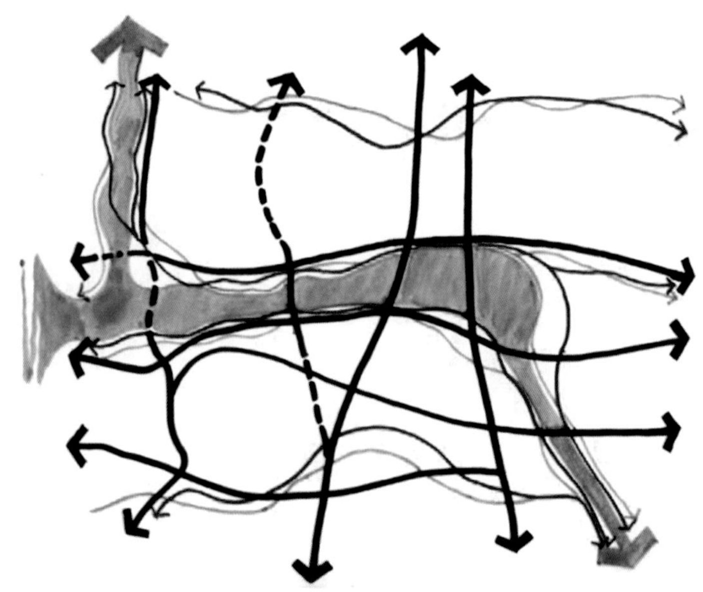

规划概念草图

1

1. 建筑鸟瞰实景

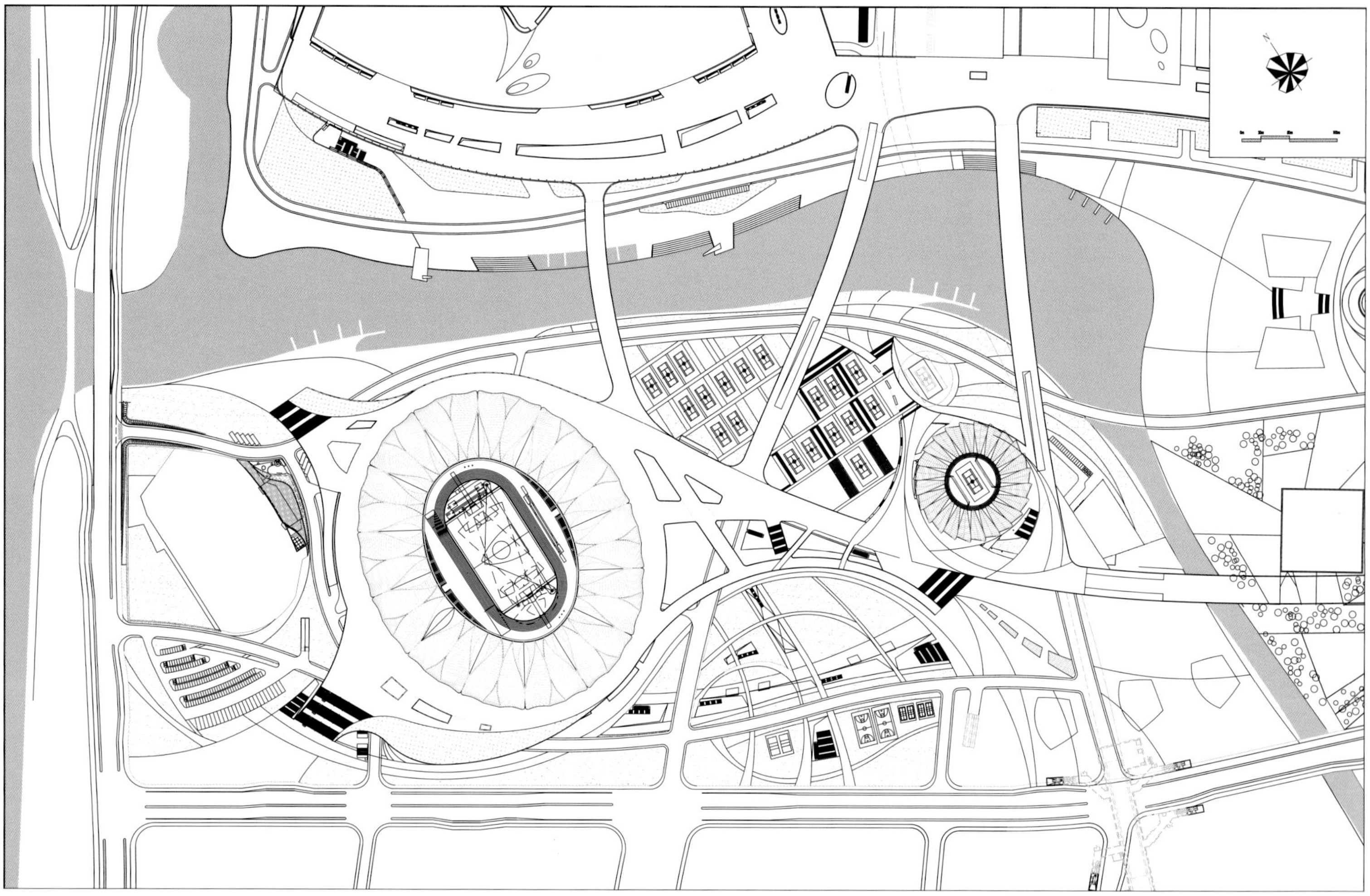

总平面图

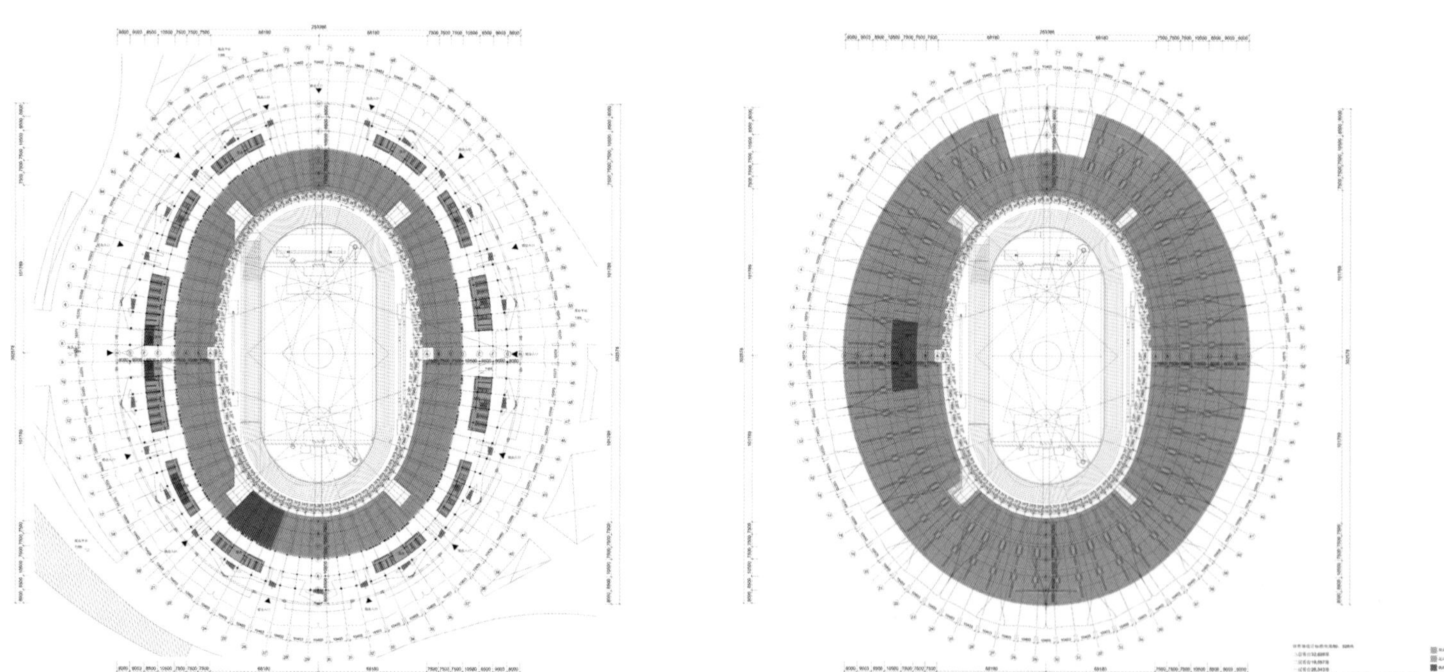

主体育场二层平面图

主体育场二层座席平面图

大花瓣单元由径向主桁架和弦支单层网壳构成，主桁架悬挑长度52.5m，采用倒三角形组合空间圆管桁架，桁架根部高度7m，悬臂前端高4.5m；主桁架之间结构采用了弦支单层网壳，支承于主桁架上弦；弦支结构为Φ30棒钢，中间设置一道撑杆；屋面弦支单层网壳延伸至墙面时衍变为单层网壳结构。屋面小花瓣采用弦支组合结构，结合建筑造型，沿环向为组合三角形圆管结构，径向为单管布置，支承于大花瓣径向桁架上弦；拉索采用Φ5×61高强钢丝成品索；墙面小花瓣采用单层网壳结构，上、下端各汇交成一点，下端支承于砼结构2层平台型钢砼柱顶，上端汇交于桁架上弦，面外通过室外钢梯与下部砼结构连成整体，墙面小花瓣为钢梯提供竖向支承，同时钢梯为花瓣提供面外支撑，增强花瓣面外稳定。

值得一提的是，出于建筑造型、结构工程、机电工程多个专业维度的复杂性，杭州奥体不仅通过参数化设计来确定形态轮廓，更是运用BIM（建筑信息模型 Building Information Model）进行施工图设计。不同专业的图纸均通过一个统一的三维模型来实现，也解决了诸如结构构件与机电管线发生碰撞这类令人头痛的技术深化问题。方案最初的原型是20片“花瓣”，在此基础上分别调试出24片、28片、32片的不同格局，最终决定采用28片花瓣实施。

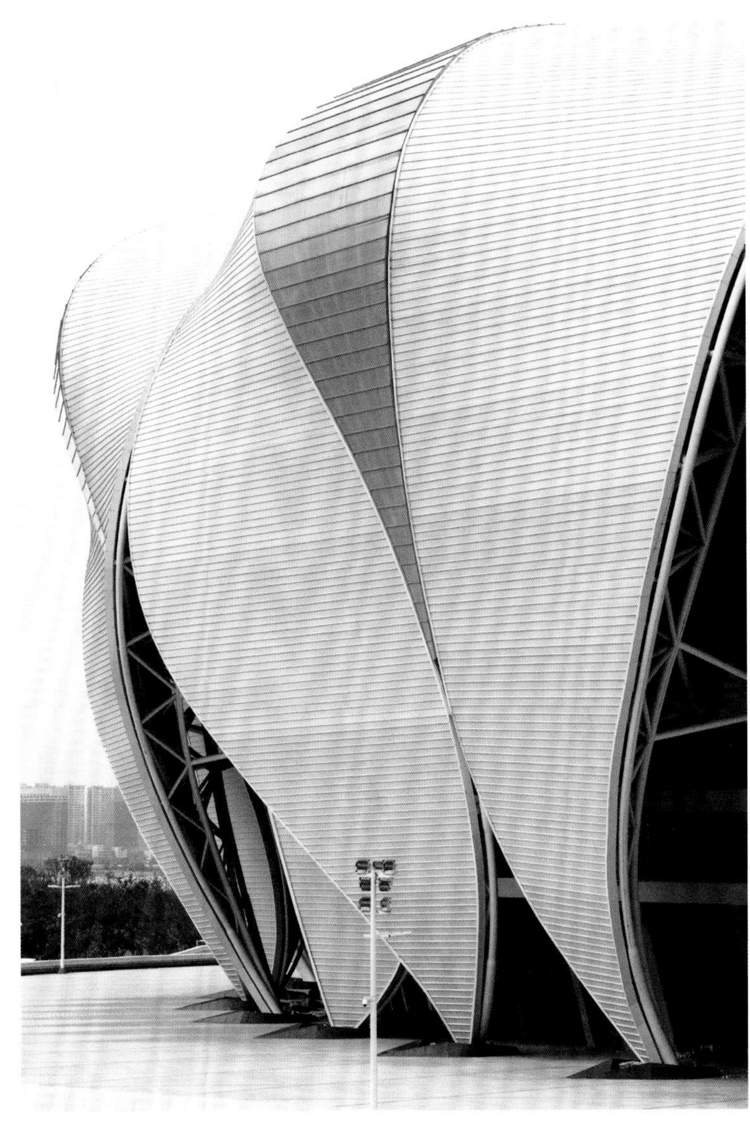

2. 大小花瓣的造型细节
3. 水岸画卷

4. 动线空间
5. 看台下方的重要疏散空间
6. 地下车道空间
7. 罩棚局部：通透的场内外关系
8. 场馆看台的室内外关系
9. 场心实景
10. 看台整体场景

4	5 / 6	9
7	8	10

华发新城三期项目

广西，南宁

设计公司：广东省建筑设计研究院有限公司、深圳华汇设计有限公司
主持建筑师：许成汉

建筑师团队：邹文健、邓伟明、李介纯、苏晓恩
结构设计：董瑞智、周祎、黄政宏
设备设计：林寅宇、叶建林、江宋标、黄毓文、范济荣、赖育莹

设计周期：2016 年 12 月—2017 年 2 月
建造周期：2017 年 3 月—2019 年 4 月
总建筑面积：37,936.67 平方米
工程造价：5957.04 万元
主要建造材料：钢筋混凝土
获奖情况：2020 年广东省建筑设计研究院优秀勘察工程二等奖
2018 年广西建设工程优质结构奖
2018 年南宁市建设工程质量优质结构奖
摄影：唐诗、司徒颖

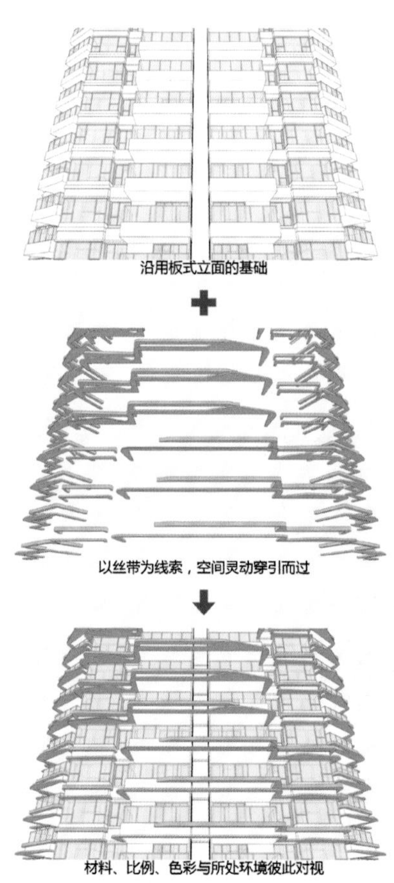

立面构思图

华发新城三期项目位于南宁市青秀区柳沙半岛，柳沙半岛是南宁市名副其实的国宾区，景观资源好、地理位置优越，交通便利，片区配套完备，是南宁居住生活俱佳之地。

华发新城三期项目坐落于南宁市柳沙半岛青环路北面、柳沙路东侧。地块东临荔园山庄，三面环江，坐拥邕江丰富景观资源。项目定位为高档江景住宅产品。建成后将与已建成华发新城一期、二期以及在建的华发四期形成柳沙半岛优质生活片区。

华发新城三期南面为已建成的华发新城一期、二期以及在建华发新城四期，东面为半岛康城，西面为柳沙三兴花园。华发新城三期结合场地周边情况及环境，沿场地东北角和西南角布置高层住宅，使得小区中心花园最大化，并通过道路及出入口的分布，便于管理，以及通过建筑立面、界面、高度、空间、材质的处理，形成完整的有机整体。

设计难点在于在面积比较紧张的地块内做出舒适的住宅户型，丰富的立面与精细的细节如何完美结合到每户。

华发新城三期户型产品为 75 ~ 85 平方米，最大特点是采用 1T6 扇形布置，令所有户型设计体现均好性原则，方正实用，且均为全明设计通风采光良好，各功能布置紧凑合理，动静分区，南北通透。每户均引入可以拓展且不计容的大绿化阳台，飘窗设计，满足各类住户的使用要求。

华发新城三期住宅立面设计是一大亮点。造型采用现代建筑设计手法，流畅的弧形曲线，与周边建筑形成强烈对比，引领片区新风格。以浅黄、白、灰三色为主色调，住宅塔楼局部以咖啡色作为点缀。利用丰富的线条造型立面装饰板的变化，细节、线角的处理带来高贵的品质感和体验提升整体形象，打造出具有都市生活气氛，使住户更具自豪感。同时丰富变化的造型飘板满足了建筑节能的外遮阳需求，既美观也实用。

建筑材料的使用和处理，对形成建筑的个性具有特殊的意义。外立面主体以涂料为主，合金以及金属采用灰色喷涂，力求在材料的使用上，突出不同材料自身的特点，通过不同材料的对比、不同质感的处理以及精细的细部设计，营造高品位、温馨的居住建筑。立面上采用不同尺度玻璃、涂料以及线条的多样变化，力求形成精致的建筑细部。

1

1. 西南立面

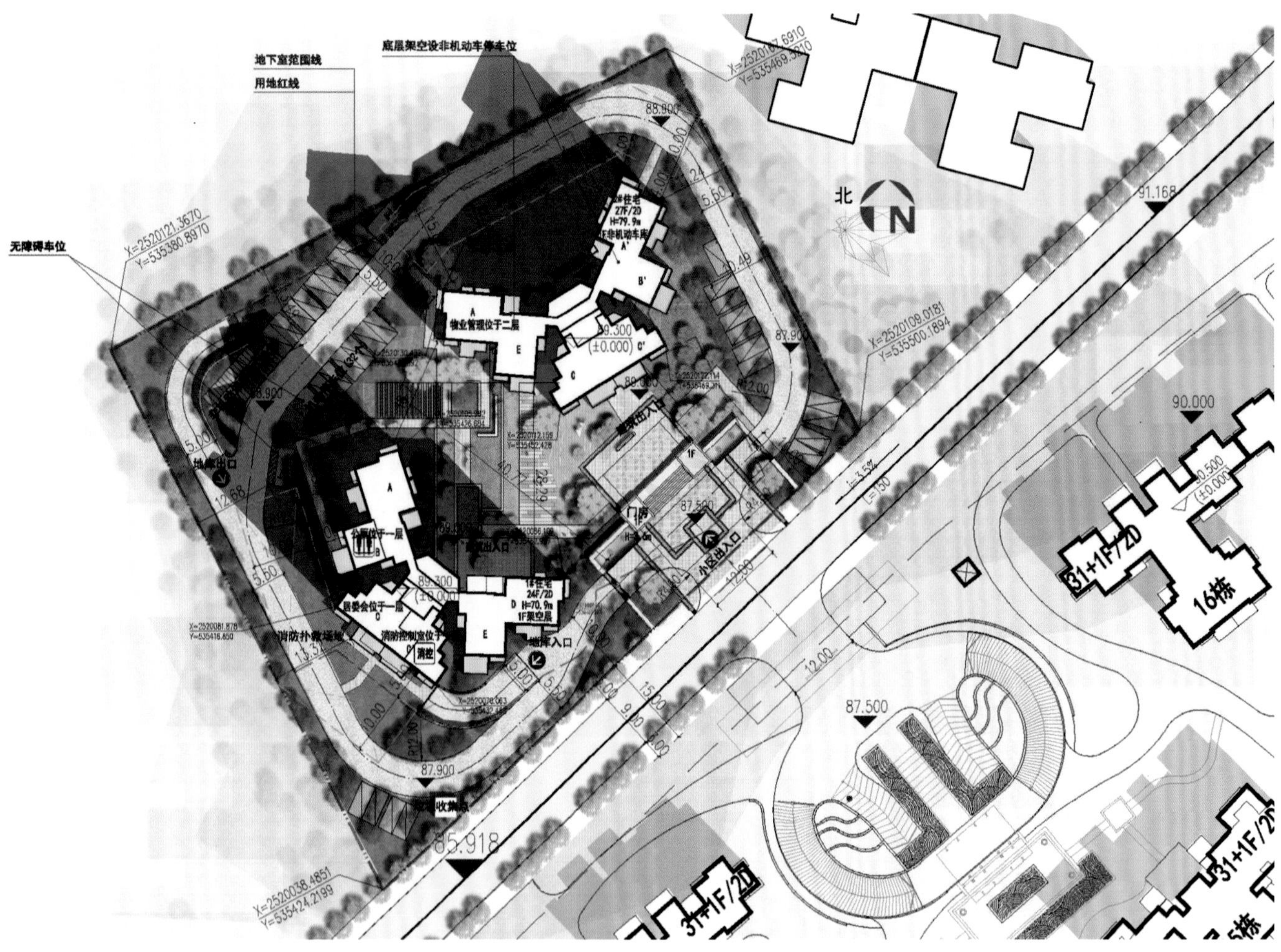
地下室范围线
用地红线
底层架空设非机动车停车位
无障碍车位
北
物业管理位于二层
小区出入口
门房
地库入口
地库出口
消防扑救场地
16栋
总平面图

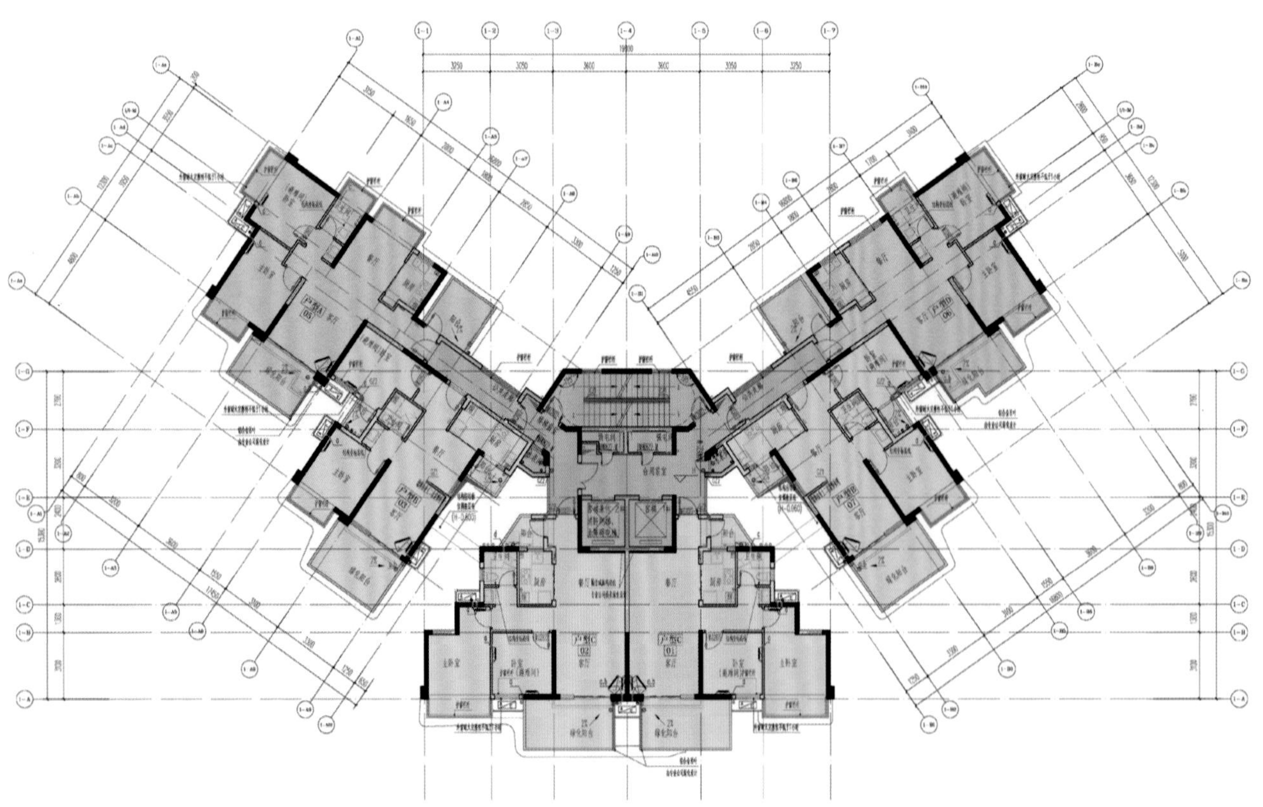
标准层平面图

2
3

2. 鸟瞰
3. 入口

惠州华润·小径湾花园

广东，惠州

设计公司： CCDI 悉地国际设计集团、Studio Link-Arc

建筑师团队： CCDI 悉地国际设计集团公共建筑事业部综合部

设计周期： 2013 —2018 年
建成时间： 2019 年
总建筑面积： 720,782 平方米
主要建造材料： 白色和灰色涂料、加气混凝土砌块、铝合金单层玻璃
获奖情况： 第五届 REARD 全球地产设计大奖居住建筑类银奖
Pro+ 地产奖居住建筑类银奖；
第十五届金盘奖——最佳住宅奖
摄影： 方健

CCDI 悉地国际设计集团与华润集团共同打造的惠州小径湾高品质滨海度假型住区，位于广东省惠州市大亚湾区霞涌小径湾，距离澳头 15 千米，与惠东巽寮湾隔海相望，地理位置优越。小径湾属于亚热带季风气候，年平均气温 21.7 摄氏度。细柔洁白的海沙伴着 2000 多米长的月牙形海湾，海面辽阔，风景秀丽。

华润小径湾项目（二期、三期）总用地面积约 245,895 平方米，总建筑面积约 720,782 平方米。规划用地东、南面被紧邻的内河环抱；东南侧为一期住宅项目；南侧临海区域规划布置酒店等高端商业配套；北侧、西侧群山环绕，植被丰茂。

CCDI 悉地国际设计集团与 Studio Link-Arc 设计团队经过对用地形态的研究，结合一期现有的酒店商业规划设计，将建设用地划分为 3 个层级。滨海酒店商业区域为海景生活层级，是海景度假的目的地；临河部分为沿河岸休闲层级，作为滨海生活的有益补充；北面为城市生活层级，密度较高，闹中取静。

3 个不同的层级对应着不同的建筑类型、建筑尺度、建筑形体，空间布局也有着相应不同的考虑。

临水院宅在项目用地最南端，依水而建，享有最优质的河景资源。建筑多为 3 ~ 5 层建筑，尺度亲切宜人。在立面设计上结合建筑自身的小尺度特征，围合院内使用木色，白色质感涂料则多用于外立面，简洁大方。

映海水湾的建筑形态更加多变，有着海湾生活的自由与奔放。它的形态构思源自用地原有湿地水塘的有机轮廓，形态流畅自由的同时在高度上适当变化。这种自由形态组合而形成的高低落差，既有利于北面水晶塔楼在视线上形成面向海景的窗口，也优化了整个住宅区的通风环境，丰富了住区天际线。

水晶塔楼形态简洁，轻盈挺拔。户型设计根据塔楼朝向各有差异，保证最大化的景观视线。外立面主体采用白色，阳台深灰色，通过玻璃栏板的质感变化，突出建筑的“水晶感”。

项目场地拥有丰富的自然景观资源，有山、海、河、池等不同的景观面。在都市开发对建设密度有较高要求的当下，华润小径湾的立面设计充分结合了现状地形地貌特点，采用设置台地的竖向布置手法，有效降低项目的土石方工程量，并尽可能降低对自然环境的破坏。

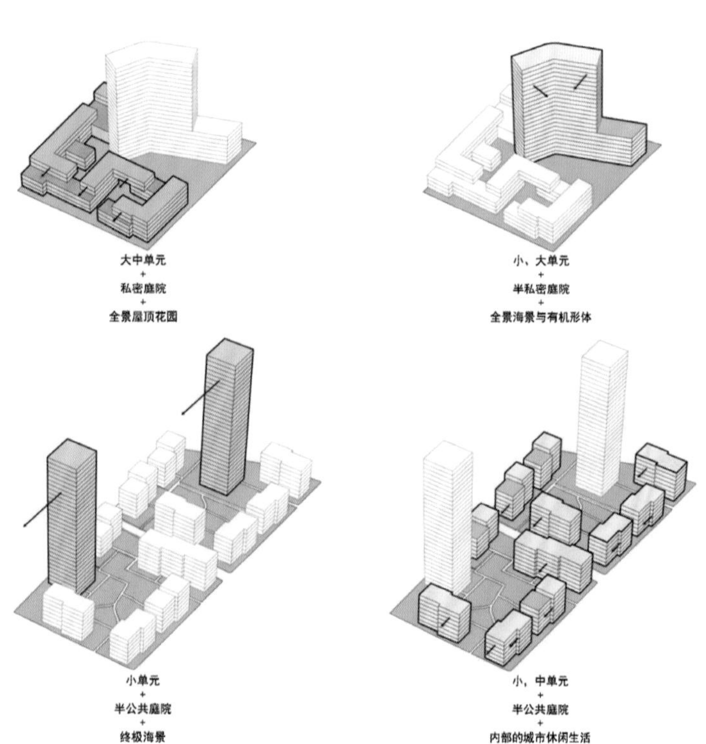

形态分析图

1
2

1. 项目兼备都市密度与自然资源的双重设定
2. 靠山、临河、面海，自然条件优越

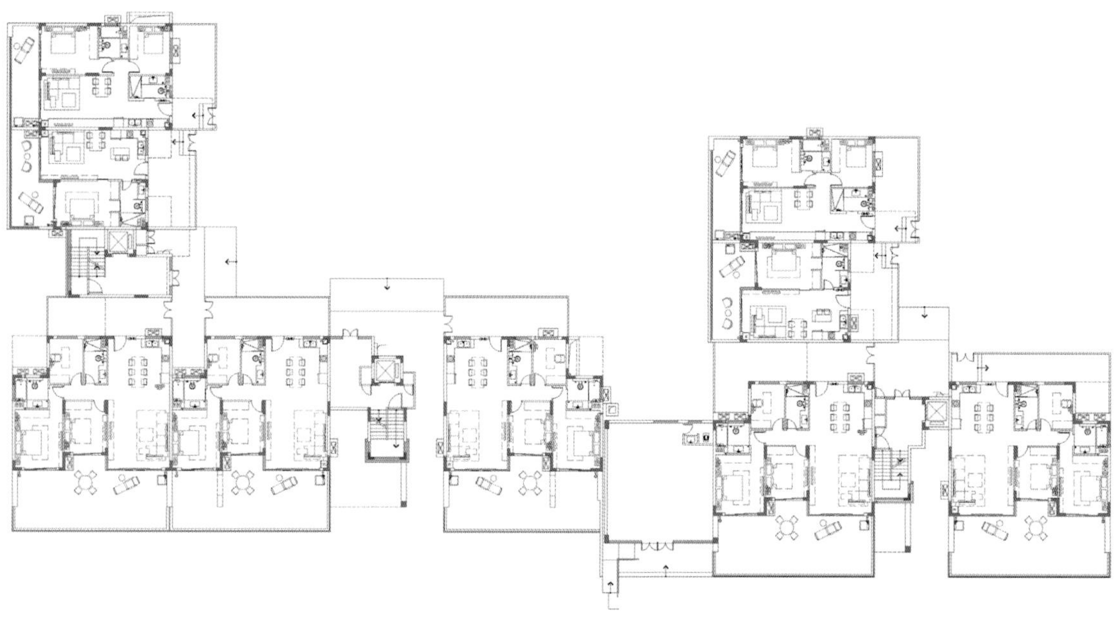

临水院宅平面图

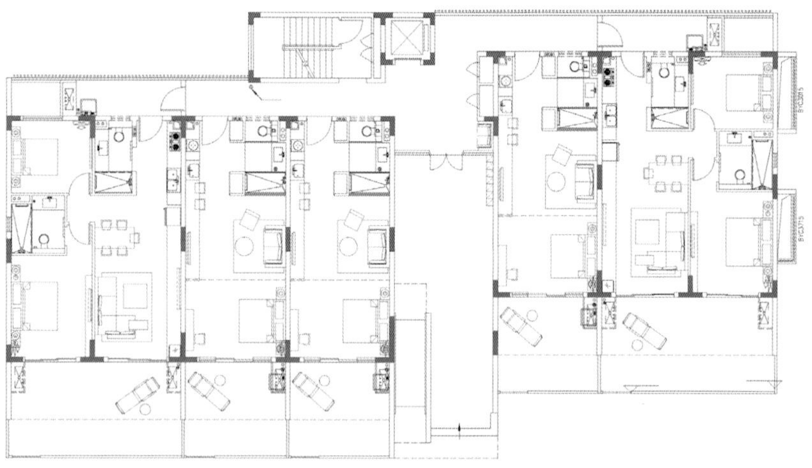

庭院方宅平面图

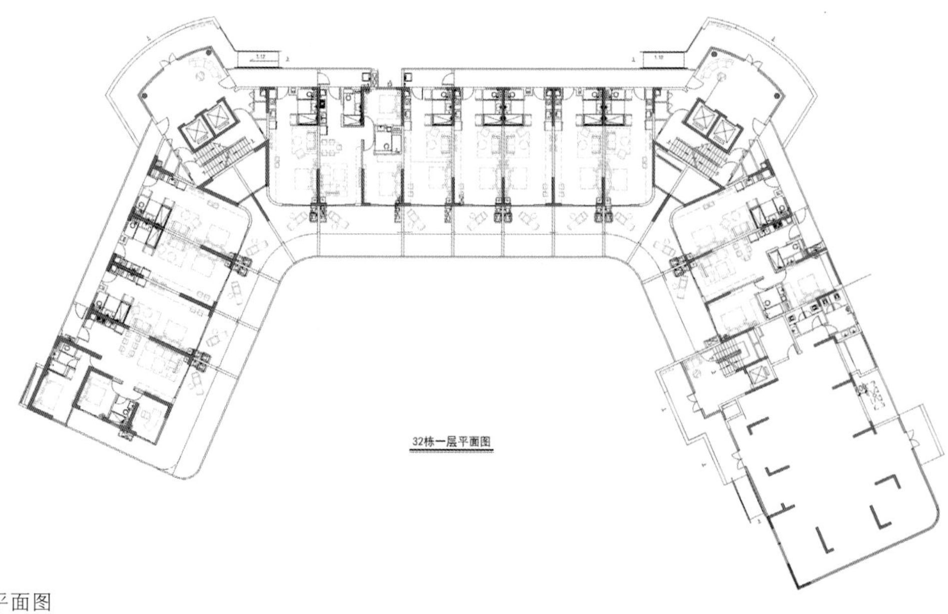

映海水湾平面图

3 | 4
5

3. 映海水湾为 7 ~ 30 层的弧形板楼
4. 庭院方宅均为 7 ~ 9 层中高层建筑
5. 由于建筑自有的丰富体形轮廓，其立面设计尽量简洁纯净，减少非必要的装饰构件

6 | 8
7 | 9

6. 水晶塔楼均为 33 层的高层建筑（包含底层架空及顶层复式）
7. 水晶塔楼远景
8. 室内空间展示
9. 餐厅实景

复兴珑御（二期）

中国，上海

设计公司：goa大象设计
主持建筑师：陆皓、荣峡

建筑师团队：徐匀飞、周淼、张蓓艳、徐子迁、鲁华、郝睿敏、束小琴、李瑾、章一凡、张富强、金庆庆
结构设计：师建伟、刘志斌、严志威、马永宏、董胜民、陈优优、孙传波、姜军、翁雁麟
设备设计：杨福华、周伟明、魏民、徐幸、许喆

设计及建造周期：2014—2019年
总建筑面积：240,000平方米
主要建造材料：石材、铝板、玻璃

项目位于上海市老西门地区，地块中的“老房子”作为城市发展的印记，是基地中备受关注的历史元素。以此为起点，建筑师以“老房子：上海都市的沉淀与复兴”为概念，汲取20世纪20、30年代折中主义风格的灵感元素，运用现代建筑的设计手法和新材料来为老城厢注入新的活力。

主体塔楼的形象传达出强烈的秩序感，选用玻璃和石材为主要材质，虚实结合的设计既满足了室内实际使用的采光需求，又在立面展现出丰富的层次，沿街商铺也延续了同样的立面风格。在街道转角及小区主入口等重点区域的设计中，建筑师运用具有传统文化韵味的色彩和装饰，提升了社区在城市区域中的可识别性。新老结合、兼收并蓄的设计态度让历史与潮流在这里交融，使得整个项目体现出海派的包容和创新。

项目的总体布局遵循可持续发展、以人为本的原则，着意打造优质的生态环境和丰富的城市景观，广场结合绿化景观形成有机的空间，更符合当代都市生活的审美需求。塔楼在总平面上形成中轴对称的态势，相互呼应，给人留下强有力的视觉印象。

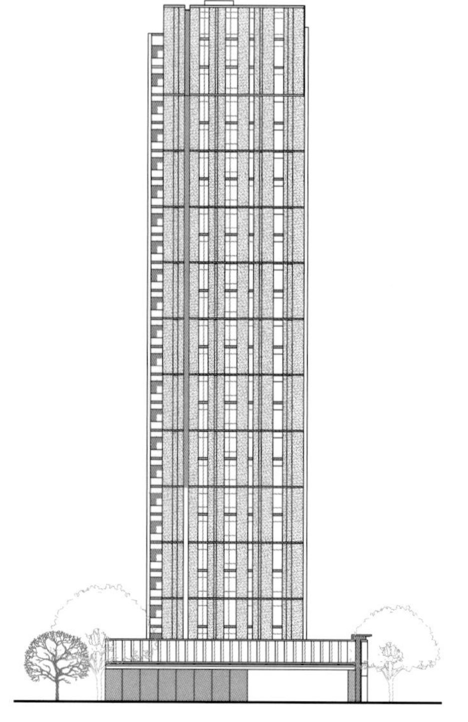

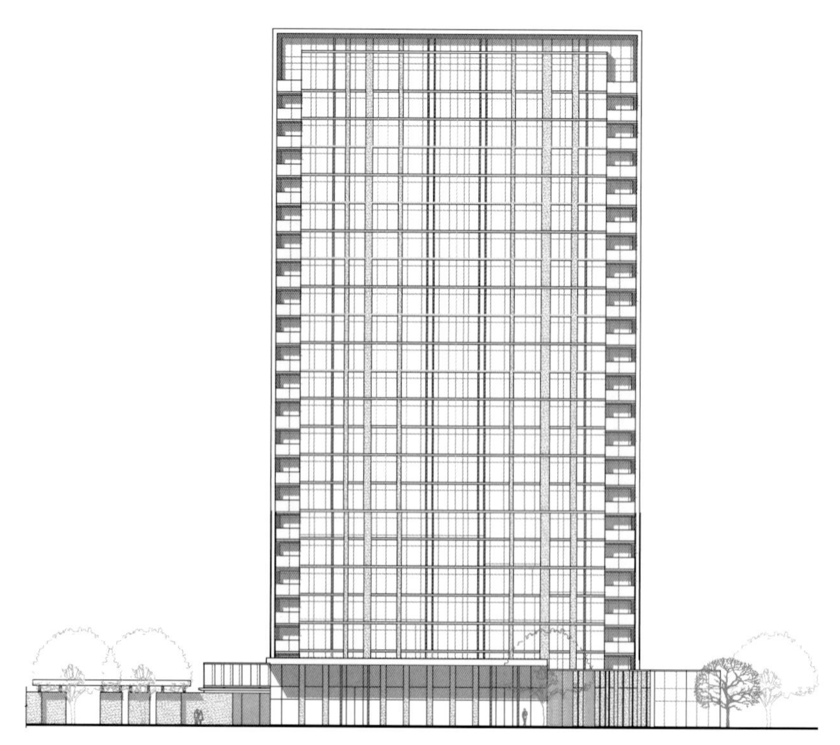

立面图

1

1. 鸟瞰

总平面图

	3	4
2		5
	6	

2. 俯视整体区域效果
3. 主体塔楼形象
4/5. 外立面细节
6. 从街道望向塔楼

上海滨江壹号院

中国，上海

设计公司：goa 大象设计
主持建筑师：何峻、田钰、张迅

建筑师团队：何峻、田钰、张迅、周翌、李令捷、胡晨芳、方婷、汪进、胡雷雷、周振宇、叶杆炜、章慕悫、吴佳寅、马佳、郝瑞敏、向陪、林虎
结构设计：师建伟、张建辉、金明彦、杨钦普、崔碧琪
设备设计：梅玉龙、曾杰、孙中南、朱耀娟、钱列东、吴金祥、何骞、侯会芬、郑铭、寿广、周伟明、曾菲、漆海兵

设计及建造周期：2013—2020 年
总建筑面积：450,000 平方米
主要建造材料：石材、玻璃、铝板

上海滨江壹号院位于上海市黄浦区南端，紧邻世博会浦西会场区域，是一组集住宅、办公、商业为一体的综合性建筑群。自 2013 年起，大象设计接手项目的西区 4 幢高层住宅、南区 3 幢多层住宅、11 号楼办公综合体、18 和 20 号写字楼以及北侧 1 组多层独栋商业建筑的设计。

基地内已建成建筑的布局较为分散，同时西侧紧邻地铁口的两幢办公建筑因工期原因，无法调整设计。复杂的现状为设计带来较大难度。在综合平衡了景观朝向和日照条件之后，设计方案将前后两排高层住宅建筑分别向西和向东偏转 45°，形成相互垂直的 L 关系。既能与既有建筑形成一定的肌理延续，又使得后排建筑可在前排建筑的前后间距之间，获得最大化的江景界面。同时，相互垂直的建筑也在住宅组团内围合出多重庭院，配合架空层、景观连廊和片墙的设计，在近人尺度构成了丰富的空间组合，为住区提供了更多的社交场所。考虑到基地北侧的中山南一路为高架道路，设计方案以一条于住宅之间的内街将位于基地西侧和北侧的办公底商、独栋商业串联起来，并结合下沉广场，与地铁站和地下商业空间相连，以吸纳更多人流。

在风格形态上，设计方案采用现代简约的造型语言来平衡较为拥挤的都市空间。南侧多层住宅为干挂石材与深色玻璃和金属的组合，低调而奢华。而高层住宅为了纳入更多江景，采用大玻璃窗搭配横向金属线条的立面形式，与周边办公建筑在材料和颜色上相互呼应，形成一组气质和谐的城市地标。

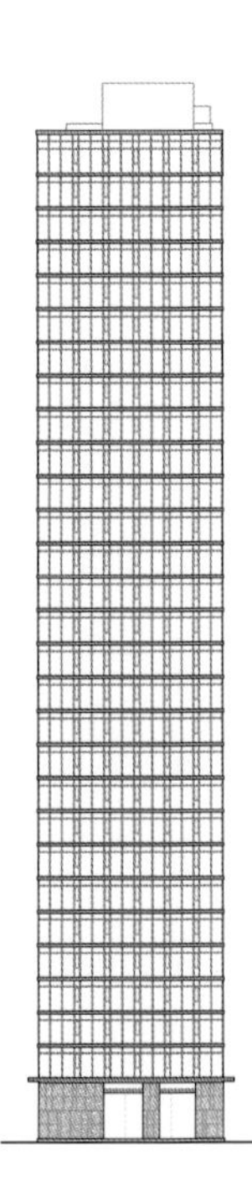

立面图

1

1. 建筑选用现代简约风格

总平面图

2 3 4 5

2. 建筑远景
3. 景观连廊效果
4. 庭院景观
5. 街道

6. 商业区域建筑实景
7、8. 商业区域建筑物周边景观
9. 俯瞰庭院景观
10. 商业区域建筑夜景
11. 商业区域入口

湖境云庐

浙江，杭州

设计公司： goa 大象设计
主持建筑师： 何兼、袁源

建筑师团队： 董慧、王宇、叶帆、白树全、夏杰、俞双娟、翁伯璋、程青依
结构设计： 徐浩祥、何亮、宋子文、施冬、董忆夏、林逸风、于悦、贾武鹏
设备设计： 叶金元、周伟明、王俊、梅玉龙、王文胜、彭迎云、陈舟舟、刘丽芳、李程、赵睿、赵志铭

设计及建造周期： 2018—2021 年
总建筑面积： 约 146,000 平方米
主要建造材料： 铝板、铝型材、铝格栅、木纹铝板、石材、玻璃
获奖情况： 入选 MIPIM Awards 2020 最佳住宅开发类项目
摄影： 泠城摄影工作室（shiromio studio）

项目业态为叠拼住宅。在设计上是将传统与现代风格融会贯通的一次尝试。现代的轻盈，传统的厚重，在这个项目里得到统一又充分的表达。

规划布局整体强调中心轴线，邻里中心携无边泳池及中心绿地共一线，将运河景观引入园区内，与地块周边景观融为一体。强调向心力、仪式感，打造尊贵的园区共享空间。沿河一线布置相对自由，错落的布置充分利用景观资源，使得后排住宅也拥有开阔的视野和运河景观。

建筑单体采用简洁的形体关系，并保证与内部空间功能吻合。立面以横向线条通长阳台为主，使整个建筑群纯净典雅的特性得以凸显，利用板材、挑檐、金属构件形成空间限定，使每一户的两层置于同一个相对私密的空间内，极具“墅”的尊贵感。精炼中国传统元素及大屋檐，考究立面比例与细部做法，让建筑更轻更薄，更具现代感，以达到高规格的品质，实现现代与传统的和谐共生。建筑外墙材料采用浅色石材结合深色铝型材辅以较为细腻的仿木材料，彰显立面的轻盈与品质感。

售楼处（配套公建）运用中国传统建筑的比例关系，采用大屋顶与金属、玻璃的有机结合，使之产生明与暗、虚与实、传统与现代的激烈碰撞，极具冲击力。

立面图

1
2

1. 主入口鸟瞰
2. 归家大堂主路径

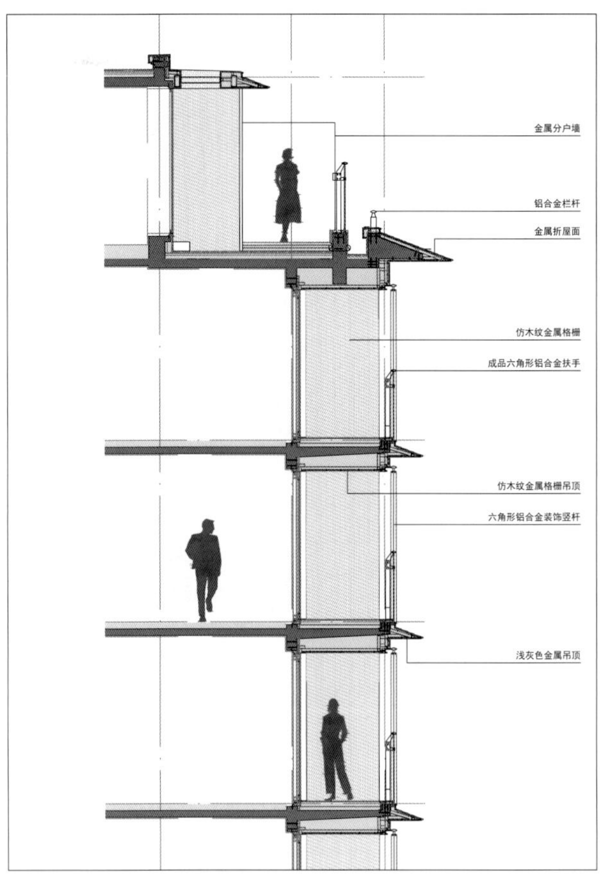

住宅墙身

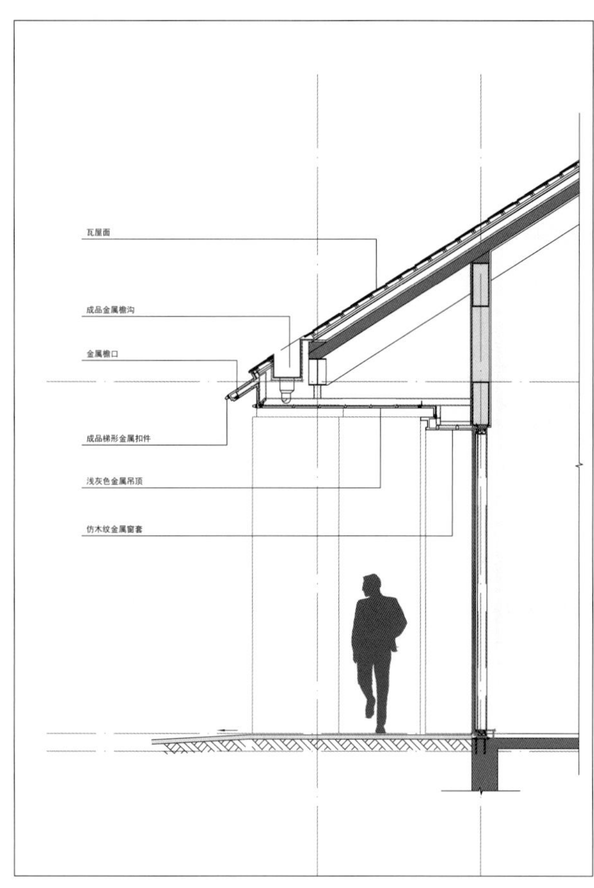

售楼处墙身

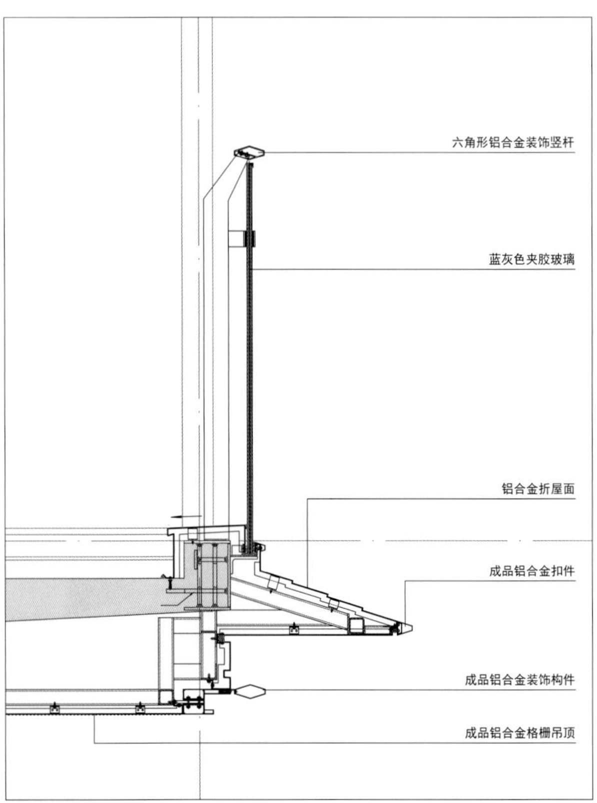

住宅阳台节点 a

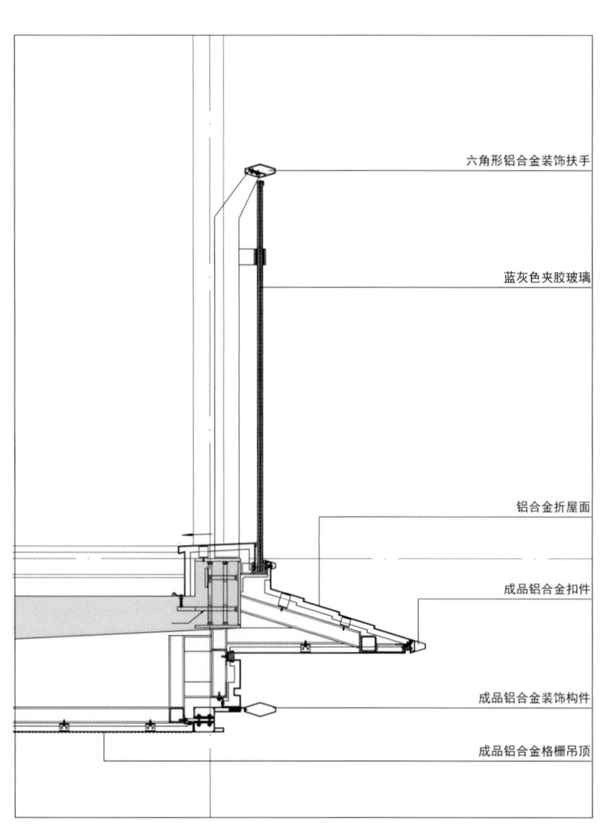

住宅阳台节点 b

3 | 4
5

3. 构建层次与细节
4. 构建层次与细节
5. 屋面的色彩与质感

6 | 7 / 8

6. 白橡木纹转印铝合金打造的“木质”格栅
7. 归家大堂室内
8. 檐下的空间体验

神山岭综合服务中心

河南，信阳

设计公司：三文建筑
主持建筑师：何崴、陈龙

建筑师团队：梁筑寓、赵馨泽、宋珂、曹诗晴、尹欣怡
结构设计：余文潮
设备设计：卜建海

设计周期：2018年3—6月
建造周期：2018年6月—2019年5月
总建筑面积：2500平方米
工程造价：1000万元
主要建造材料：钢筋混凝土、白色外墙涂料、玻璃幕墙
摄影：方立明

项目位于信阳市光山县殷棚乡，属于大别山潜山丘陵地区。区域内山水相依，风景优美，有农田、水库、山林等自然资源，同时，当地盛产板栗、水稻、油茶、茶叶等农业资源。建筑作为神山岭生态观光园项目的综合服务中心，提供游客在园区内的接待、饮食、休闲及住宿等服务。

建筑设计的概念来自对场地的阅读。基地位于园区东西向主路和一条向北次路的交叉口，呈不规则的三角形，北窄南宽，东北和西北方向有丘陵，西南向较开阔，具有较好的对景。业主在设计团队介入之前已经将场地进行了平整和拓宽，也开挖了基地东北侧的丘陵，对原有环境有一定的改变。面对裸露的高达15米的边坡，设计团队提出用建筑进行生态环境修补的想法：将建筑退让至场地边界，与开挖的山体衔接。建筑从场地中央位置挪开，既创造了开阔的户外空间，又使建筑成为自然山体的延伸，由此得出建筑面向西南、背向东北、依山面水而建的基本格局。在此基础上，设计团队提出“折叠的水平线”的设计理念：建筑总体呈退台式组织，暗示了建筑作为另类等高线与山体的关系，建筑作为自然环境的一种延续，但又不仅限于对自然的模仿和拟态。建筑共三层，首层为公共服务区域，平面呈L形布局，包含接待大厅、农产品售卖中心、餐厅、宴会厅、会议厅、办公等；二层和三层为客房，两层共计22间。

设计团队选取“层叠退台”作为建筑的基本形式：下一层的顶部成为上一层房间的户外活动空间，每个客房都有独立的“空中小院”，丰富了住宿的体验。客房部分，通过将模数化的功能单元如积木一般进行错动堆叠，形成节奏性的空间序列，同时最大限度地获得了向西和向南两个方向的观景面。与此同时，交通的组织、管线和结构的对位必须得以保证，从而使建筑在乡村语境中可以被实现。对于各层户外退台空间，设计团队有意在各层平面上进行了错位，使得上层建筑轮廓的阳角与下层建筑轮廓的阴角相对，由此形成了同层平面上相对独立的户外空间，保障了客房使用过程中的私密性。

建筑外墙整体为白色，设计团队有意弱化了外墙在材质及颜色方面的装饰语言，突出建筑的“几何性”和“构成性”。建筑立面处理上强调横向线条和实体，通过女儿墙和下反檐口形成连续的、“实”的白色条带。但在秩序感之余，也注意在细节处的变化，例如建筑入口东侧的天井院，为室内空间形成了三面观看的小景；宴会厅的天光顶棚为空间提供了天光照明的同时也在建筑形态上产生了局部变化。

1
2

1. 建筑夜景航拍
2. 建筑与环境的关系

一层平面图

二层平面图

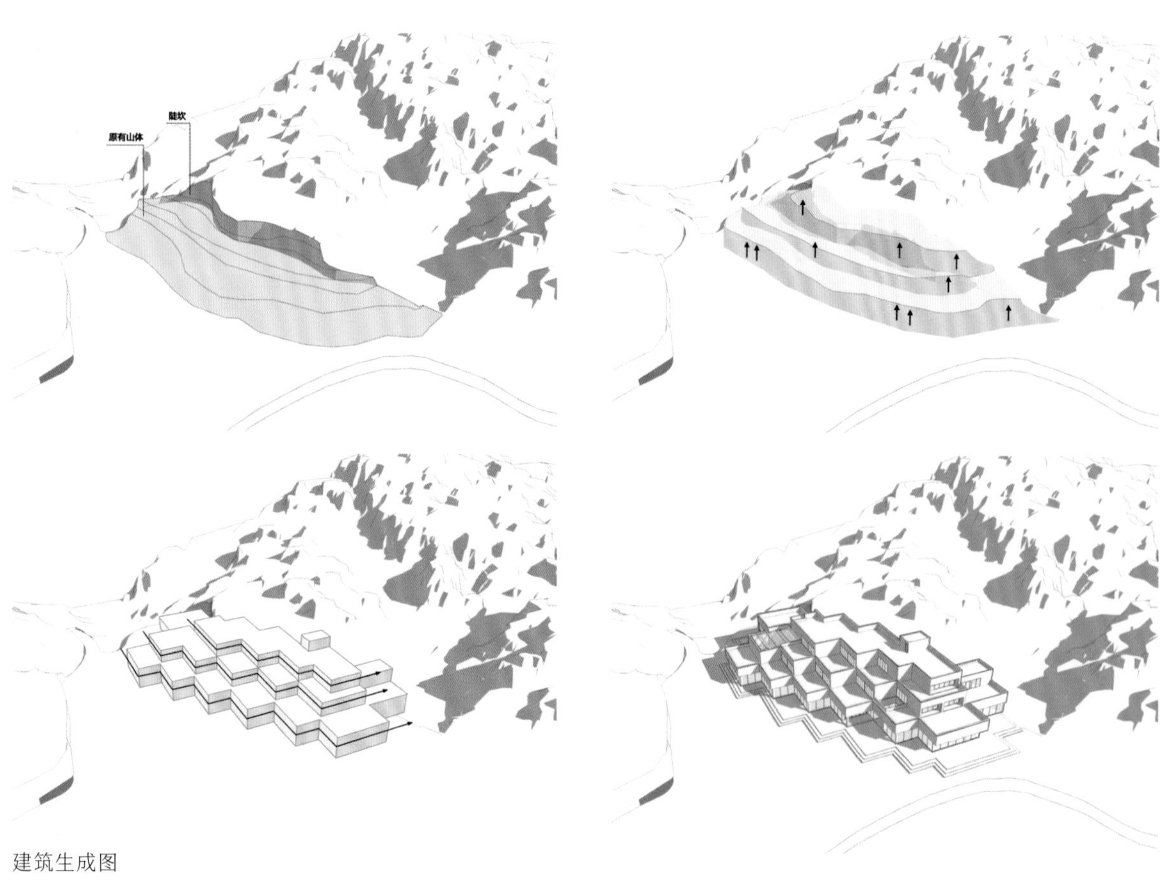

建筑生成图

3
4
5

3. 建筑夜景
4. 建筑退台
5. 夜色下的露台

6
7
8
9
10

6. 水平延展的建筑外立面形成秩序
7. 建筑主入口视角
8. 建筑侧立面
9. 退台建筑形式形成几何感
10. 退台上的折线立面

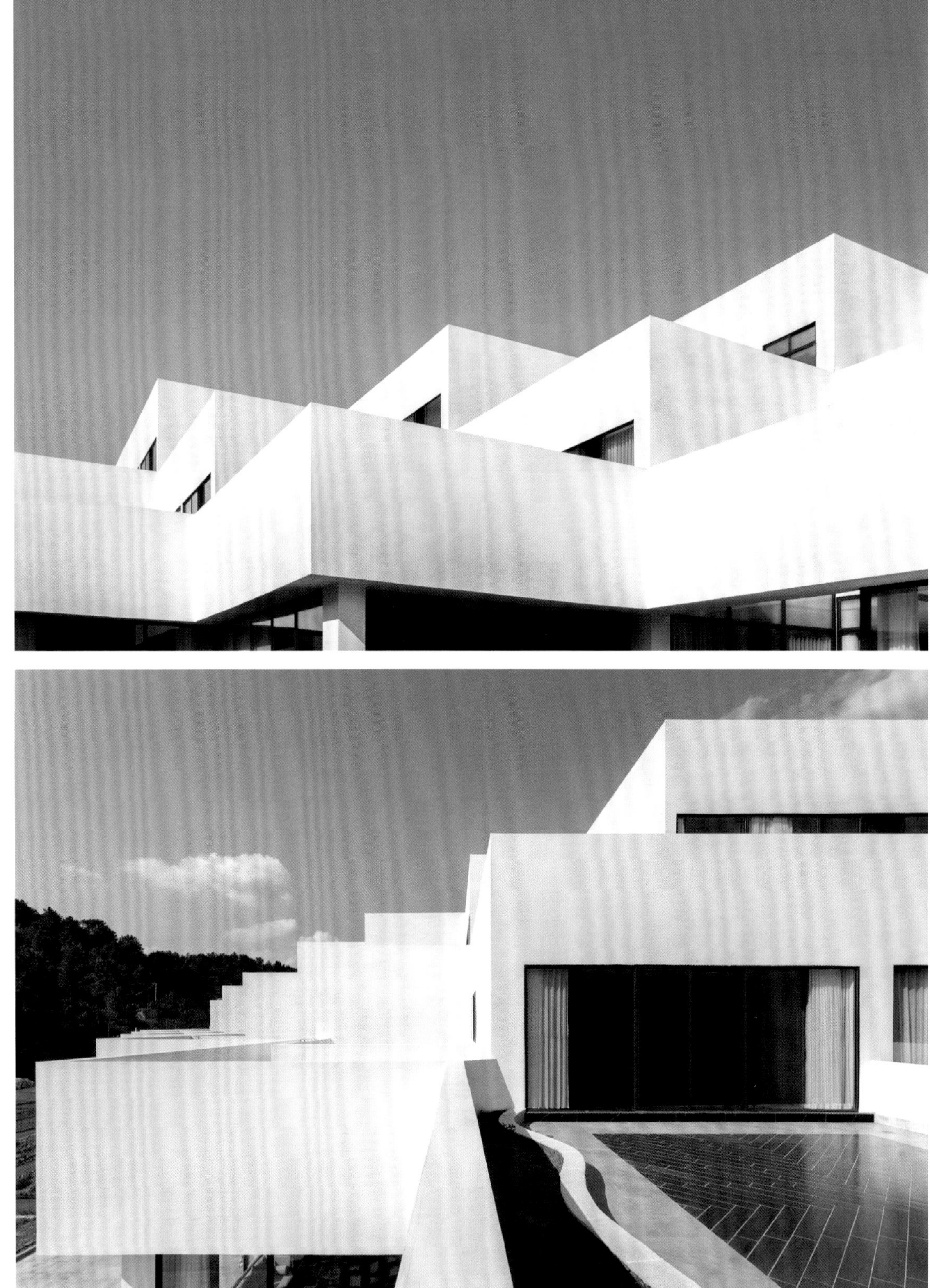

边园

中国，上海

设计公司：大舍建筑设计事务所
主持建筑师：柳亦春

建筑师团队：沈雯、陈晓艺
结构设计：和作结构建筑研究所

设计周期：2018 年 3—11 月
建造周期：2018 年 11 月—2019 年 10 月
总建筑面积：268 平方米
工程造价：68 万元
主要建造材料：钢、混凝土

项目的场地原本是为运送生产煤气的原料而设的煤炭卸载码头。码头上约 90 米长、4 米高的混凝土墙是为了防止煤炭滑落水中而设计建造的，如今这一功能已经丧失，长墙便成为沉默且颓然的存在。长墙本有两堵，沿江的一堵早被拆除，就近填入了码头和防汛墙之间的缝隙里。沿着残留的长长的混凝土墙体，草籽落入覆盖着煤块、混凝土块和尘土的缝隙，长成参天大树，与长墙相互依存，成为废墟般特殊意义的风景，这种风景正逐渐从上海近年的一种精致化倾向的城市更新中逐渐消失。作为一个由工业用途转为城市公共空间的水岸更新项目，保持住既有的风景特质明显是重要的，这是上海过去大半个世纪繁忙的工业活动的历史见证。

新的建造将那堵长长的坚实的混凝土墙作为继续建造的基础，一个具有地基意义的基础，或者说是一个基座，把一个跨越防汛墙和码头缝隙、穿越那荒野的树的坡道连桥、一个腾空的长廊、一处可以闲坐的亭，都附着在这堵坚实的墙上。一个单坡的屋顶，有效地定义了墙内墙外的空间，墙内对着码头和岸边缝隙里带有荒废感的花园，是落地的檐廊，墙外则是挑空的看江的高廊，一边是压低的，一边是扬起的，暗示了观看尺度和远近的不同。

失去卸煤功能的空旷码头被打磨成了光滑的旱冰场，它和看江的廊又构成另一重近距离的空间对应，于是地面、墙体与介入的结构物一同形成了新的整体，人们可以任意停留或穿过，昔日的煤码头成为今日都市闲逛者的场所，纤细的钢结构柱梁如一个个风景的框。在人们的移动中，框出不同时代的证物——热电厂的烟囱、色彩鲜艳的龙门吊、潮水洗刷来洗刷去的污泥中的混凝土块、江对面开始出现的高层建筑和远处的桥及其他。

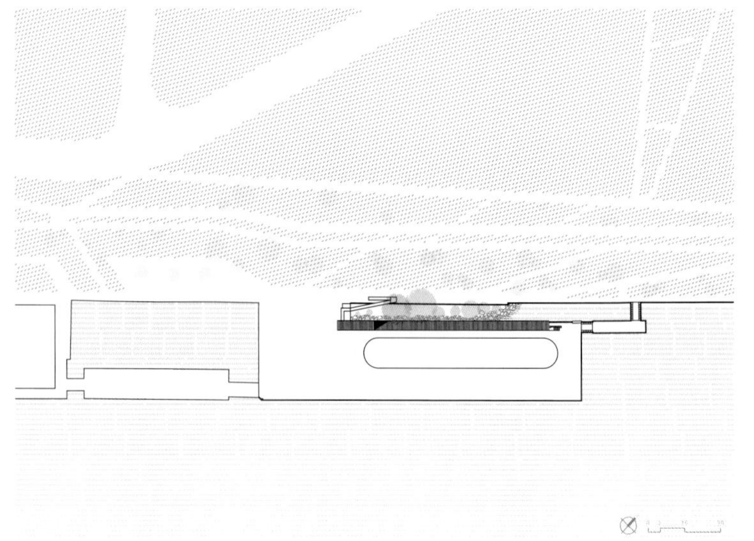
总平面图

1

1. 转折的屋顶、坡道与大树

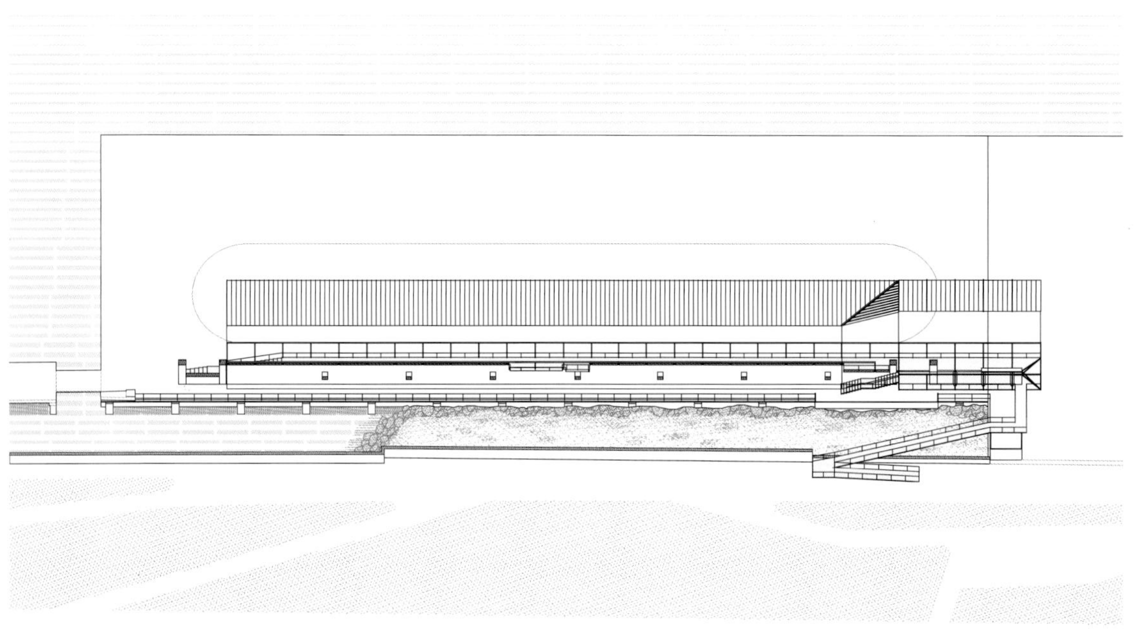

正轴测图

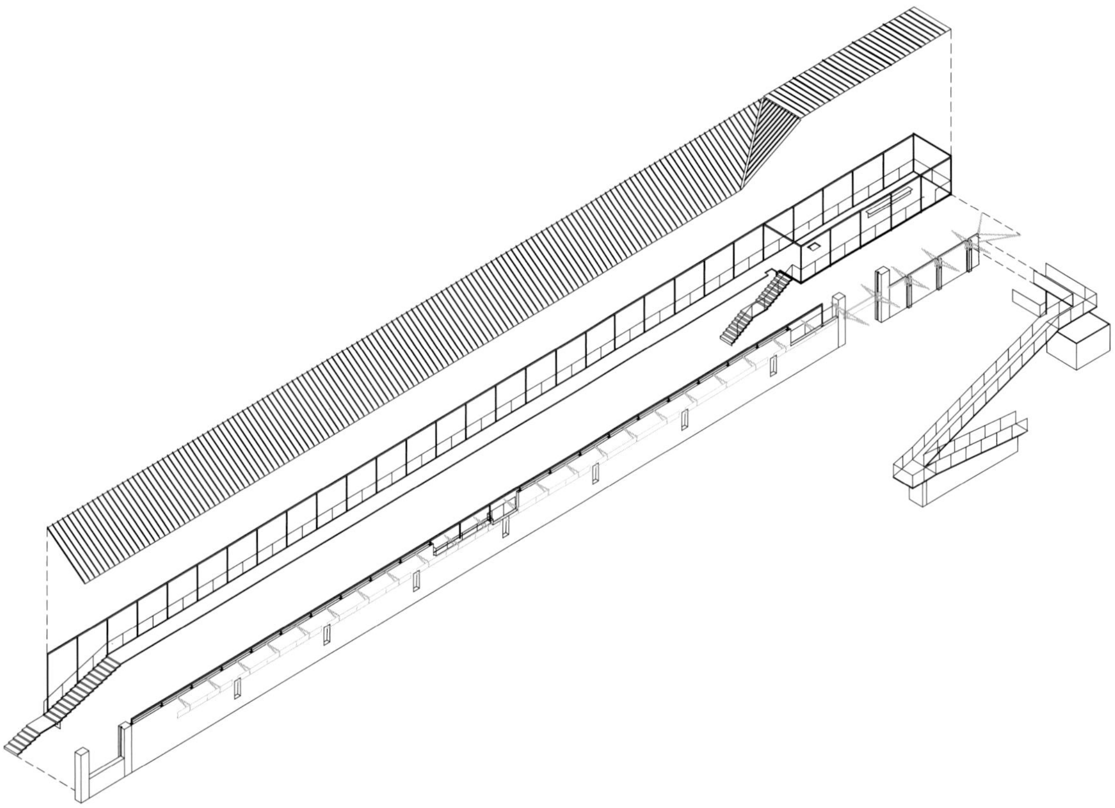

构架轴测图

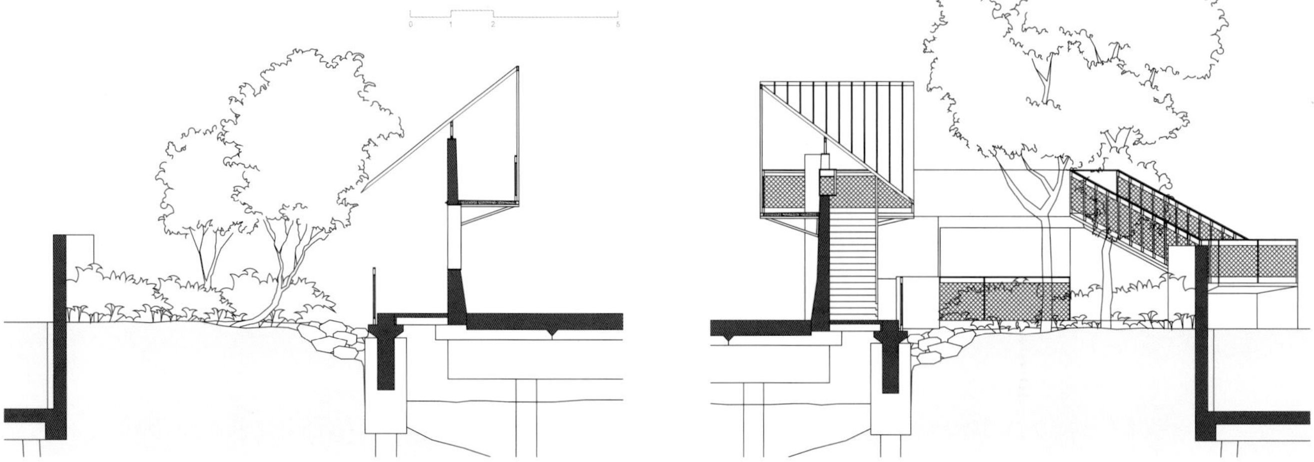

剖面图

2
3 | 4

2. 长墙与端头的亭
3. 墙外的旱冰场与江
4. 出挑的亭台

5 | 6 / 7 | 8 / 9

5. 夜景局部
6. 单坡屋顶定义了墙内墙外的空间
7. 墙、窗洞与顶构成了新的整体
8. 跨越码头与防汛墙缝隙的坡道
9. 墙内的园

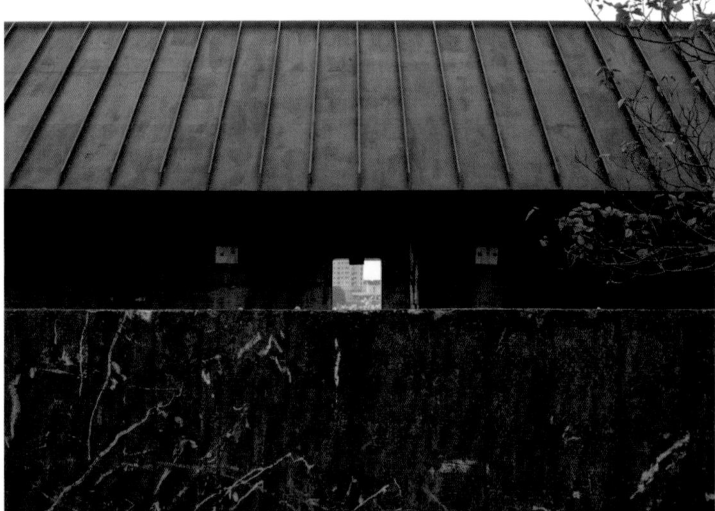

胡同泡泡 218 号

中国，北京

设计公司：MAD 建筑事务所
主持建筑师：马岩松、党群、早野洋介

建筑师团队：何威、李元皓、尚荔、傅昌瑞、王涛、Dmitry Seregen、Cesar D. Rey

建造周期：2015—2019 年
总建筑面积：305.1 平方米
摄影：田方方

胡同泡泡 218 号位于北京前门东区西打磨厂街。一百多年来，建筑从最初史载的外国医院，变成了改造前 20 多户居民聚居的大杂院。院子经历了不同历史时期的多重加建、改建，院落的原本格局已十分模糊。至近代，由于院子的居住条件的逐渐败落，原来的住户也大多搬走，院子逐渐失去了历史院落原有的生气。

MAD“胡同泡泡”方案，提出旧城改造不一定需要推倒重建，而是通过加入犹如超越时空的“泡泡”，像磁铁一样更新社区生活条件、激活邻里关系。

西打磨厂街 218 号院的修复、改造，起源于 2014 年由天街集团、天安时间当代艺术中心以及北京市建筑设计研究院共同主办的旧城更新研究计划“城南计划——前门东区 2014”。MAD 在此研究项目中对旧城更新规划提出了不动、更密、针灸、精神 4 个原则。后来 218 号院成了这个研究的试验点。

MAD 在恢复四合院原有三进格局的同时，创造性地加入了 3 个不同形态、犹如天外来物的“泡泡”。艺术轻触社区，新与旧、传统与未来在老城里创造了新的对话空间。

MAD 在院子里加入了 3 个由不锈钢打磨制作而成的泡泡。其中一个是一处独立的会客室 / 共享工作空间；另一个除了会客及共享空间的功能外，还可让人们通过“泡泡”内的回旋楼梯自由穿梭于一、二层之间。

泡泡犹如来自未知时空的小精灵，在旧城环境中闪现“灵气”——泡泡光滑的表面折射着院子里古老的建筑、树木以及天空，赋予了老建筑新的生命，形成了面向未来的全新的空间；同时与周围的旧城环境相得益彰，以新颖的艺术笔触让社区的历史与未来开启对话

老建筑照片

1
2

1. 街景
2. 外立面

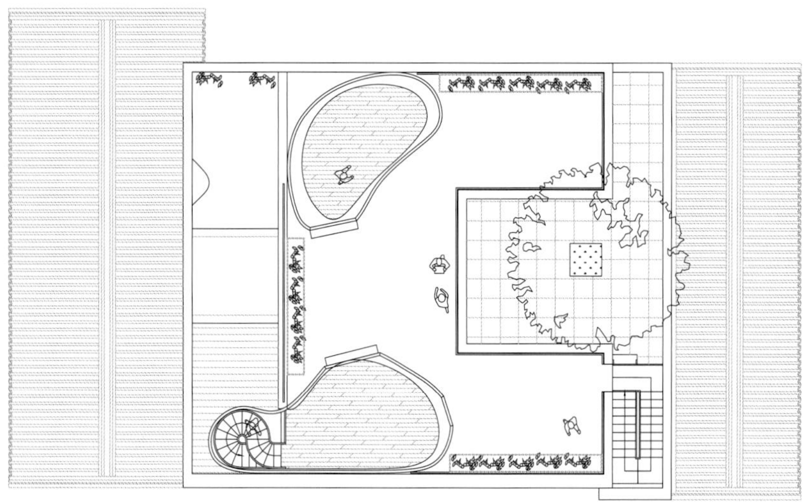

屋顶平面图

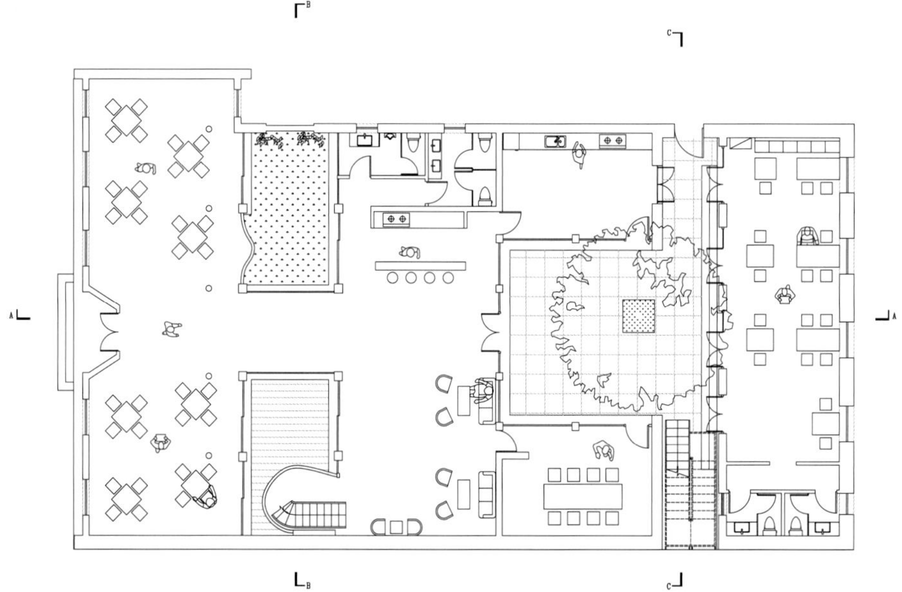

一层平面图

剖面图

3
4

3. 屋顶鸟瞰
4. 屋顶平台

5	7
6	8

5、6. 泡泡与建筑之间的关系
7、8. 局部细节设计

9 | 11
10

9. 院子
10. 茶室
11. 旋转楼梯

浙江兰湖旅游度假区兰桥及游客中心

浙江，金华

设计公司： 同济大学建筑设计研究院（集团）有限公司、上海太禾城市设计咨询有限公司
度假区总规划师及设计主创： 吴志强
建筑景观设计主创及项目负责人： 卢仲良
建筑及景观设计团队： 易伟、陈琨、赵铸、王梦苑、辜远帆、董程浩、曾群、丰雷

结构设计： 冯大权
设备设计： 诸嵘奇

设计周期： 2013 年 3 月—2017 年 11 月
建造周期： 2015 年 1 月—2019 年 5 月
总建筑面积： 4673.6 平方米
工程造价： 1600 万元
主要建造材料： 钢材、穿孔铝板、玻璃幕墙、木纹铝板、厚塑木面板
获奖情况： 浙江省“优秀园林工程”金奖
摄影： 马元、太禾设计

兰湖旅游度假区位于浙江省兰溪市东南 14 公里，总面积逾 20 平方千米，为同济大学吴志强院士领衔规划设计的省级旅游度假区。兰桥及游客中心为度假区一期启动区的主要单体建筑。设计采用以自然为中心的空间形态策略，利用自然、轻触场地。项目保留了基地中良好的植被和原生态景观，减少了对自然的扰动。新建建筑形态仿生，同时保证高度均不超过现状植被，使之融入周边景观环境，以体现建筑对自然的谦卑与尊重，实现建筑景观一体化。

兰桥——源于自然之型与文化之意的景观廊桥

兰溪市以兰为名，兰溪名人李渔的《芥子园画谱》中绘有专门的兰花谱。兰在兰溪既有传统文化渊源，又有市民喜好基础。启动区入口标示性的景观桥采用了兰叶造型，将文化的意与自然的型组织到设计中，名为兰桥。兰桥是景区入口通往兰湖的步行景观桥。跨过现状低洼的冲沟水田，连接停车场和游客中心，总长 180 米。人就像蚂蚁在兰叶上爬，有着“一花一世界，一叶一菩提”的意境。设计利用参数化技术模拟调校兰桥造型，并将设计参数转化为钢结构定位控制参数，最终生成有渐变艺术效果的钢结构模型，结构即造型。兰桥表面覆盖木纹铝板，减轻桥梁自重的同时又能获得自然的观感。兰桥桥下的冲沟同步改造设计成花溪，利用水库高位水势能自流成溪。溪中种植樱花与丛生福禄考等观花植物，春季溪中流水落花，桥上衣香人影，共同组成浪漫的春游图景。

游客中心——融于场地谦卑以对自然的公共服务建筑

游客中心设置在兰湖岸边，利用原有鸭棚场地改建，提供游客接待、学术交流、餐饮休闲等服务功能。建筑占地面积 3606.7 平方米，建筑面积 4673.6 平方米。游客中心北接兰桥，通道两侧种植丛生榉树，形成富有仪式感的入口空间。南临兰湖，通过一个悬挑平台伸入湖中，与湖水天光融为一体。建筑总体延续了花溪与花丘的流线形态，平缓舒展，与场地景观融合的同时，化解了水库坝顶与坝底约 5 米的高差。游客中心主体采用钢结构，建筑表皮采用冲孔铝板，内藏可编程的泛光照明。设计师利用参数化技术比较了 40 多种不同的表皮纹样方案，确定方案后直接生成机床可识别的矢量化文件，并由工厂加工为成品。最终生产的 5000 多块铝板形状与冲孔纹样均不一样，但并没有造成造价和工期的增加。我们抛却了改造自然的自负心态，定义了新的建筑意义，相信度假区的建筑应服务于自然。兰桥和游客中心作为一个容器，承载了必要的功能后，将更多的机会留给湖泊、溪谷和树林，使游客能充分亲近场地，感受自然。项目的成功打造，最终使兰湖旅游度假区成为兰溪乃至金华地区最富吸引力的热门景点之一。

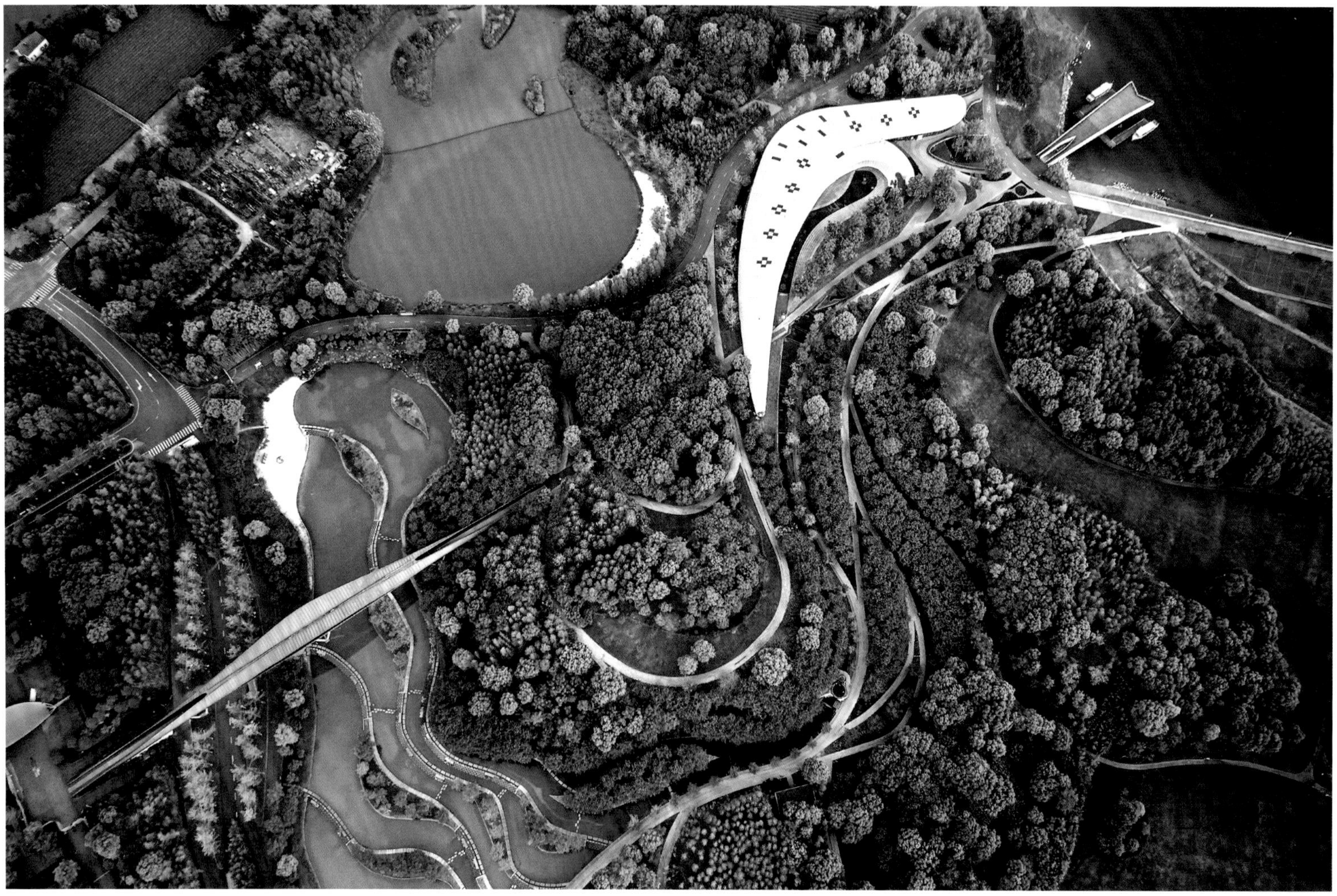

1
2

1. 兰桥及游客中心整体俯视
2. 兰桥及游客中心整体鸟瞰

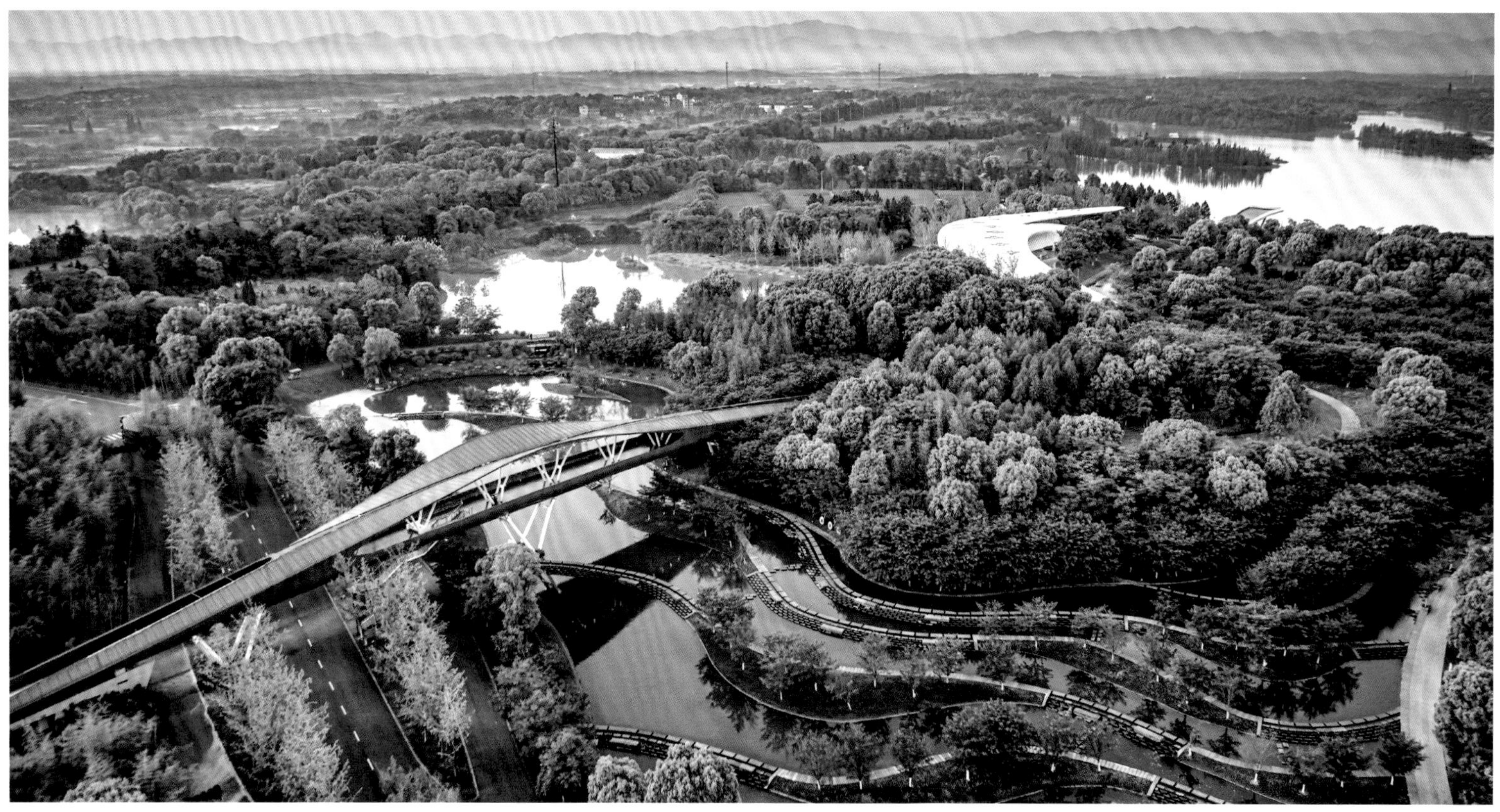

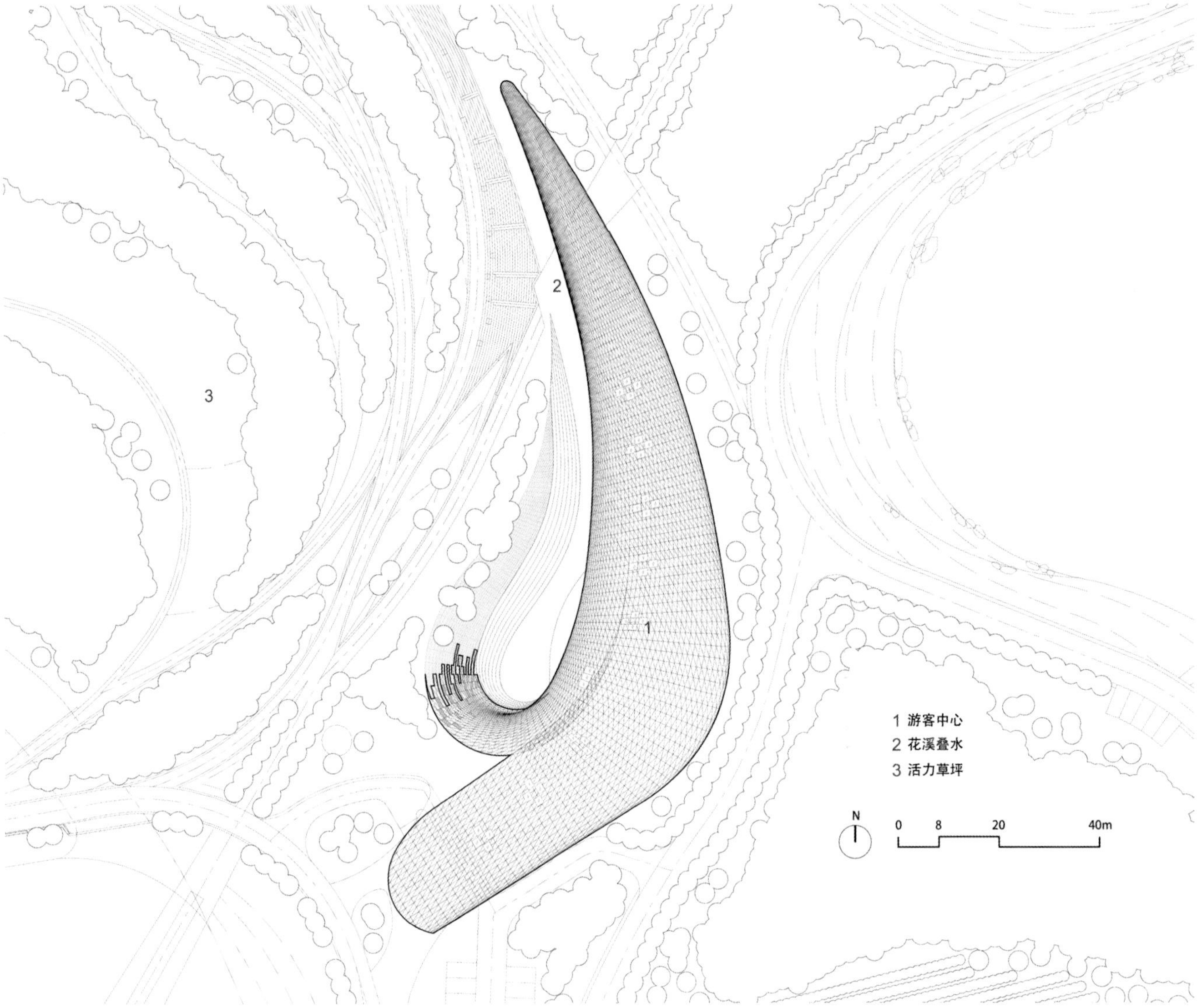

2

3

1

1 游客中心
2 花溪叠水
3 活力草坪

N

0 8 20 40m

游客中心总平面图

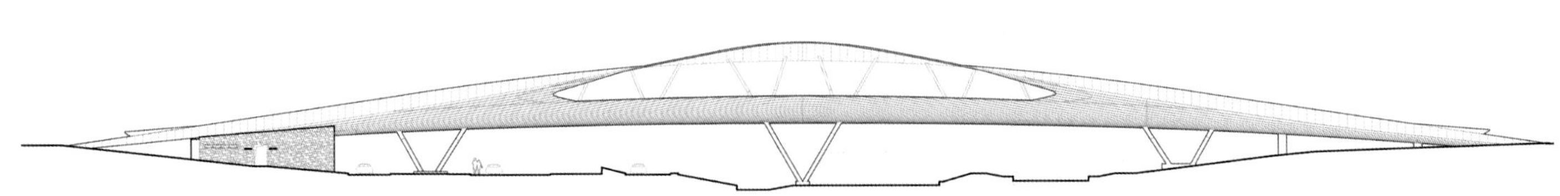

兰桥立面图

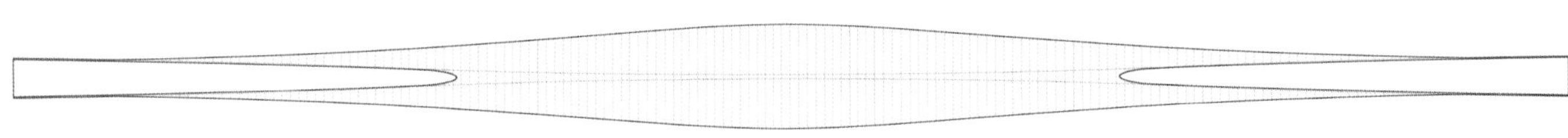

0 4 10 20m

兰桥顶视图

3

4 | 5

3/4/5. 游客中心局部空间形态

6	8	9
7	10	11

6. 俯瞰兰桥及花溪
7. 匍匐于大地的游客中心
8/9/10/11. 延伸在树林之间溪流之上的兰桥

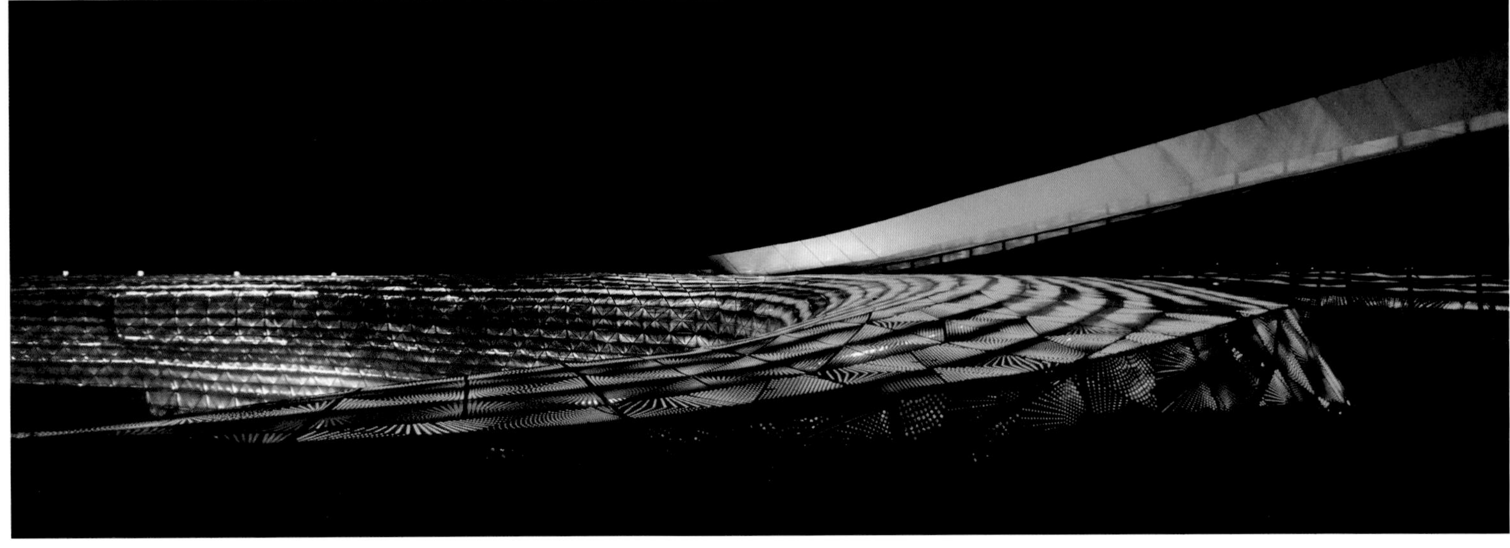

12
13 | 14
15

16
17 | 18

12/13/14. 变废为宝将死去的大树作为游客中心建筑景观元素
15. 游客中心数控灯光效果
16/17/18. 兰桥局部空间形态

七舍合院

中国，北京

设计公司：建筑营设计工作室
主持建筑师：韩文强

建筑师团队：王同辉

设计周期：2017 年 9 月—2020 年 1 月
总建筑面积：约 500 平方米
主要建造材料：竹钢、青砖、玻璃砖
摄影：王宁、吴清山

七舍合院位于北京旧城核心区内，院子占地宽约 15 米，长约 42 米，是一座小型的三进四合院。由于原建筑共包含 7 间坡屋顶房屋，且正好是该胡同的七号，故得名七舍。

新与旧相互叠合成为一个新的整体，来满足未来院子作为公共接待和居住空间的使用要求。

设计在保持传统建筑的材料特征基础上适度添加新材料，注重保持时间迭代的印记，让新与旧产生若干微差与叠合。“游廊”一直是传统建筑中的基本要素，引入“游廊”作为本次改造中最为可见的附加物，将原本相互分离的七间房屋连接成为一个整体，它既是路径通道，又重新划分了庭院层次，并制造出观赏与游走的乐趣。

原始建筑年代较为久远，除了基本上还保持的木结构梁柱和局部有民国特点的拱形门洞，其他大部分屋顶、墙面、门窗等都已经破损或消失。院内遗留了大量大杂院时期的临时建筑，遍布清空之后的建筑废料，杂草丛生、一片凋零。本次改造设计一方面是修复旧的——对院落房屋进行整理，保留时间迭代的印记，修复各个建筑界面，加固建筑结构，重现传统建筑的样貌。另一方面是植入新的——新的生活功能配备（卫生间、厨房、车库等），新的基础设施（水暖电设备管线）以及新的游廊空间。一进院被定义为停车院，设计保留原建筑屋顶移除墙面，并平移了主入口位置，以留出尽量宽阔的停车空地。另一侧的游廊屋顶则向下连接成为曲面墙，在停车院之内分隔出其后的卫生间、服务间、设备间等功能空间。二进院是公共活动院，结合原本建筑一正两厢三间房屋的格局，分别布置了客厅、茶室、餐厅、厨房等。室内外空间划分依然采用对称式布局，继承了传统院落的空间仪式性。三进院作为居住院，包括两间卧室以及茶室、书房等空间。旧建筑依然是一正两厢的格局，院内有三棵老树。游廊平面在这里衍变为连续曲线形态，一方面与庭院内的三棵树产生互动，另一方面也营造出多个小尺度的弧形休闲空间。

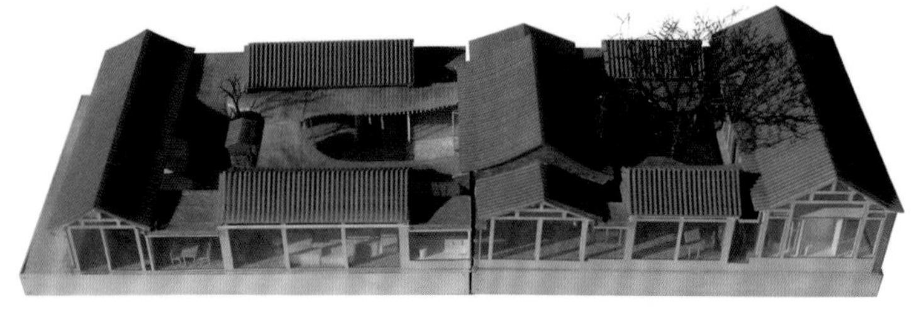

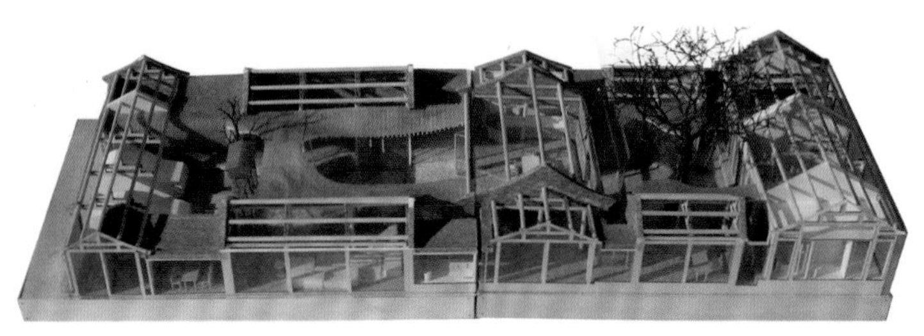

模型照片

1

1. 鸟瞰

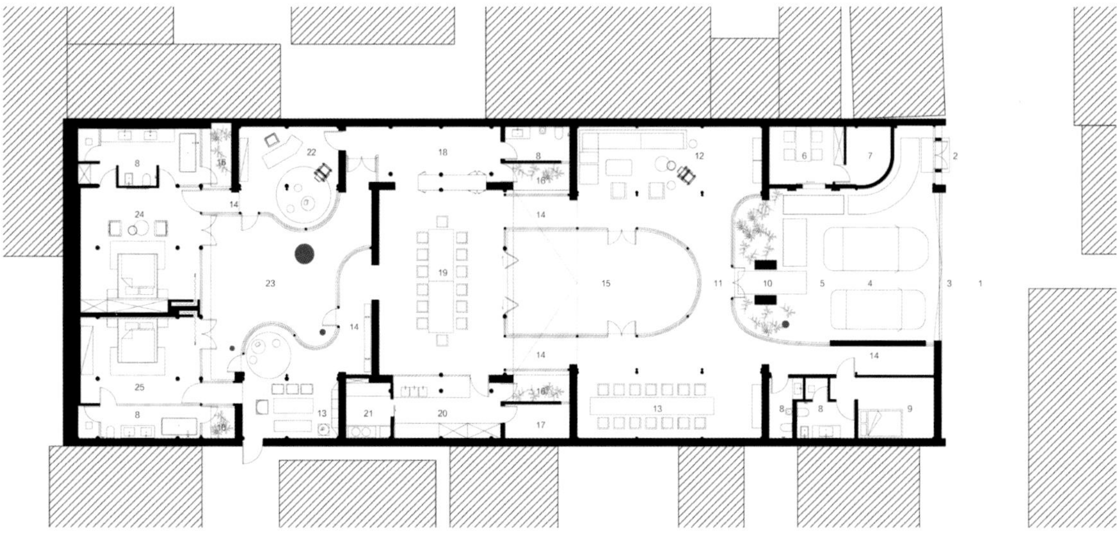

平面图

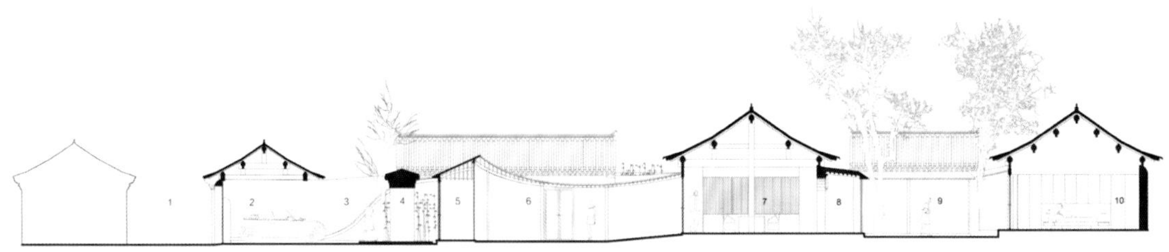

剖面图

A. 连廊屋面做法
- 40 毫米 ×100 毫米竹钢次梁
- 10 毫米竹钢望板
- 50 毫米挤塑苯板保温层
- 20 毫米 1 ： 2.5 水泥砂浆找平层
- 卷材防水层
- 20 毫米聚合物砂浆结合层
- 20 毫米聚合物砂浆

B. 室内地面做法
- 37 毫米 ×48 毫米 ×240 毫米灰砖
- 20 毫米厚 1 ： 3 干硬性水泥砂浆结合层，表面撒水泥粉
- 1.5 毫米厚聚氨酯防水层或 2 毫米厚聚合物水泥基防水涂料
- 1 ： 3 水泥砂浆或最薄处 30 毫米厚 C20 细石混凝土找坡层抹平
- 水泥浆一道（内掺建筑胶）
- 素土夯实

1. 80 毫米 × 120 毫米竹钢主梁
2. 灯带
3. ϕ60 毫米竹钢结构柱
4. 6 毫米 +6 毫米弧形夹胶超白钢化玻璃
5. 雨水篦子

节点图

2
3

2. 沿胡同外立面及入口
3. 外立面

4 | 5 / 6

4. 一进院（白天）
5. 一进院（白天）
6. 一进院（夜晚）

7 8 9 10

7. 二进院入口（白天）
8. 二进院（白天）
9. 二进院客厅
10. 二进院客厅

11 | 14 15
12 13 | 16

11. 三进院茶室
12. 三进院夜景
13. 三进院夜景
14. 三进院主卧室
15. 三进院主卧室
16. 三进院主卧室

设计公司

A

AECOM
ARUP 奥雅纳工程咨询有限公司

B

北京鸿尚国际设计有限公司
北京清尚建筑装饰工程有限公司
北京市建筑设计研究院有限公司
北京市建筑设计研究有限公司 A47 工作室
北京市建筑设计研究有限公司朱小地工作室
北京首钢国际工程技术有限公司

C

CCDI 悉地国际设计集团
CORGAN（北京）国际建筑设计咨询有限公司
长沙视码空间设计有限公司
重庆联创建筑规划设计有限公司
重庆悦集建筑设计事务所
重庆三峰卡万塔环境产业有限公司
重庆源道建筑规划设计有限公司

D

大舍建筑设计事务所
戴德梁行房地产（咨询）上海有限公司
地方工作室
东南大学建筑学院
东南大学建筑设计研究院有限公司
都市架构（北京）建筑与规划设计咨询有限公司

F

Foster+Partners 事务所
法国 MaP3 建筑结构咨询（北京）有限公司
非常建筑

G

Gensler 建筑咨询有限公司
gmp 国际建筑设计有限公司
goa 大象设计
光湖普瑞照明设计有限公司
广东省建筑设计研究院深圳分院
广东省建筑设计研究院有限公司
广州容柏生建筑结构设计事务所
贵州省建筑设计研究院有限责任公司

H

杭州中联筑境建筑设计有限公司
河北建筑设计研究院有限责任公司
赫尔佐格和德梅隆建筑事务所（瑞士）
合作结构建筑研究所
湖北中艺古建园林工程有限公司
湖南大学设计研究有限公司
湖南大学设计研究有限公司设备所
湖南力构建筑装饰有限公司
湖南水立方建筑与景观设计有限公司
华东建筑设计研究院有限公司华东建筑设计研究总院
华建集团上海建筑科创中心
华建集团上海申元工程投资咨询有限公司
华南理工大学建筑设计研究院有限公司
华艺设计顾问有限公司

J

JTL Studio Pte.Ltd, Singapore
迹 · 建筑事务所（TAO）
建筑营设计工作室
景德镇陶瓷工业设计研究院

K

Kohn Pedersen Fox（KPF）
Kokaistudios

L

刘克成工作室
吕元祥建筑师事务所（国际）有限公司

M

MAD 建筑事务所
美国捷得建筑设计事务所（JERDE）
米兰理工大学

N

NBBJ
南京中山台城设计院

Q

青岛腾远设计事务所有限公司
清华大学建筑设计研究院有限公司

R

RSAA/ 庄子玉工作室

S

SOM 建筑设计事务所
Studio Link-Arc
SODA 建筑师事务所
上海东卡萨装饰设计工程有限公司
上海联创设计集团股份有限公司
上海丰臣实业有限公司
上海太禾城市设计咨询有限公司
上海天华建筑设计有限公司
上海现代建筑装饰环境设计研究院有限公司
三文建筑
沈阳新大陆建筑设计有限公司
深圳华汇设计有限公司
深圳汤桦建筑设计事务所有限公司
深圳市建筑设计研究总院有限公司
思迈建筑咨询（上海）有限公司

T

天津华汇工程建筑设计有限公司
同济大学建筑设计研究院（集团）有限公司
同济大学建筑设计研究院（集团）有限公司 / 麟和建筑工作室
同圆设计集团有限公司

W

WES 魏斯景观建筑
WSP 科进集团
伍兹贝格建筑设计咨询（上海）有限公司

X

西部建筑抗震勘察设计研究院有限公司
寻常设计

Z

张雷联合建筑事务所
张昕照明设计工作室
中国建筑东北设计研究院有限公司
中国建筑设计研究院有限公司第三建筑专业设计研究院
中国建筑设计研究院有限公司李兴钢工作室
中国建筑设计咨询有限公司绿色建筑设计研究院
中国建筑西北设计研究院有限公司
中国建筑西南设计研究院有限公司
中国建筑西南设计研究院有限公司设计四院
中国中铁二院工程集团有限责任公司
中国中元国际有限公司
中机中联工程有限公司
中联西北工程设计研究院有限公司
中南建筑设计研究院股份有限公司
筑博设计联合公设 AAO